数据库原理与应用
（SQL Server）

叶 斌　余 阳　陆冰琳◎主 编

徐金亚　李 姗　熊瑞英　刘世平　于丽娟　胡晓飞◎副主编

·上海·

 东软电子出版社

内 容 提 要

本书以"数据库原理与应用"课程的教学需要为基础,以模块为编写单位,结合实际应用场景,培养学生使用数据库技术解决实际问题的能力。本书内容主要包括数据库概述、数据模型与数据库系统结构、SQL 语言基础及数据定义功能、数据操作、高级数据查询、视图和索引、关系型数据库理论、数据库设计、事务与并发控制、Transact-SQL 程序设计、存储过程、游标和触发器、SQL Server 2014 的安全性管理以及备份和恢复数据库 11 个模块。每个模块后还附有思考与操作题,有利于读者巩固知识点。

本书适用于职业教育计算机、软件工程、信息管理等专业的数据库课程,也可以作为从事数据库系统开发人员的参考用书。

图书在版编目(CIP)数据

数据库原理与应用:SQL Server / 叶斌,余阳,陆冰琳主编. —上海:同济大学出版社,2023.6
 ISBN 978-7-5765-0593-1

Ⅰ. ①数… Ⅱ. ①叶… ②余… ③陆… Ⅲ. ①关系数据库系统—教材 Ⅳ. ①TP311.132.3

中国国家版本馆 CIP 数据核字(2023)第 000423 号

数据库原理与应用(SQL Server)

叶 斌 余 阳 陆冰琳 主 编
徐金亚 李 姗 熊瑞英
刘世平 于丽娟 胡晓飞 副主编

责任编辑	张 莉	
助理编辑	屈斯诗	
责任校对	徐逢乔	
封面设计	渲彩轩	
出版发行	同济大学出版社　　www.tongjipress.com.cn	
	(地址:上海市四平路1239号　邮编:200092　电话:021-65985622)	
经　　销	全国各地新华书店	
排　　版	南京文脉图文设计制作有限公司	
印　　刷	常熟市大宏印刷有限公司	
开　　本	787mm×1092mm　1/16	
印　　张	19.25	
字　　数	481 000	
版　　次	2023 年 6 月第 1 版	
印　　次	2023 年 6 月第 1 次印刷	
书　　号	ISBN 978-7-5765-0593-1	

定　　价　69.00 元

本书若有印装质量问题,请向本社发行部调换　　　版权所有　侵权必究

数据库技术是现代信息技术的重要组成部分，也是发展最快、应用最广的计算机技术之一。数据库技术随着计算机技术的广泛应用与发展，无论是在数据库技术基础理论、数据库技术应用、数据库系统开发，还是在数据库商品软件推出方面，都有长足的、迅速的进步与发展。了解并掌握数据库知识已经成为对各类科研人员和管理人员的基本要求。目前，"数据库原理与应用"已逐渐成为高等院校计算机、软件工程、信息管理、电子商务等专业的一门重要课程。

本书是作者在长期从事数据库课程教学和科研的基础上，为满足"数据库原理与应用"课程的教学需要而编写，以培养学生应用数据库技术解决实际问题的能力为目标，强调理论与实际应用相结合。本书包含数据库相关基础概念、数据模型、SQL语言基础、数据操作与查询、视图、数据库设计与安全管理、存储过程等可编程对象，以及备份与还原等主要内容。同时，本书以学习者的角度编写模块知识点，针对具体操作都配有详细图例，使初学者能够快速掌握操作方法；同时，每个模块有知识小结。在学习掌握了核心内容之后，每个模块都辅以思考与操作，以达到温故知新的效果。在内容结构上，本书根据学习者的特点由浅入深，由基础操作到具体应用，让学习者系统地掌握数据库知识与技能。

本书适合作为高等院校计算机专业及相近专业数据库应用基础课程的教材，也可作为相关培训及数据库爱好者和初学者学习的参考教材，同时也可以为从事数据库系统开发的人员提供参考。

本书由叶斌、余阳、陆冰琳等教师编写，具体分工如下：徐金亚负责模块1、模块2的编写，熊瑞英负责模块3的编写，叶斌负责模块4、模块6、模块7的编写，刘世平负责模块5、模块12的编写，余阳负责模块8、模块9、模块11的编写，李姗负责模块10、模块13的编写，于丽娟、胡晓飞负责统筹，并对相关模块进行了修订。

由于编者水平有限，书中难免有疏漏和不足之处，敬请各位专家和读者予以指正。

编者
2023年2月

前言

模块1 数据库概述 ········· 1
  1.1 基本概念 ········· 1
  1.2 数据管理的发展历史 ········· 4
  知识小结 ········· 6
  思考与操作 ········· 7

模块2 数据模型与数据库系统结构 ········· 8
  2.1 数据模型 ········· 8
  2.2 关系模型 ········· 12
  2.3 数据库系统的结构 ········· 14
  知识小结 ········· 19
  思考与操作 ········· 20

模块3 SQL语言基础及数据定义功能 ········· 21
  3.1 SQL语言概述 ········· 21
  3.2 数据类型 ········· 23
  3.3 创建数据库 ········· 27
  3.4 创建与维护关系表 ········· 38
  知识小结 ········· 54
  思考与操作 ········· 55

模块4 数据操作 ········· 59
  4.1 操作数据 ········· 61
  4.2 查询数据 ········· 66
  知识小结 ········· 78
  思考与操作 ········· 79

模块 5　高级数据查询 ·············· 82
5.1　查询语句完整结构 ·············· 82
5.2　数据排序 ·············· 83
5.3　数据统计 ·············· 85
5.4　连接查询 ·············· 90
5.5　嵌套查询 ·············· 96
5.6　其他查询操作 ·············· 101
知识小结 ·············· 105
思考与操作 ·············· 106

模块 6　视图和索引 ·············· 110
6.1　视图 ·············· 110
6.2　索引 ·············· 121
知识小结 ·············· 131
思考与操作 ·············· 132

模块 7　关系型数据库理论 ·············· 136
7.1　函数依赖 ·············· 136
7.2　关系规范化 ·············· 139
知识小结 ·············· 142
思考与操作 ·············· 142

模块 8　数据库设计 ·············· 143
8.1　数据库设计概述 ·············· 143
8.2　数据库需求分析 ·············· 145
8.3　数据库结构设计 ·············· 147
知识小结 ·············· 154
思考与操作 ·············· 155

模块 9　事务与并发控制 ·············· 156
9.1　事务 ·············· 156
9.2　并发控制与封锁 ·············· 158
知识小结 ·············· 171
思考与操作 ·············· 172

模块 10 Transact-SQL 程序设计 ·················· 175
10.1 Transact-SQL 概述 ·················· 175
10.2 Transact-SQL 的变量和常量 ·················· 178
10.3 Transact-SQL 运算符 ·················· 184
10.4 Transact-SQL 流程控制 ·················· 187
10.5 Transact-SQL 函数 ·················· 202
思考与操作 ·················· 221

模块 11 存储过程、游标和触发器 ·················· 222
11.1 存储过程 ·················· 222
11.2 游标 ·················· 235
11.3 触发器 ·················· 238
知识小结 ·················· 251
思考与操作 ·················· 252

模块 12 SQL Server 2014 的安全性管理 ·················· 253
12.1 SQL Server 2014 的安全机制 ·················· 253
12.2 SQL Server 的安全性管理 ·················· 254
12.3 管理登录账号 ·················· 257
12.4 管理数据库用户 ·················· 262
12.5 角色 ·················· 266
12.6 数据对象的安全性管理 ·················· 271
思考与操作 ·················· 280

模块 13 备份和恢复数据库 ·················· 283
13.1 备份数据库 ·················· 283
13.2 SQL Server 支持的备份机制 ·················· 285
13.3 恢复数据库 ·················· 292
思考与操作 ·················· 295

参考文献 ·················· 298

模块 1 数据库概述

1.1 基本概念

1.1.1 数据

数据(Data)为描述客观事物及其状态的符号记录。符号的形式多样,可以是数值、文本、图像、声音、视频等类型。数据为最原始的记录,未做加工处理。此外,数据本身语义并无具体的意义,譬如,数据"15.23,14.85"只是单纯的数值对。

信息(Information)是与数据紧密相关的一个概念。在生活中,人们经常将数据与信息混淆,此处给出信息的一个简单定义。信息是具有语义的数据集合,是赋予了含义的数据。比如,前面提到的数值对"15.23,14.85"在 GPS 定位的语义环境下,可以被认为是经纬度的坐标,此时单纯的数据便拥有了具体的意义。此外,对原始的数据做分析处理后也可以得到有价值的信息。

数据与信息相互联系、相互依赖。数据是用来记录信息的可识别的符号,是信息的表示或载体,信息是对数据的语义解释,是经过处理后带有语义的数据。

1.1.2 数据库

数据库(Database,DB)在计算机的发展和应用过程中发挥着重要的作用。

数据库是相互关联且具有一定结构的数据集合,以方便用户管理、维护及访问。数据库是一个逻辑上连贯的数据集合,具有内在的含义。随机组合的数据不能被称为数据库。数据库的设计和实现具有特定的目的,存在预设的用户群及相关应用程序。换句话说,具体的数据库在一定程度上反映了现实世界中的客观事件或业务,并且存在一定的人群对这类数据信息感兴趣。数据库可以记录用户的业务交易(如购买产品)或发生的事件(如员工调离岗位），其都会表现为数据库中数据的变化。

数据库中的数据具有以下特征。

（1）共享性（Sharing）。数据库中的数据将在多用户或应用之间共享。

（2）持久性（Persistence）。数据库中的数据将永久存在，意味着数据的生存周期将超越数据产生程序的运行周期。

（3）有效性（Validity）。数据库中的数据必须与其在现实世界中对应的事物保持一致。

（4）安全性（Security）。访问数据库中的数据需要有相应的授权。

（5）一致性（Consistency）。如果数据库中的多个数据项用以描述现实世界中的关联事物，那么这些数据项的取值必须保持一致。

（6）无冗余性（Non-redundancy）。现实世界中的事物在数据库中最多有一份数据与之对应。

1.1.3 数据库管理系统

数据库管理系统（Database Management System，DBMS）是一种用于创建和管理数据库的计算机应用软件程序，它与用户、其他应用程序以及数据库进行交互以获取、管理和分析数据。数据库管理系统介于应用程序与操作系统之间，其不仅具有基本的数据管理功能，同时还能保证数据的完整性、安全性，并支持多用户并发操作。目前较为常见的数据库管理系统有 Oracle、Microsoft SQL Server、MySQL、Sybase、Informix、DB2 等。

数据库管理系统具有以下优点。

1. 将相互关联的数据集成在一起

在数据库管理系统中，所有相关的应用数据都存储在一个称为数据库的环境中，应用程序可通过 DBMS 访问数据库中的所有数据。

2. 减少冗余度

由于数据是统一管理的，所以可以从全局着眼，合理地组织数据。在关系数据库中，可以将每一类信息存储在一个表中（关系数据库的概念将在后面介绍），重复的信息只存储一份。过去在文件管理系统中，这个工作是由开发者编程实现的，而有了数据库管理系统后，这些烦琐的工作就完全由数据库管理系统来完成。因此，数据库管理系统既减少了数据冗余，也减轻了开发者的负担。

3. 程序与数据相互独立

在数据库中，数据所包含的所有数据项以及数据的存储格式都与数据一起存储在数据库中，它们通过 DBMS 而不是应用程序来访问和管理，应用程序不再需要包含要处理的文件和记录格式。程序与数据相互独立有两个方面的含义。一方面，若数据的存储方式发生变化（包括逻辑存储方式和物理存储方式），如从链表结构改为哈希结构，或者从顺序存储转换为非顺序存储，应用程序不必进行任何修改。另一方面，当数据的结构发生变化时，比如增加或减少了一些数据项，如果应用程序与这些修改的数据项无关，那么应用程序也不用进行修改。这些变化都由 DBMS 负责维护。大多数情况下，应用程序并不知道数据存储方式或数据项已经发生了变化。

4. 保证数据的安全性和可靠性

数据库技术能够保证数据库中的数据是安全可靠的。数据库中有一套安全控制机制，可以有效地防止数据库中的数据被非法使用或非法修改。数据库中还有一套完整的备份和恢复机制，当数据遭到破坏（由软件或硬件故障引起的）时，该机制能够很快地将数据库恢复到正确的状态，并使数据不丢失或只有很少的丢失，从而保证系统能够连续、可靠地运行。

5. 最大限度地保证数据的正确性

保证数据的正确性是指存放到数据库中的数据必须符合实际情况，比如人的性别只能是"男"或"女"，人的年龄应该在 0～150 岁（假设没有年龄超过 150 岁的人）。如果在"性别"中输入了其他的值，或者将一个负数输入"年龄"中，显然是不符合实际情况的。数据库系统能够保证进入数据库中的数据都是正确的，这就是数据完整性。数据完整性是通过在数据库中建立约束来实现的。在建立好保证数据正确性的约束后，如果有不符合约束条件的数据进入数据库，数据库就能自动拒绝这些数据。

6. 数据可以共享并能保证数据的一致性

数据库中的数据可以被多个用户共享，共享是指允许多个用户同时操作相同的数据。当然这个特性是针对大型的多用户数据库系统而言的，对于单用户系统，在任何时候最多只有一个用户访问数据库，因此不存在共享的问题。多用户系统问题是数据库管理系统在内部解决的问题，它对用户是不可见的。这就要求数据库能够对多个用户进行协调，保证多个用户对数据进行的操作不发生矛盾和冲突，即在多个用户同时使用数据库时，能够保证数据的一致性和正确性。可以设想一下，在飞机订票系统中，如果多个订票点同时对一架航班订票，那么必须保证不同订票点出票的座位不能重复。数据集成与数据共享是大型环境中数据库系统的主要优点。

综上所述，可以概括出数据库的特征：数据库是相互关联的数据的集合，它用综合的方法组织数据，具有较小的数据冗余，可供多个用户共享；具有较高的数据独立性；具有安全控制机制，能够保证数据的安全性；允许并发地使用数据库，能有效、及时地处理数据，并能保证数据的一致性和完整性。需要强调的是，所有这些特征并不是数据库中的数据所固有的，而是由数据库管理系统提供和保证的。

1.1.4 数据库系统

数据库系统（Database System，DBS）是一个完整的计算机应用系统，一般包含五个部分（图 1-1）：数据库、数据库管理系统、应用程序、数据库管理员（Database Administrator，DBA）和用户。

（1）数据库：指存储数据的"仓库"，这些数据可以统一管理和共享。

（2）数据库管理系统：作为管理数据库的系统软件，是数据库系统的核心。

（3）应用程序：指以数据库以及数据库中的数据为基础的应用程序。

（4）数据库管理员：负责数据库的规划、设计、协调、维护和管理等工作。

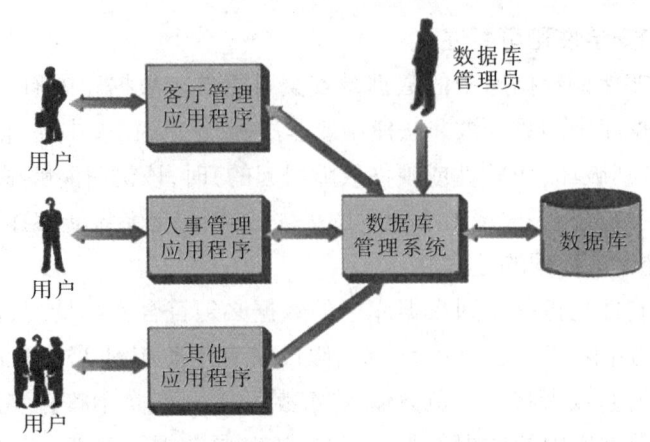

图 1-1　数据库系统的基本示意图

（5）用户：包括应用程序开发人员和最终用户，这两类用户可以有重叠。

① 应用程序开发人员：负责编写数据库应用程序的人员。他们使用某种程序设计语言来编写应用程序，这些语言可以是第三代语言，如 COBOL、C++、Java 等，也可以是第四代语言，如 Visual Basic、PowerBuilder 等。这些程序通过 DBMS 发出 SQL（访问数据库的通用语言，将在模块 3 介绍）请求。程序可以是批处理应用程序，也可以是联机应用程序，其目的是允许最终用户通过联机工作站或终端访问数据库。

② 最终用户：通过联机工作站或终端与系统交互的用户。最终用户可以通过已开发好的联机应用程序访问数据库，也可以使用数据库系统提供的接口访问数据库。这些由数据库厂商提供的接口也能以联机应用程序的方式使用，但这些应用程序不是用户编写的，而是系统固有的。大多数数据库系统至少包括一种固有的应用程序，即查询处理器，用户通过这个应用程序可以向 DBMS 发出数据库请求，也就是我们所熟知的语句或指令，比如 SELECT（查询数据）、INSERT（插入数据）等。

除此之外，数据库系统还包括支持系统运行的计算机的硬件环境和操作系统环境。硬件环境是指保证数据库系统正常运行的最基本的内存、外存等硬件资源。由于数据库管理系统是一种系统软件，所以它必须建立在一定的操作系统环境上，没有合适的操作系统，数据库管理系统无法正常运转。比如 SQL Server 2014 的企业版就需要 Windows 操作系统的服务器版的支持。

1.2　数据管理的发展历史

早在计算机发明以前，人类就已经开始搜集、组织和处理数据与信息。使用综合索引系统的大型图书馆便是一种典型的数据存储形式。此外，在信息处理方面，19 世纪末出现的打孔卡片（Punch Card）被广泛用于数据处理自动化，如 20 世纪初美国的人口普查数据就采用了打孔卡片,并且用机械系统来处理这些卡片和列出结果。打孔卡片后来成为一种将数据输入计算机的手段。数据存储和处理技术发展如下。

(1) 20 世纪 50 年代至 60 年代初。在此期间,诸如工资单这样的数据处理已经实现自动化,这些数据存储在磁带上。数据处理包括从一个或多个磁带上读取数据,并将数据写回到新的磁带上。数据也可以由一叠打孔卡片输入,再输出到打印机上。例如,工资增长的处理是通过将增长表示到打孔卡片上,在读入一叠打孔卡片时同步地读入、保存主要工资细节。工资的增加额将被加入从主磁带读出的工资中,并被写到新的磁带上,新磁带将成为新的主磁带。

磁带和卡片组都只能顺序读取,数据规模可以比内存大得多,因此,数据处理程序被迫以一种特定的顺序来对数据进行处理。

(2) 20 世纪 60 年代末。在此期间,磁盘的广泛使用极大地改变了数据处理的情况,因为磁盘允许直接对数据进行访问。数据在磁盘上的位置是无关紧要的,因为磁盘上的任何位置都可在几十毫秒内访问到。数据由此摆脱了顺序访问的限制。有了磁盘,就可以创建网状型数据库和层次型数据库,它可以将表和树这样的数据结构保存在磁盘上。程序员可以构建和操作这些数据结构。

(3) 20 世纪 70 年代至 80 年代。Codd[1970 年] 撰写的一篇具有里程碑意义的论文,定义了关系模型和在关系模型中查询数据的非过程化方法,由此,关系型数据库诞生了。关系模型的简便性和能够对程序员屏蔽所有实现细节的能力具有真正的诱惑力。Codd 因此获得了图灵奖。

尽管关系模型在学术上很受重视,但是最初并没有实际的应用,这是因为它被认为在性能上还不能和当时已有的网状型数据库和层次型数据库相提并论。这种情况直到 System R 的出现才得以改变,System R 是 IBM 研究院的一个突破性项目,它促使了 IBM 的第一个关系型数据库产品 SQL/DS 的出现。Astrahan 等[1976 年] 和 Chamberlin 等[1981 年] 给出了关于 System R 的综述。与此同时,加州大学伯克利分校开发了 Ingres 系统,其后来发展成具有相同名字的商品化关系型数据库系统。最初的商品化关系型数据库系统,如 IBM DB2、Oracle、Ingres 和 DEC Rdb,在推动高效处理声明性查询的技术上起到了主要的作用。80 年代初期,关系型数据库在性能上已经可以与网状型数据库和层次型数据库相竞争了。关系型数据库简单易用的优点使其逐步取代了网状型数据库和层次型数据库,因为程序员在使用后两者时,必须处理许多底层的实现细节,并且不得不将查询任务编码成过程化的形式。更重要的是,在设计应用程序过程中还要时刻考虑效率问题。相反,在关系型数据库中,几乎所有的底层工作都由数据库自动完成,程序员可以只考虑逻辑层的工作。自从关系型数据库在 20 世纪 80 年代取得统治地位以来,关系模型在数据模型中一直独占鳌头。

在 20 世纪 80 年代期间,研究人员还对并行式数据库和分布式数据库进行了很多研究,在面向对象数据库方面也有初步的工作成果。

(4) 20 世纪 90 年代初期。SQL 语言主要是为决策支持应用设计的,这类应用是查询密集的;而传统数据库主要面向事务处理应用,这类应用是更新密集的。决策支持和查询再度成为数据库的一个主要应用领域。分析大量数据的工具有了很大的发展。

在此期间,许多数据库厂商还推出了并行式数据库产品,并开始在数据库中加入支持对象-关系的数据模型。

(5) 20 世纪 90 年代中后期。最重大的事件就是互联网的"爆炸式"发展。数据库比以前有了更加广泛的应用。此时数据库系统不仅必须支持很高的事务处理速度,而且还要有很高的可靠性和 24×7 的可用性(一天 24 小时、一周 7 天都可用,即没有进行维护的停机时间)。数据库系统还必须支持 Web 数据接口。

(6) 21 世纪第一个十年。21 世纪的第一个五年中,XML 逐渐兴起,与之相关联的 XQuery 查询语言成了新的数据库技术。虽然 XML 广泛应用于数据交换和一些复杂数据类型的存储,但关系型数据库仍然是构成大多数大型数据库应用系统的核心。在此期间,自主计算/自动管理技术不断成长,它能减少系统管理开销;此外,开源数据库系统应用显著增长,特别是 PostgreSQL 和 MySQL。

在 21 世纪的第二个五年期间,专门用于数据分析的数据库大幅增长,特别是将一个表的每列高效地合成为一个独立数组的列存储数据库,以及为分析大规模数据集而设计的高度并行的数据库系统。众多新颖的分布式数据存储系统被构建出来,以应对非常大的 Web 节点(如亚马逊、脸书、谷歌、微软和雅虎)的数据管理需求,其中部分系统可以作为 Web 服务提供给应用程序开发人员使用。其在管理和分析流数据如股票市场报价数据或计算机网络监测数据方面也有重要的应用。从广义上看,数据挖掘也是一种数据分析技术,该技术现在被广泛部署应用,应用实例包括基于 Web 的产品推荐系统和 Web 页面上的相关广告自动布放等。

知识小结

本模块首先介绍了数据库相关的基本概念:数据、数据库、数据库管理系统、数据库系统。数据为描述客户事务及其状态的符号记录;数据库是相互关联且具有一定结构的数据集合,以方便管理、维护及访问;数据库管理系统是一种用于创建和管理数据库的计算机应用软件程序,它与用户、其他应用程序以及数据库进行交互以获取、管理和分析数据;数据库系统是包括与数据库相关元素的整个系统。数据库系统一般包含五个部分:数据库、数据库管理系统、应用程序、数据库管理员和用户。

随后本模块介绍了数据库管理的发展历史。自 20 世纪 50 年代计算机发明以来,数据库的相关技术不断发展:从早期的借助打孔卡片进行数据输入到基于磁盘介质的数据存取,从关系模型的提出和实现到各类关系型数据库产品的出现,从基于数据存取的在线事务处理到现在互联网时代下的数据分析,数据库技术不断推陈出新,未来数据库依然将在人类活动的各个场景中发挥重要的作用。

思考与操作

1. 以数据为中心的应用系统有哪些特点?
2. 数据与信息的概念与联系是什么?
3. 数据库系统由哪几部分组成?每一部分在数据库系统中的大致作用是什么?

模块 2　数据模型与数据库系统结构

2.1 数据模型

2.1.1 数据描述的三个领域

当客观世界的事物以数据形式存储到数据库中时,经历了对现实生活中事物特性的认识、概念化到计算机数据库里的具体表示的逐级抽象过程,如图 2-1 所示。这一过程涵盖了三个领域:现实世界、信息世界和机器世界。有时也把信息世界称为概念世界,将机器世界称为存储世界或数据世界。

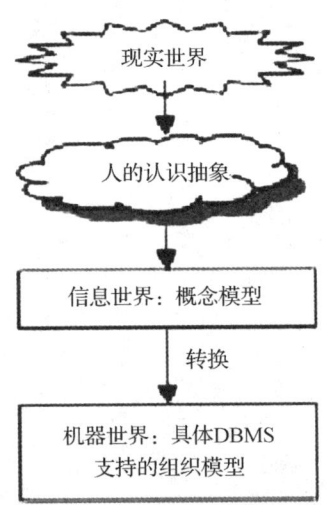

图 2-1 从现实世界到机器世界的过程

1. 现实世界

现实世界指存在于意识之外的客观世界,泛指客观存在的事物及其相互之间的关联。这里考虑的客观事物可以是具体有形的物体,如一个学生、一辆汽车等;也可以是抽象的活动,如一次旅行、一个订单、一次图书借阅等。

每个事物都具有自己的特征,用于区别其他事物。如一个具体的学生有学号、姓名、性别、出生日期、专业等特征来标识自己。客观事物的特征往往有许多,但在具体问题域中,往往只选择其中有意义的特征。

将具有相同特征的客观事物称为同类客观事物,所有同类客观事物的集合称为总体。例如所有的"学生",所有的"汽车"都是一个总体。

问题域中的所有客观事物是信息的源泉,是数据库设计的出发点。这些事物是原始数据产生的依据,数据库设计就是要对这些原始数据进行综合处理,选取数据库技术所需要的数据。

2. 信息世界

现实世界中的事物反映到人的大脑，经过认识、选择、命名、分类等综合分析而形成的印象和认识就是概念。在信息世界中，每一个具体的客观事物被称为实例（Instance），它是信息世界的基本单位。此外，客观事物的特征对应为信息世界中的属性（Attribute）。实例是通过其属性的具体赋值来明确的。譬如，学生"王小明"是一个实例，他拥有学号、姓名、性别、出生日期、专业等属性，其学号为"20160321007"，姓名为"王小明"，性别为"男"，出生日期为"1998-12-24"，专业为"信息管理与信息系统"，可以认为以上这些属性的具体赋值确定了王小明这位同学。

在信息世界里，主要研究的不是实例个体，而是它们的共性。把具有相同属性的实例集称为实体（Entity）。实体是内涵，而实例是外延。能够唯一标识实体的属性称为唯一标识属性。比如学生的学号便是唯一标识属性。"唯一"表示属性可能由多个属性联合构成，而并非总是由单一属性构成。

3. 机器世界

信息世界里的部分信息可以直接用数字表示，如学生的成绩、商品的价格、订货的数量等；部分信息则是用符号、文字，甚至图片、声音等形式来表示。而在计算机中，所有信息最终都只能用0和1构成的二进制序列来表示。任何信息进入计算机时，必须是数据化的。可以说，数据是信息的表现形式。在机器世界中涉及以下术语。

（1）字段（Field）。字段是实体属性的数据表示，它是可以命名的最小信息单位。也被称为数据元或数据项。

（2）记录（Record）。记录是实例的数据表示，表现为字段的有序组合。如一个学生就是一条记录。它由学号、姓名、性别、出生日期、专业等字段组成。

（3）文件（File）。文件是实体中实例集合的数据表示，是同类记录的集合。

（4）关键字（Key）。能唯一标识文件中每条记录的字段的集合称为关键字（也称关键码）。

由此可见，现实世界、信息世界、机器世界这三个领域是由客观到认识、由认识到使用管理的三个不同层次，后一领域是前一领域的抽象描述。

三个领域之间术语的对应关系如图2-2所示。

图2-2 三个领域之间术语的对应关系

2.1.2 概念层数据模型

由图 2-1 可见,在将事物特性映射到数据库存储数据的过程中,通常首先将现实世界抽象为信息世界,然后再将信息世界转换为机器世界。也就是说,首先把现实世界中的客观事物抽象为某一种信息结构,这种信息结构并不依赖于具体的计算机系统,也不与具体的 DBMS 相关,而是概念级的模型,我们称之为概念层数据模型,简称概念模型(也称信息模型)。然后再把概念数据模型转换为计算机上的 DBMS 支持的数据模型,也就是组织层数据模型。注意:从现实世界到信息世界的概念层数据模型使用的是"抽象"技术,从概念层数据模型到组织层数据模型使用的是"转换"技术,即先有概念层数据模型,再有组织层数据模型。因此,概念层数据模型实际上是从现实世界到机器世界的一个中间层次。

概念层数据模型用于完成现实世界到信息世界的抽象,是设计人员与用户交流的语言。因此,概念层数据模型强调语义表达能力,要能够比较方便、直接地表达应用中的语义知识。这类模型应当概念简单、清晰、易于用户理解。

常用的概念层数据模型有实体-联系(Entity-Relationship,E-R)模型,最早由 P. S. Chen[1976 年]提出。E-R 模型的图形描述称为 E-R 图(Entity-Relationship Diagram,ERD)。

1. E-R 模型中的要素

E-R 模型中主要包含三个要素:实体、属性和联系。联系是指实体与实体之间的关系,它反映了客观世界中事物之间的关系。在 E-R 图中:

① 用矩形表示实体。
② 用圆角矩形表示属性(有时也采用椭圆)。
③ 用菱形表示联系。

2. 实体之间联系的分类

两个实体之间的联系可以分为三类。

(1) 一对一联系(1∶1)

如果实体 A 中的每个实例在实体 B 中至多有一个(也可以没有)实例与之关联,则称实体 A 与实体 B 具有一对一联系,记为 1∶1。例如,部门和经理(假设一个部门只有一个经理),该实体间的联系如图 2-3(a)所示,在连接菱形两端的直线上分别标注数字"1"。

(2) 一对多联系(1∶n)

如果实体 A 中的每个实例在实体 B 中有 n 个实例($n \geq 0$)与之关联,而实体 B 中每个实例在实体 A 中最多只有一个实例与之关联,则称实体 A 与实体 B 是一对多联系,记为 1∶n。例如,假设一个部门有若干职工,而一个职工只在一个部门工作,则部门和职工之间是一对多联系,该实体间的联系如图 2-3(b)所示,在连接菱形两端的直线上分别标注数字"1"和字母"n"。

(3) 多对多联系(m∶n)

如果对于实体 A 中的每个实例,实体 B 中有 n 个实例($n \geq 0$)与之关联,而对实体 B 中的每个实例,在实体 A 中也有 m 个实例($m \geq 0$)与之关联,则称实体 A 与实体 B 的联系是多对多的,记为 $m:n$。以学生和课程为例,一个学生可以选修多门课程,一门课程也可以被多个学生选修,因此,学生和课程之间是多对多的联系。该实体间的联系如图 2-3(c)所示,在连接菱形两端的直线上分别标注字母"m"和"n"。实际上,一对一联系是一对多联系的特例,而一对多联系又是多对多联系的特例。

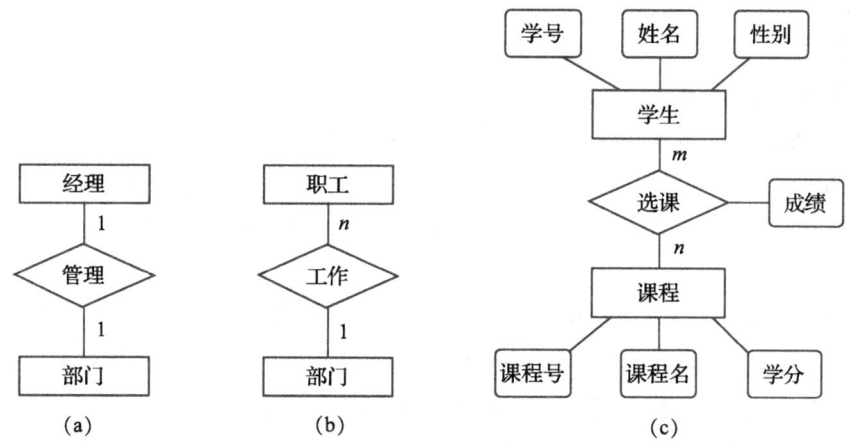

图 2-3 两个实体之间联系的示例

E-R 图不仅能描述两个实体之间的联系,还能描述两个以上实体之间的联系。例如,假设有顾客、商品、售货员 3 个实体,并且 3 个实体间有如下语义:每名顾客可以从多名售货员那里购买商品,并且可以购买多种商品;每名售货员可以向多名顾客销售商品,并且可以销售多种商品;每种商品可由多名售货员销售,并且可以销售给多名顾客。此时描述顾客、商品和售货员之间联系的 E-R 图如图 2-4 所示。其中,联系被命名为"销售"。

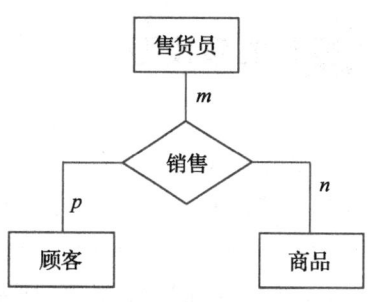

图 2-4 多个实体之间联系的 E-R 图示例

概念层数据模型的建立是数据库组织层模型的基础。在建模过程中,必须根据问题域的内容,复杂事物的表现、性质以及内、外联系进行深入分析,合理地定义实体、属性和实体之间的联系;建立的 E-R 模型必须各部分意义明确、联系清楚,能准确、清晰地表达所研究事物的复杂信息结构。

2.1.3 组织层数据模型

组织层数据模型也称结构数据模型(简称数据模型),常用于机器世界,是数据库系统中用于提供信息表示和操作手段的形式框架。它是数据库系统的数学基础。组织层数据模型从数据的组织方式的角度来描述信息。不同的组织层数据模型产生不同的数据库系统。

在建立组织层数据模型时,应满足三个要求:
① 能比较自然真实地模拟现实世界。
② 容易被人们理解。

③便于在计算机上实现。

组织层数据模型是严格定义的一组概念的集合。这些概念精确地描述了系统的静态特征、动态特征和完整性约束条件。因此,组织层数据模型通常包含数据结构、数据操作和数据约束三个要素。

(1) 数据结构

组织层数据模型中的数据结构主要描述数据的类型、内容、性质以及数据间的联系等。数据结构是数据模型的基础,数据操作和数据约束都建立在数据结构上。不同的数据结构具有不同的数据操作和数据约束。

(2) 数据操作

组织层数据模型中的数据操作主要描述在相应的数据结构上的操作类型和操作方式。

(3) 数据约束

组织层数据模型中的数据约束主要描述数据结构内数据间的语法、词义联系。数据之间的制约、依存关系以及数据动态变化规则保证了数据的正确性、有效性和相容性。

目前,数据库领域中常用的组织层数据模型有层次模型、网状模型、关系模型和面向对象模型。其中使用最普遍的是关系模型。

2.2 关系模型

关系模型严格符合现代数据模型的定义。它不仅数据结构简单、清晰,而且存取路径完全向用户隐蔽,使程序和数据具有高度的独立性。另外,关系模型还有数据语言非过程化程度较高,性能好,具有集合处理能力,定义、操纵、控制一体化等优点。在关系模型中,数据结构、数据操作和数据约束三要素联系紧密。

关系模型技术在20世纪70年代诞生,至今已经发展得非常成熟,已经成为当今商业数据处理应用中主要的数据模型之一。关系模型之所以占据主要位置,是因为与早期的数据模型相比,关系模型极大地简化了应用程序开发人员的工作。关系型数据库采用关系模型作为数据的组织方式。20世纪80年代以来,计算机厂商推出的数据库管理系统几乎都支持关系模型,非关系型数据库的产品也大多加上了关系接口。

2.2.1 关系模型的数据结构

关系模型源于数学,它用二维表来组织数据,而这个二维表在关系型数据库中就称为关系(Relation)。关系数据库就是表(Table)或者关系的集合。在关系型数据库中,用户感觉数据库就是一张张表。表是逻辑结构而非物理结构。实际上,系统在物理层可以使用任何有效的存储结构来存储数据,比如,有序文件、索引、哈希表、指针等。因此,表是对物理存储数据的一种抽象表示。对很多存储细节的抽象,如存储记录的位置、记录的顺序、数据值的表示以及记录的访问结构(如索引等),对用户来说都是不可见的。表2-1为学生基本信息,是一张典型的(关系)二维表。

下面介绍一些关系模型的基本术语。

1. 关系

关系对应概念模型中的实体。关系以二维表形式体现。此类关系的表应满足如下三个条件：

（1）表中的每一列都是不可再分的基本属性。如表2-1是关系的表,而表2-2就不是关系的表,因为"出生日期"列不是基本属性,它包含了子属性"年""月""日"。

（2）表中各属性不能重名。

（3）表中的行、列次序并不重要,即可以交换行、列的前后顺序。如表2-1中,将"性别"放置在"姓名"的前面,不影响其表达的语义。

表 2-1　　　　　　　　　　　　学生基本信息

学号	姓名	性别	出生日期	专业
20150421008	王小东	男	1999-10-24	计算机科学
20150301001	张小丽	女	1999-01-08	电子商务
20140221003	李海	男	1998-05-17	软件工程
20140121004	赵耀	男	1998-11-10	信息管理

表 2-2　　　　　　　　　　　　学生基本信息

学号	姓名	性别	专业	出生日期		
				年	月	日
20150421008	王小东	男	计算机科学	1999	10	24
20150301001	张小丽	女	电子商务	1999	1	8
20140221003	李海	男	软件工程	1998	5	17
20140121004	赵耀	男	信息管理	1998	11	10

2. 元组

表中的每一行数据称为一个元组(Tuple),它相当于一条记录,元组中分量的取值与属性的顺序对应。元组对应概念模型中的实例。

3. 属性

表中的每一列是一个属性值集。可以命名列,该名称称为属性名。例如,表2-1中有五个属性。属性与前面讲到的实体的属性(特征)或记录的字段意义相当。

所有关系可以看作元组的集合。如果表有 n 列,那么称该表的关系是 n 元关系。关系中的每一列都是不可再分的基本属性,而且每一行数据不应该完全相同,因为存储值完全相同的两行或多行数据并没有实际意义。

因此,在数据库中有两套标准术语,一套用的是表、列、行,另外一套就是关系(对应表)、元组(对应行)、属性(对应列)。

4. 主码

主码(Primary Key)也称为主键或主关键字，是表中的属性或属性组，用于唯一地确定一个元组。主码对应概念模型中的唯一标识属性。主码可以由一个属性组成，也可以由多个属性共同组成。在表2-1中，学号就是此学生基本信息表的主码，因为它可以唯一地确定一个学生。而在表2-3中，关系的主码就由学号和课程号共同组成。因为一个学生可以修多门课程，一门课程也可以被多个学生选修，所以只有将学号和课程号组合起来才能共同确定一行记录。由多个属性共同组成的主码称为复合主码。当某个表由多个属性共同做主码时，就用括号将这些属性括起来。比如，表2-3的主码是(学号，课程号)。

注意：不能根据表在某时刻所存储的内容来决定其主码，这样做是不可靠的。表的主码往往与表的实际应用语义和设计意图有关。

有时一个表中可能存在多个可以做主码的属性集。比如，对于学生基本信息表，如果能够保证姓名不重复，那么姓名也可以作为学生基本信息表的主码。如果表中存在多个可以作为主码的属性，就称这些属性为候选码属性，相应的码称为候选码。从候选码中选取哪一个做主码都可以。因此，主码是从候选码中选取出来的一组属性。

5. 域

属性的取值范围称为域(Domain)。例如，若大学生的年龄限制在14~40岁，则学生的属性"年龄"的域就是(14~40)，而性别只能取"男"或"女"两个值，因此属性"性别"的域就是(男，女)。

表2-3　　　　　　　　　　　　学生选课信息

学号	课程号	成绩
20150421008	C01	90
20150421008	C02	80
20150421008	C03	86
20140121004	C02	94
20140121004	C03	79
20140121004	C01	75

2.3 数据库系统的结构

本节是后续模块的一个框架结构。该框架结构用于描述一般数据库系统，但并不是说所有的数据库系统都一定使用该框架，该框架结构在数据库中并不是唯一的，特别是在一些"小"的系统中，难以保证具有这个体系结构的所有方面。但本节介绍的数据库系统体系结构基本上能很好地适应大多数系统，而且基本上和ANSI/SPARC DBMS研究组提出的数据库管理系统的体系结构(ANSI/SPARC体系结构)相同。掌握本部分内容有助于全面认识现代数据库系统的结构和功能。

2.3.1 三级模式结构

数据模型(组织层数据模型)是描述数据的一种形式,模式则是用给定的数据模型描述具体数据(就像用某一种编程语言编写具体应用程序一样)。

模式描述了数据库中全体数据的逻辑结构和特征,它仅仅涉及型的描述,不涉及具体的数据。关系模式是关系的"型"或元组的结构共性的描述。在关系的表中,关系模式对应表头,如图 2-5 所示。

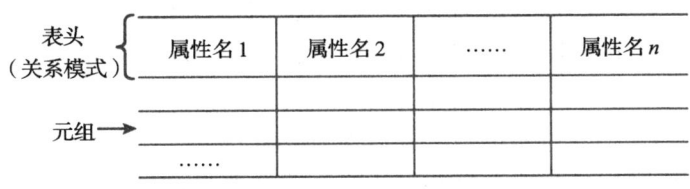

图 2-5 关系模式

关系模式一般表示为:关系名(属性 1,属性 2,……,属性 n)。例如,表 2-1 所示的学生基本信息表的关系模式为:学生(学号,姓名,性别,出生日期,专业)。模式是相对稳定的(结构不会经常变动),而实例是相对变动的(具体的数据值可以经常变化)。例如,表 2-1 中的每一行数据就是其表头结构(关系模式)的一个具体实例。模式对某类事物结构、属性、类型和约束的描述,实质上是用数据模型对某类事物进行模拟,而实例则反映某类事物在某一时刻的当前状态。ANSI/SPARC 体系结构将数据库的结构划分为三级,即内模式、概念模式和外模式(图 2-6)。

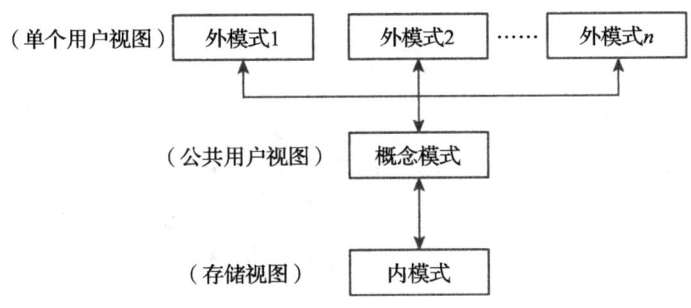

图 2-6 数据库系统的三级模式结构

广义地讲,这三级模式结构的含义如下。
(1) 外模式:最接近用户,也就是用户所看到的数据视图。
(2) 概念模式:介于内模式和外模式之间的中间层次。
(3) 内模式:最接近物理存储,也就是数据的物理存储方式。

注意:在图 2-6 中,外模式是单个用户的数据视图,而概念模式是公共用户(如一个部门、公司等)的整体数据视图。换言之,可以有许多外模式(外部视图),每一个外模式都或多或少地抽象表示了整个数据库的某一部分。而概念模式(概念视图)只有一个,它包含对现实世界的抽象表示。注意:这里的"抽象"是指记录和字段这些更加面向用户的概念,而不是指位和字节这些面向机器的概念。内模式(内部视图)也只有一个,它表示数据库的物理存储。

这里讨论的内容与数据库系统是否为关系型数据库系统没有直接关系,但简单说明一下关系型数据库系统中的三级体系结构,可以有助于理解这些概念。

第一,关系型数据库系统的概念模式一定是关系的,在该层可见的实体是关系的表和关系的操作符。

第二,外部视图也是关系的或接近关系的,它们的内容来自概念模式。例如,可以定义两个外部模式,一个记录学生的姓名和性别(表示为:学生基本信息1(姓名,性别)),另一个记录学生的姓名和所在系(表示为:学生基本信息2(姓名,所在系)),这两个外模式的内容均来自学生基本信息表。外部视图有时也简称为视图。

第三,内模式不是关系的,因为该层的实体不是将关系的表原样照搬过来。其实,不管是什么系统,其内模式都是一样的,都是描述存储记录、指针、索引、哈希表等存储方式。事实上,关系模型与内模式无关,它关心的是用户的数据视图。

下面将从外模式开始详细讨论这三层结构。整个讨论过程都以图2-7为基础。该图显示了数据库系统体系结构的主要组成部分和它们之间的联系。

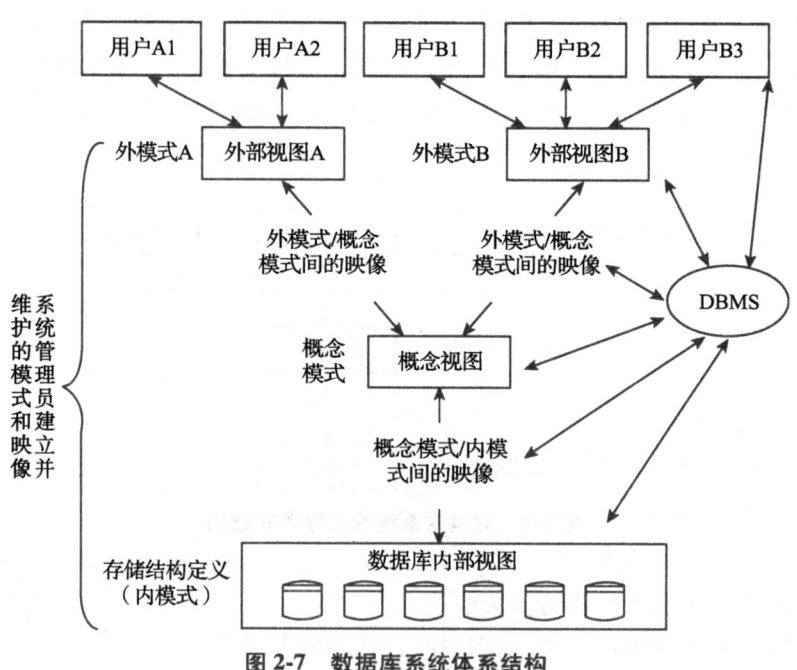

图 2-7 数据库系统体系结构

1. 外模式

外模式也称为用户模式或子模式,它是用于满足不同数据库用户需求的数据视图,也是数据库用户能够看见和使用的局部数据的逻辑结构和特征的描述,还是对数据库整体数据结构的子集或局部重构。

外模式通常是概念模式的子集,一个数据库可以有多个外模式。由于它是各个用户的数据视图,所以如果不同的用户在应用需求、看待数据的方式、对数据保密的要求等方面存在差异,那么其外模式描述也不相同。概念模式中同样的数据在不同外模式中的结构、类型、长度等都可以不同。

外模式是保证数据库安全的一个措施。因为每个用户只能看到和访问其所对应的外模式中的数据,看不到权限范围之外的数据,所以不会出现由于用户的错误操作或有意破坏造成数据损失的情况。

ANSI/SPARC 将用户视图称为外部视图。外部视图就是特定用户看到的数据库内容(即对这些用户来说,外部视图就是数据库)。

2. 概念模式

概念模式也称为逻辑模式,简称为模式,它是所有用户的公共数据视图,也是数据库中全体数据的逻辑结构和特征的描述。概念模式表示数据库中的全部信息,其形式比数据的物理存储方式更加抽象。它是数据库系统结构的中间层,既不涉及数据的物理存储细节和硬件环境,也与具体的应用程序以及所使用的应用开发工具和环境(比如,Visual Basic、PowerBuilder 等)无关。

概念模式实际上是数据库数据在逻辑层上的视图。一个数据库只有一个概念模式。概念模式以某种数据模型为基础,综合考虑了所有用户的需求,并将这些需求有机地结合成一个逻辑整体。定义概念模式时不仅要定义数据的逻辑结构,比如,数据记录由哪些数据项组成,数据库项的名字、类型、取值范围等,而且还要定义数据之间的联系,定义与数据有关的安全性、完整性要求。

概念视图由概念模式定义,是由许多概念记录类型的值构成的。例如,它可以包含学生记录值的集合、课程记录值的集合、选课记录值的集合等。概念记录既不同于外部记录,也不同于存储记录。

如果概念视图能真正地实现数据独立性,那么根据这些概念模式定义的外模式也会有很强的独立性。

描述概念模式的数据定义语言(Data Definition Language,DDL)为模式 DDL。

3. 内模式

内模式也称为存储模式。内模式是对整个数据库的底层表示,它描述了数据的存储结构,比如数据的组织与存储。注意:内模式与物理层是不一样的,内模式不涉及物理记录的形式(即物理块或页,输出/输出单位),也不考虑具体设备的柱面或磁道大小。换句话说,内模式假定了一个无限大的线性地址空间,地址空间到物理存储的映射细节是与特定系统有关的,而这些并不反映在体系结构中。

内模式用内部 DDL 来描述。

在本书中,通常使用更直观的名称,如"存储结构"或"存储数据库"来代替"内部视图",用"存储结构定义"代替"内模式"。

2.3.2 两级映像及其功能

除了三级模式结构之外,从图 2-7 中还可以看到在数据库体系结构中还有一定的映像关系,即概念模式和内模式间的映像以及外模式和概念模式间的映像。

数据库系统的三级模式是抽象数据的三个级别,它把数据的具体组织留给 DBMS 管理,这样用户就能有逻辑地、抽象地处理数据,而不必关心数据在计算机中的具体表示方式与存储方式。

1. 概念模式和内模式间的映像

概念模式和内模式间的映像定义了概念视图和存储数据库之间的对应关系,它说明了概念层的记录和字段如何在内部层中表示。如果数据库的存储结构改变了,也就是说,如果改变了存储结构的定义,那么概念模式和内模式间的映像必须进行相应的改变,以使概念模式保持不变(当然,这些变动的管理是系统管理员的责任)。换句话说,由内模式变化所带来的影响必须与概念模式隔离。概念模式和内模式间的映像保证了数据的物理独立性。

2. 外模式和概念模式间的映像

外模式和概念模式间的映像定义了特定的外部视图和概念视图之间的对应关系。一般来说,这两层之间的差异情况与概念模式和内模式之间的差异情况类似。即,概念模式的结构可以改变,如添加字段、修改字段的类型等,但这些改变不一定会影响外模式。外模式的内容可以包含在多个概念模式中,而且外模式的一个字段可以由多个概念模式的字段合并而成。可能出现同时存在多个外部视图或多个用户共享一个特定的外部视图的情况,不同的外部视图可以有交叉。

显然,概念模式和内模式间的映像是数据物理独立性的关键,外模式和概念模式间的映像是数据逻辑独立性的关键。正如模块 1 所说的,如果数据库物理结构发生改变,用户和用户的应用程序能相对保持不变,那么系统就具有了物理独立性。同样地,如果数据的逻辑结构改变了,用户和用户的应用程序能相对保持不变,那么系统就具有了逻辑独立性。

2.3.3 数据库管理系统

数据库管理系统(DBMS)是处理数据库访问的系统软件。应用程序运行时,DBMS 将开辟一个缓冲区,用于数据的传输和格式转换。它包括以下处理过程。

(1) 用户使用数据库语言(比如 SQL)发出一个访问请求。

(2) DBMS 接收并分析请求。

(3) DBMS 检查用户外模式、相应的外模式和概念模式间的映像、概念模式、概念模式和内模式间的映像和存储结构定义。通常在检索数据时,从概念上讲,DBMS 首先检索所有要求的存储记录值,然后构造所要求的概念记录值,最后再构造所要求的外部记录值。每个阶段都可能需要数据类型或其他方面的转换。即使这个描述已经简化,但也说明整个过程是解释性的,因为它表明分析请求、检查各种模式等都是在运行时进行的。

（4）DBMS 对存储数据库执行必要的存取操作。

（5）从对数据库的存取操作中接收结果。

（6）对得到的结果进行必要的处理，如格式转换等。

（7）将处理的结果返回给用户。

DBMS 的主要功能包括以下四项。

1. 数据定义

DBMS 必须能够接受数据库定义的源模式，并将其转换成相应的目标模式，即 DBMS 必须包括支持各种数据定义语言的 DDL 处理器或编译器。

2. 数据操纵

DBMS 必须能够检索、更新或删除数据库中已有的数据，或向数据库中插入数据，即 DBMS 必须包括数据操纵语言（Data Manipulation Language，DML）的 DML 处理器或编译器。

3. 数据运行管理

数据库的运行管理是 DBMS 运行的核心。DBMS 通过对数据库的控制以确保数据正确性和数据库系统的正常运行。DBMS 对数据库的控制主要通过四个方面实现：数据的安全性控制、数据的完整性控制、多用户环境下的并发控制和数据库的恢复。

4. 数据组织和存储管理

DBMS 负责数据库中需要存放的各种数据（如数据字典、用户数据、存取路径等）的组织、存储和管理工作，确定以何种文件结构和存取方式物理地组织这些数据，以提高存储空间利用率和处理数据库的效率。数据字典本身也可以看作一个数据库，只不过它是系统数据库，而不是用户数据库。"字典"是"关于数据的数据"（有时也称为数据的描述或元数据）。特别地，在数据字典中，也保存各种模式和映像的各种安全性和完整性约束。数据字典有时称为目录或分类，或数据存储池。

总之，DBMS 的目标就是提供数据库的用户接口。用户接口可定义为系统的边界，在此边界之外的数据对用户来说是不可见的。

知识小结

本模块首先介绍了数据库中数据模型的概念。数据模型根据其应用的对象划分为概念层数据模型和组织层数据模型。概念层数据模型是对现实世界信息的第一次抽象，它与具体的数据库管理系统无关，是用户与数据库设计人员的交流工具。因此概念层数据模型一般采用比较直观的模型，本模块主要介绍的是应用范围很广泛的实体-联系模型。

组织层数据模型是对现实世界信息的第二次抽象，它与具体的数据库管理系统有关，也就是与数据库管理系统采用的数据组织方式有关。从概念层模型转换到组织层模型一般是很方便的。本模块主要介绍了目前应用范围最广、技术发展非常成熟的关系模型。

然后，本模块从体系结构角度分析了数据库系统，介绍了三级模式和两级映像。三级模式分别为:内模式、概念模式和外模式。内模式最接近物理存储,它考虑数据的物理存储;外模式最接近用户,它主要考虑单个用户看待数据的方式;概念模式介于内模式和外模式之间,它提供数据的公共视图。两级映像分别是概念模式与内模式间的映像和外模式与概念模式间的映像,这两级映像是提供数据的逻辑独立性和物理独立性的关键。

最后,介绍了数据库管理系统的功能,DBMS 主要负责执行用户的数据定义和数据操作语言的请求,同时也负责数据的运行、组织和存储管理。

思考与操作

1. 解释数据模型的概念,并说明可以将数据模型分成哪两个层次?
2. 概念层数据模型和组织层数据模型分别是针对什么进行的抽象?
3. 实体之间的联系有哪几种?请为每一种联系举出一个例子。
4. 什么是主码?主码的作用是什么?
5. 指出下列关系的主码:考试情况表(学号,课程号,考试次数,成绩)。假设一个学生可以多次参加同一门课程的考试。
6. 关系模型的数据完整性包含哪些内容?分别说明每一种完整性的作用。
7. 数据库系统包含哪三级模式?试分别说明每一级模式的作用。
8. 数据库系统的两级映像分别是什么?它们有哪些功能?
9. 数据库三级模式划分的优点是什么?它能带来哪些数据独立性?
10. 简单说明数据库管理系统包含的功能。

模块 3 SQL 语言基础及数据定义功能

3.1 SQL 语言概述

SQL 语言是用户操作关系型数据库的通用语言，本节将介绍 SQL 语言的发展过程、特点以及主要功能。

3.1.1 SQL 语言的发展过程

美国 IBM 研究中心的 Codd[1970] 发表了一篇关于关系数据库理论的论文，提出了关系模型的概念。1974—1979 年，IBM 以 Codd 的理论为基础开发了结构化英语查询语言（Structured English Query Language，SEQUEL），这种语言采用英语单词表示命令，结构非常清晰，看起来很像英语句子，因此很快就受到了用户的喜爱。后来 IBM 将 SEQUEL 简称为 SQL，即结构化查询语言。

20 世纪 80 年代以来，SQL 语言一直是关系型数据库管理系统的标准语言。1986 年 10 月美国国家标准协会发布了 X3.135-1986《数据库语言 SQL》，1987 年 6 月国际标准化组织（International Organization for Standardization，ISO）采纳其为国际标准，称为 SQL-86 标准。1989 年 10 月，ISO 又发布了增强完整性特征的 SQL-89 标准。在 SQL-89 的基础上，ISO 对该标准进行了大量的修改和扩充，在 1992 年 8 月，发布了 SQL 的新标准，即 SQL-92。1999 年 ISO 又发布了新的标准，称为 SQL-99。自 SQL-99 之后，ISO 一共发布了四个版本的 SQL 标准，分别为 SQL-2003、SQL-2008、SQL-2011 和 SQL-2016。

在认识到关系模型的诸多优越性后，许多软件厂商纷纷开始研制关系型数据库管理系统，例如，SQL Server、Oracle、Mysql、DB2、Sybase 和 Visual Foxpro 等都是市面上常用的关系型数据库管理系统。这些关系型数据库的操作语言都是以 SQL 为参照，本书将以 SQL Server

使用的 SQL(称为 Transact-SQL,T-SQL[①])来介绍 SQL 语言的功能和语法。

3.1.2 SQL 语言的特点

SQL 语言之所以能够被用户和业界接受并成为国际标准,是因为它是一个综合的、功能强大的、简洁易学的语言。SQL 语言主要有以下 5 个特点。

1. 综合统一

SQL 语言集数据定义语言(DDL)、数据操纵语言(DML)、数据控制语言(Data Control Language,DCL)于一体,语言风格统一,可以独立完成数据库生命周期中的全部活动。

另外,在关系模型中,实体和实体之间的联系均用"关系"表示,这种数据结构的单一性保证了数据操作符的统一性,查询、插入、删除、更新等都有唯一对应的操作符,从而避免了非关系模型由于信息表示的多样性出现的操作复杂性。

2. 高度非过程化

非关系模型的数据操作语言是面向过程的语言,用过程化语言完成某项请求,必须指定存取路径。而当用 SQL 语言进行数据操作时,只要提出"做什么",而无须指定"怎么做",因此无须了解存取路径。SQL 将"做什么"交给系统,系统会自动完成全部工作。

3. 面向集合的操作方式

SQL 语言采用集合的操作方式,不仅查询结果可以是元组的集合,而且一次插入、删除、更新操作的对象也可以是元组的集合。

4. 语言简洁,易学易用

SQL 语言功能极强,设计巧妙,语言十分简洁,完成核心功能只需用少量的命令。另外,SQL 的语法简单,比较接近自然语言(英语),因此容易学习。

5. 以同一种语法结构提供多种使用方式

SQL 语言可以直接以命令方式交互使用,也可以嵌入程序设计语言中使用。此外,现在很多数据库应用开发工具都将 SQL 语言直接融入自身的语言当中,如 T-SQL、PL/SQL、VFP 等,使用起来非常方便。这些使用方式为用户提供了灵活的选择余地。无论哪种使用方式,SQL 语言的语法基本相同。

3.1.3 SQL 语言的功能

SQL 语言包括数据查询、数据定义、数据操纵和数据控制四大功能。表 3-1 列出了实现这四大功能的命令动词。

表 3-1　　　　　　　　　　　　SQL 的命令动词

SQL 功能	动词
数据查询	SELECT

---

① 本书正文中使用简称 T-SQL,若在章节名中出现,则使用全称 Transact-SQL。

(续表)

SQL 功能	动词
数据定义	CREATE、ALTER、DROP
数据操纵	INSERT、UPDATE、DELETE
数据控制	GRANT、REVOKE

3.2 数据类型

数据类型是一种属性,用于指定某个对象可保存的数据的类型。数据类型相当于一个容器,容器的大小决定了装多少东西,将数据分为不同的类型可以节省磁盘空间和资源。

每个数据库产品支持的数据类型并不完全相同。SQL Server 支持多种数据类型,常用类型包括数值数据类型、字符串类型、日期时间类型以及货币类型等。下面分别介绍这些数据类型。

3.2.1 数值数据类型

数值数据类型包括整数类型和小数类型。

1. 整数类型

SQL Server 支持四种整数类型:bigint、int、smallint 和 tinyint。这四种整数类型的取值范围依次递减,如表 3-2 所示。

表 3-2　　　　　　　　　　　　整数类型

类型名称	说明	存储空间
bigint	存储 $-2^{63} \sim 2^{63}-1$ 范围内的整数	8 字节
int	存储 $-2^{31} \sim 2^{31}-1$ 范围内的整数	4 字节
smallint	存储 $-2^{15} \sim 2^{15}-1$ 范围内的整数	2 字节
tinyint	存储 0~255 范围内的正整数	1 字节

2. 小数类型

SQL Server 支持两种小数类型:精确小数类型和浮点数据类型。

精确小数类型是指带固定精度和小数位数的数值数据类型,最大存储大小随精度变化。精确小数类型包括 decimal 和 numeric 两种,它们在功能上是等价的,如表 3-3 所示。

浮点数据类型是指小数位数不确定的数值数据类型。浮点数据为近似值,在 SQL Server 中采用了只入不舍的方式进行存储,即当要舍的数是一个非零数时,对其保留数字部分的最低有效位上加 1,并进行必要的进位。浮点数据类型包括 real 和 float 两种,如表 3-3 所示。

表 3-3　　　　　　　　　　　　　小数类型

名称	说明	存储空间
decimal(p,s) numeric(p,s)	使用最大精度时,有效值 $-10^{38}+1 \sim 10^{38}-1$。其中 p 为精度,指定最多可以存储十进制数字的总位数(包括小数点左边和右边的位数),该精度必须是从 1 到最大精度 38 的值,默认精度为 18。s 为小数位数,指定小数点右边可以存储的十进制数字的最大位数,小数位数必须是从 0 到 p 的值,仅在指定精度后才可以指定小数的位数,默认小数位数是 0。因此,0≤s≤p。例如:decimal(10,5)表示共有 10 位数,其中整数 5 位,小数 5 位	最多 17 字节
real	存储 −3.40E+38~3.40E+38 范围内的浮点数	4 字节
float	存储 −1.79E+308 ~ −2.23E−308、0 以及 2.23E+308 ~ 1.79E−308 范围内的浮点数。如果不指定数据类型 float 的长度,它占用 8 个字节的存储空间。float 数据类型可以写成 float(n) 的形式,n 为指定 float 数据的精度,n 为 1~53 的整数值。当 n 取 1~24 时,实际上定义了一个 real 类型的数据,系统用 4 个字节存储它。当 n 取 25~53 时,系统认为数据是 float 类型,用 8 个字节存储	4 字节或者 8 字节

3.2.2　字符串类型

字符串类型也是 SQL Server 中最常用的数据类型之一,用来存储各种字符、数字符号和特殊符号。在使用字符数据类型时,需要加上英文单引号或者双引号。

字符串的编码有两种方式:普通编码和统一编码。

1. 普通编码字符串类型

普通编码指不同国家或地区的字符编码长度不同。比如,英文字母的编码是 1 个字节(8 bit),中文汉字的编码是 2 个字节。常用的普通编码字符串类型有 char、varchar 和 text,如表 3-4 所示。

表 3-4　　　　　　　　　　　普通编码字符串类型

类型名称	说明	存储空间
char(n)	每个字符和符号占用 1 个字节的存储空间,n 表示所有字符占的存储空间,n 的取值范围为 1~8000。如果没有指定 n 的值,系统默认 n 的值为 1。若输入数据的字符串长度小于 n,系统则会自动在其后添加空格来填满设定好的空间;若输入的数据过长,系统则会截掉超出部分	n 字节
varchar(n|max)	n 为存储字符的最大长度,其取值范围为 1~8000,但可根据实际存储的字符数改变存储空间,max 表示最大存储大小是 $2^{31}-1$ 个字符。如 varchar(20),则对应的变量最多只能存储 20 个字符,不够 20 个字符的按实际存储	(字符数+2)字节
text	最多可以存储 $2^{31}-1$ 个字符	每个字符占用 1 个字节

char 和 varchar 类型都可以用来存放字符型数据,但后者更加节省空间,系统开销更大,处理速度更慢。

2. 统一编码字符串类型

统一编码指不管哪个地区、哪种语言均采用双字节编码。SQL Server 支持的统一字符编码是 Unicode 编码。常用的统一编码字符串类型有 nchar、nvarchar 和 ntext,如表 3-5 所示。

表 3-5　　　　　　　　　　　　　　统一编码字符串类型

类型名称	说明	存储空间
nchar(n)	固定长度的 Unicode 字符串类型。n 表示所有字符占的存储空间,n 的取值范围为 1~4000,如果没有指定 n 的值,系统默认为 1。该数据类型采用 Unicode 字符集,因此每一个字符占 2 个字节,几乎可将世界上所有的文字囊括在内(除了部分生僻字)	2n 字节
nvarchar(n|max)	与 varchar 类似,存储可变长度的 Unicode 字符串数据。n 的取值范围为 1~4000,如果没有指定 n 的值,系统默认 n 的值为 1。max 指最大存储大小为 $2^{31}-1$ 个统一字符编码的字符	(2×字符数+2)字节
ntext	最多可以存储 $2^{30}-1$ 个统一编码的字符	(2×字符数+2)字节

3.2.3　日期时间类型

SQL Server 支持日期类型、时间类型和日期时间类型。在使用日期时间类型的数据时要用单引号括起来,比如:'2017-09-01 08:00:00'。常用的日期时间类型有 date、time、datetime、smalldatetime、datetime2 和 datetimeoffset,如表 3-6 所示。

表 3-6　　　　　　　　　　　　　　日期时间类型

类型名称	说明	存储空间
date	日期型,默认格式为 YYYY-MM-DD,其中 YYYY 表示 4 位年份数字,范围为 0001~9999 的整数;MM 表示 2 位月份数字,范围为 01~12 的整数;DD 表示 2 位天数的数字,范围为 01~31 的整数。日期的范围为 0001-01-01~9999-12-31	3 字节
time	时间型,该时间基于 24 小时制。默认格式为 hh:mm:ss[.nnnnnnn],其中 hh 表示小时,范围为 00~23 的整数;mm 表示分钟,范围为 00~60 的整数;ss 表示秒,范围为 00~60 的整数;n 为秒的小数位数,取值范围为 0~7 的整数,精确到 100 纳秒。时间的范围为 00:00:00.0000000~23:59:59.9999999	3~5 字节
datetime	日期时间型,定义一个采用 24 小时制并带有秒的小数部分的日期和时间。默认格式为 YYYY-MM-DD hh:mm:ss.nnn,精确到 0.00333 秒。日期部分范围为 1753-01-01 到 9999-12-31,时间部分范围为 00:00:00 到 23:59:59.997	8 字节

（续表）

类型名称	说明	存储空间
smalldatetime	日期时间型,定义一个采用 24 小时制并且秒始终为 0 的日期和时间。默认格式为 YYYY-MM-DD hh: mm: 00,精确到 1 分钟。日期部分范围为 1900-01-01 到 2079-06-06,时间部分范围为 00: 00: 00 到 23: 59: 59	4 字节
datetime2	日期时间型,是 datetime 类型的扩充,其数据范围更大,默认的小数精度更高。默认格式为 YYYY-MM-DD hh: mm: ss [. nnnnnnn],精确到 100 ns。日期部分范围为 0001-01-01 到 9999-12-31,时间部分范围为 00: 00: 00 到 23: 59: 59.9999999	6~8 字节
datetimeoffset	日期时间型,用于定义一个采用 24 小时制与日期相组合并可识别时区的时间 默认格式是 YYYY-MM-DD hh: mm: ss[. nnnnnnn][{ +l -} hh1: mm1] hh1 是时区偏移量,范围为-14~14,mm1 范围为 00~59。例如:要存储北京时间 2011 年 11 月 11 日 12 点整,存储时该值将是 2011-11-11 12: 00: 00+08: 00,因为北京处于东八区,比世界统一时间(UTC)早 8 个小时	8~10 字节

3.2.4 货币类型

货币类型是 SQL Server 特有的数据类型,它实际上是精确数值类型,小数点后保留固定的 4 位小数。SQL Server 支持两种货币类型:money 和 smallmoney,如表 3-7 所示。

表 3-7　　　　　　　　　　　　货币类型

类型名称	说明	存储空间
money	用于存储货币值,取值范围为 -922 337 213 685 477. 5808 ~ 922 337 213 685 477. 5808。money 型数据包含 19 个数字,小数部分包含 4 个数字,因此 money 数据类型的精度是 19	8 字节
smallmoney	与 money 类型相似,取值范围为 -214 748. 3468 ~ 214 748. 3468,samllmoney 型数据包含 10 个数字,小数部分包含 4 个数字,因此 money 数据类型的精度是 10。输入数据时在前面加上一个货币符号,如人民币为 ¥ 或其他定义的货币符号	4 字节

SQL Server 除了支持数值数据类型、字符串类型、日期时间类型以及货币类型以外,还支持位数据类型(bit)、二进制数据类型(binary)、游标数据类型(cursor)、表格数据类型(table)等。

另外,SQL Server 允许用户自定义数据类型,用户自定义数据类型是建立在 SQL Server 系统数据类型的基础上的,自定义的数据类型使得数据库开发人员能够根据需要定义符合自己开发需求的数据类型。自定义数据类型虽然使用比较方便,但是需要大量的性能开销,因此使用时需谨慎。当用户定义一种数据类型时,需要指定该类型的名称、所基于的系统数据类型以及是否允许为空等。

3.3 创建数据库

数据库是存储数据库对象的容器。本节将介绍 SQL Server 中的数据库分类、基本概念和创建方法。

3.3.1 SQL Server 数据库的分类

从数据库的应用和管理角度来看，SQL Server 将数据库分为两大类，即系统数据库和用户数据库。SQL Server 数据库管理系统自带系统数据库且会对其进行自动维护。这类数据库主要用来存储系统级的数据和元数据，比如，服务器上数据库的总数，每个数据库的属性以及所包含的数据库对象，每个数据库的用户以及用户的权限等。用户数据库存放的是与用户业务有关的数据，其数据由用户来维护。通常所说的建立和维护数据库指的都是对用户数据库的操作。

SQL Server 2014 安装后，系统将自动创建四个用于维护系统正常运行的系统数据库，即 master、model、msdb 和 tempdb，这四个系统数据库在 SQL Server 中各司其职。

1. master 数据库

master 数据库记录了 SQL Server 数据库系统所有的系统级信息。包括实例范围内的元数据，如登录账号、终端、连接服务器和系统配置设置元数据。它还记录了所有其他数据库的基本信息，以及这些数据库文件的位置，并将其记录为 SQL Server 的初始化信息。因此，如果 master 数据库不可用，SQL Server 将无法启动。

2. model 数据库

model 数据库是一个模板数据库。当用户创建数据库时，系统自动将 model 数据库中的全部内容复制到新建的数据库中。因此，用户创建的数据库大小不能小于 model 数据库的大小。

3. msdb 数据库

msdb 数据库是 SQL Server 代理的数据库。SQL Server 代理通过使用 msdb 数据库来进行存储自动化作业定义、作业调度、操作定义、触发提醒定义等。另外，msdb 还包含了所有的工作准备，比如工作开始时，得到的状态或停止作业命令，这些命令都运行在 msdb 数据库中。

4. tempdb 数据库

tempdb 数据库是临时数据库。用于存储临时对象（如临时表、游标和变量）。

3.3.2 SQL Server 数据库基本概念

1. SQL Server 数据库的组成

SQL Server 数据库是一个数据库容器，它包含了表、索引、视图、函数、过程和触发器等数据库对象，将数据库映射为一组数据库文件并对其进行管理。SQL Server 数据库将这些文件划分为两类:数据文件和日志文件。

(1) 数据文件

数据文件是用来存放数据和对象的文件,一个数据库可以有一个或多个数据文件,一个数据文件只能属于一个数据库。数据文件又分为主要数据文件和次要数据文件。

主要数据文件保存着数据库中的数据,是数据库的起点,它们指向数据库中的其他文件。每个数据库有且只有一个主要数据文件,扩展名为.mdf。主要数据文件是为数据库创建的第一个数据文件。SQL Server 2012 要求主要数据文件的大小不能小于 5 MB。

次要数据文件也用于保存数据库的数据,除了主要数据文件以外的其他数据文件都是次要数据文件。每个数据库可以没有次要数据文件,也可以有多个次要数据文件,扩展名为.ndf。

主要数据文件和次要数据文件的使用对用户而言是没有区别的,而且对用户也是透明的,用户不需要关心自己的数据被放在哪个数据文件中。

为了便于分配和管理,可以将数据库的数据文件分成文件组。每个数据库默认有一个主文件组(PRIMARY),此文件组包含主要数据文件和未放入其他文件组的所有次要文件。用户可以创建新的文件组,将数据文件集合起来,以便于管理、数据分配和放置。

注意:当一个数据库包含多个数据文件时,尽量让这些数据文件分别保存在不同的磁盘上,这样不仅能充分利用多个磁盘里的磁盘空间,还可以提高数据的存取效率。

(2) 日志文件

SQL Server 的日志由一系列日志记录组成,日志文件中记录了对数据库的更新操作等事务日志信息,用户对数据库进行的插入、删除和更新等操作都会记录在日志文件中。当数据库损坏时,可以根据日志文件来分析出错的原因,或是在数据丢失时使用事务日志恢复数据库。每一个数据库必须拥有至少一个事务日志文件,而且允许拥有多个日志文件,扩展名为.ldf。

SQL Server 2012 不强制使用.mdf、.ndf 或者.ldf 作为文件的扩展名,但建议使用这些扩展名以明确标识文件的用途。

2. 数据的存储分配

在 SQL Server 中创建数据库时,了解 SQL Server 如何分配存储空间很有必要,这样可以比较精确地估算出数据库需要占用空间的大小,同时可以比较精确地为数据文件和日志文件申请磁盘空间。

在考虑数据库的空间分配时,需了解以下规则。

(1) 所有数据库都包含一个主要数据文件与一个或多个日志文件,此外还可以包含零个或者多个次要数据文件。数据库文件有两个名称:操作系统管理的物理文件名和数据库管理系统管理的逻辑文件名。SQL Server 2012 中数据文件和日志文件的默认存放位置为\Program Files\Microsoft SQL Server\MSSQL12.MSSQLSERVER\MSSQL\DATA 文件夹中。

(2) 在创建用户数据库时,model 数据库自动被复制到新建用户数据库中,而且是复制到主要数据文件中,所以新建用户数据库的主要数据文件的大小不能小于 model 数据库的大小。

(3) 数据库中数据的最小存储分配单位是数据页(Page,页)。一页即为 8KB(8×1024 字节)的连续磁盘空间,其中 8060 字节用来存放数据,另外的 132 字节用来存放系统信息。

(4) 在 SQL Server 中,不允许表中的一行数据存储在不同的页上(varchar(max)、nvarchar(max)、text、ntext、varbinary 和 image 数据类型除外),即行不能跨页存储。因此表中一行数据的大小不能超过 8060 字节。因此,在设计数据库表时应考虑表中每行数据的大小,使一个数据页尽可能存放更多的数据,以减少空间的浪费。

3.3.3 用图形化方法创建数据库

可以使用 SSMS(SQL Server Management Studio)工具,采用图形化的方法创建数据库,也可以通过 T-SQL 语句实现。本小节介绍用图形化方法创建数据库,3.3.4 小节介绍使用 T-SQL 语句创建数据库。

下面通过具体的案例介绍用图形化方法创建数据库和添加数据库文件的具体操作。

【例 3-1】 创建一个名为 xkgl 的数据库,xkgl 数据库文件的具体属性如表 3-8 所示。

表 3-8 xkgl 数据库文件的属性

逻辑名称	文件类型	文件组	初始大小	最大容量	增长方式	路径
xkgl_data1	主要数据文件	PRIMARY	6 MB	30 MB	2 MB	C:\db
xkgl_log	日志文件	无	3 MB	20 MB	10%	C:\db

创建 xkgl 数据库的具体步骤如下。

(1) 单击"开始"→"所有程序"→Microsoft SQL Server 2012→SQL Server Management Studio 命令,启动 SSMS。

(2) 按照默认设置不变,单击"连接"按钮,连接到数据库服务器。

(3) 在 SSMS 的"对象资源管理器"中,鼠标右键单击"数据库"节点,在弹出的快捷菜单中选择"新建数据库"命令,弹出如图 3-1 所示的"新建数据库"窗口。

(4) 在"新建数据库"窗口的左上方有三项可以设置,先单击第一项"常规"选项,也是默认选项。在"新建数据库"窗口右上方的"数据库名称"文本框内输入数据库名(本例输入 xkgl)。

每个数据库至少要有两个数据库文件:数据文件和日志文件,注意观察下方数据库文件列表中"逻辑名称"会根据用户输入的数据库名称自动填充文件名,用户可以对其进行修改。

(5) 在"数据库名称"文本框下面是"所有者",数据库的所有者可以是任何具有创建数据库权限的登录账户,数据库所有者对其拥有的数据库具有全部的操作权限。默认时,数据库的拥有者是"<默认值>"(本例采用<默认值>),表示该数据库的所有者是当前登录到 SQL Server 的账户。关于登录账户和权限将在后续模块介绍。

图 3-1 "新建数据库"窗口

（6）在图 3-1 的"常规"选项下的"数据库文件"网格中，可以定义数据库包含的数据文件和日志文件。数据库文件下包含以下选框。

① 在"逻辑名称"处指定文件的逻辑名称。数据库的每个数据文件和日志文件都具有一个逻辑文件名。默认情况下，主要数据文件的逻辑文件名同数据库同名（本例主要数据文件的逻辑文件名是 xkgl_data1），第一个日志文件的逻辑文件名为："数据库名"+"_log"（本例日志文件的逻辑文件名采用默认名称 xkgl_log）。

② "文件类型"框显示文件的类型。由于数据库必须有一个主要数据文件和至少有一个日志文件，因此系统自动产生的两个文件的类型是不能修改的，用户添加文件时，可通过此框指定文件的类型。

③ "文件组"框显示了数据文件所在的文件组（日志文件没有文件组的概念）。默认情况下，所有的数据文件都属于 PRIMARY 主文件组。主文件组是系统预定义好的，每个数据库都必须有一个主文件组，而且主要数据文件必须存放在主文件组中。用户可以根据自己的需要添加辅助文件组，辅助文件组用于组织次要数据文件，目的是提高数据访问性能。

④ "初始大小"框可以指定每个数据文件和日志文件的初始大小。默认情况下，主要数据文件的初始大小是 5 MB（本例中为 6 MB，见图 3-3），日志文件的初始大小是 2 MB（本例中为 3 MB，见图 3-3），如图 3-1 所示。

在用户创建数据库时，系统自动将 model 数据库中的全部内容复制到新建的数据库中的主要数据文件内。因此,在指定新建数据库的主要数据文件的初始大小时,其大小不能小于 model 数据库主要数据文件的大小。

⑤ "自动增长/最大大小"框可以启动自动增长和设置文件增长的方式。自动增长,默认启动,主要数据文件每次增加 1MB,最大大小无限制;日志文件是每次增加 10%,最大大小也没有限制。单击数据文件"自动增长"框后面对应的 ⋯ 按钮,可以更改文件的增长方式和最大文件大小的限制,如图 3-2 所示(本例主要数据文件每次增加 2 MB,最大空间大小为 30 MB;次要数据文件每次增加 10%,最大空间大小为 20 MB,见图 3-3)。

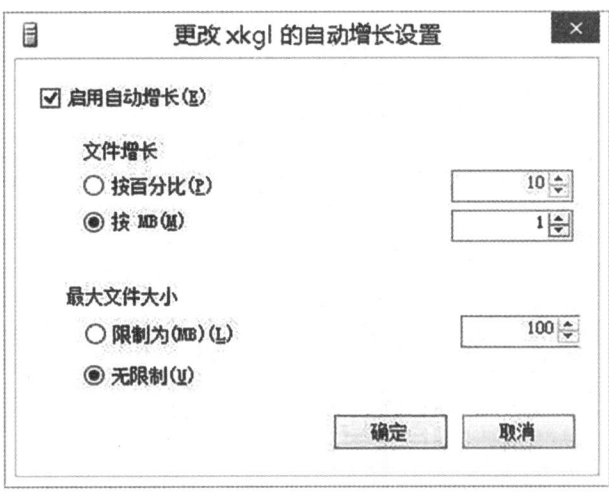

图 3-2 更改文件增长方式和最大空间大小的窗口

自动增长表示当数据库的空间用完后,系统自动扩大数据库的空间,这样可以防止数据库空间用完而不能插入新数据或不能进行数据操作。

文件可以按 MB 或者百分比增长。最大文件大小是指文件增长的最大空间限制,有两种方式,即限制文件增长和无限制文件增长。其中,限制文件增长是指数据库文件可增长到指定的最大空间大小,无限制文件增长是指以磁盘空间容量为限制,可以一直增长。建议用户设置允许文件增长的最大空间大小,因为如果用户不设定最大空间大小,但设置了文件自动增长方式,则文件将会无限制增长直到磁盘空间用完。

⑥ "路径"框显示了数据库文件的物理存储位置,默认的存储位置是 SQL Server 2012 安装盘下的:\Program Files\Microsoft SQL Server\MSSQL12. MSSQLSERVER\MSSQL\DATA 文件夹。单击数据文件"路径"框后面对应的 ⋯ 按钮,可以更改文件的存储位置。(本例将主要数据文件和次要数据文件均放置在 C:\db 文件夹中,见图 3-3,请先确认 C 盘下的 db 文件夹已创建)。

⑦ "文件名"框指定文件的物理文件名,也可以不指定文件名,采用系统自动赋予的文件名。系统自动创建的物理文件名为逻辑文件名+文件类型的扩展名。比如,主要数据文件的逻辑名称为 xkgl_data1,则物理文件名为:xkgl_data1. mdf,日志文件的逻辑文件名为 xkgl_log,则物理文件名为 xkg_log. ldf(本例按默认名称填写了文件名,见图 3-3)。至此,xkgl 数据库的"常规"选项卡设置完毕,如图 3-3 所示。

(7) 在"新建数据库"窗口的左上方单击"选项"选项,在此可以设置数据库的排序规则、数据库备份后的恢复模式和兼容级别等参数(本例采用默认设置),默认设置选项,如图 3-4 所示。

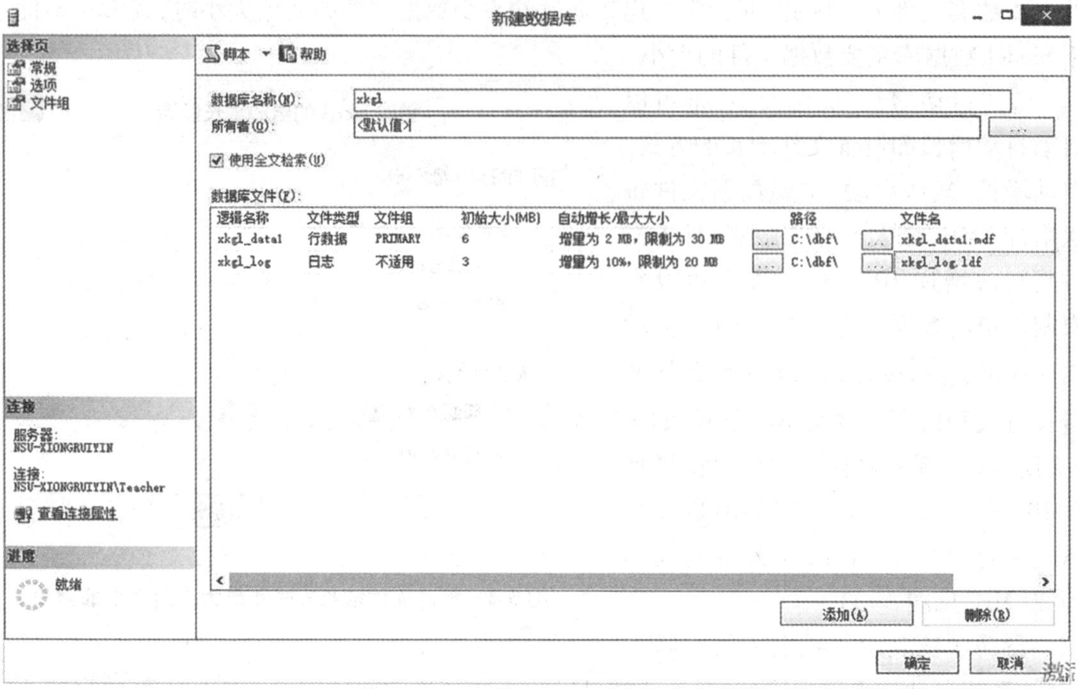

图 3-3 "数据库文件"窗格

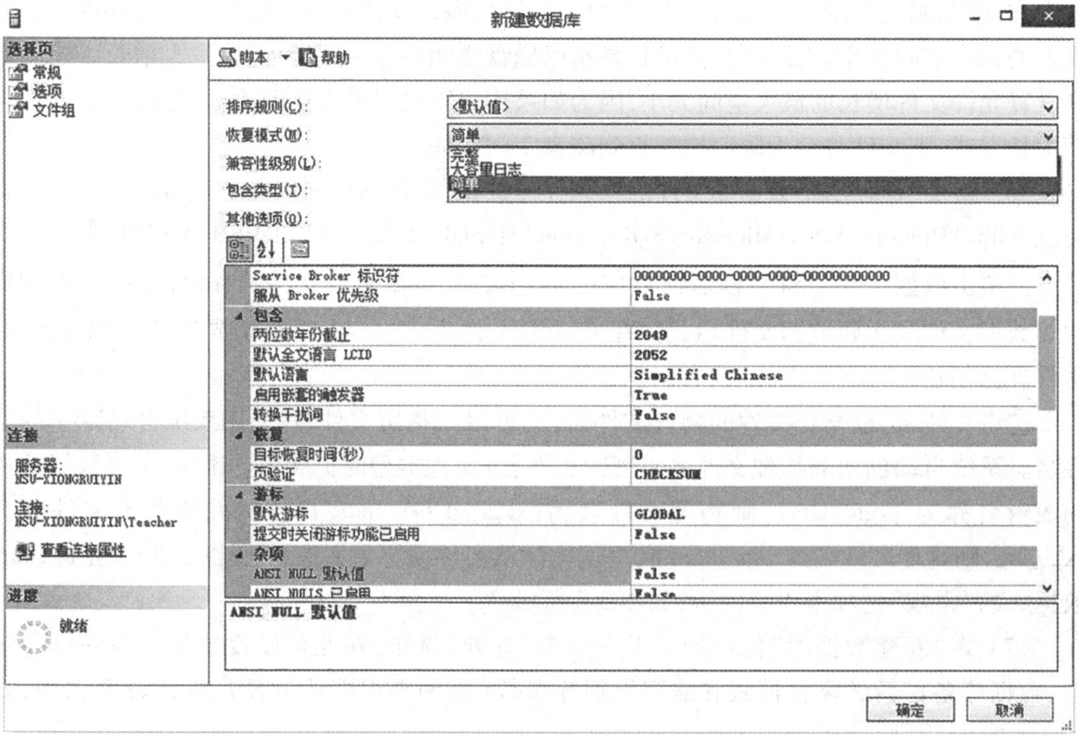

图 3-4 设置排序规则和恢复模式的窗口

SQL Server 有 3 个恢复模型：简单恢复、完全恢复和大容量日志恢复，每个模型都有各自的特点，也适用于不同的企业备份需求，在新建数据库时，可选择性应用。关于数据库恢复将在后续模块介绍。

（8）在"新建数据库"窗口的左上方单击"文件组"选项，每个数据库有一个主要文件组 PRIMARY，用户可以创建新的文件组，用于将数据文件集合起来，以便于管理、数据分配和放置。

（9）所有参数及选项都设置完成后，最后单击"确定"按钮，完成新数据库的新增，在 SSMS 左侧"对象资源管理器"子窗口中即可看到新建的 xkgl 数据库。

注意：如果想查看用 SSMS 工具创建数据库生成的 SQL 语句，可以在单击"确定"按钮前单击窗口上方的"脚本"下拉菜单，选择"将操作脚本保存到'新建查询'窗口"，如图 3-5 所示。

图 3-5　保存脚本的界面

数据库创建之后，还可以对数据库进行修改，比如增加数据文件、日志文件等。

【例 3-2】　为 xkgl 数据库添加一个次要数据文件，具体要求如表 3-9 所示。

表 3-9　　　　　　　　　　xkgl 数据库的次要数据文件属性

逻辑名称	文件类型	文件组	初始大小	最大容量	增长方式	路径
xkgl_data2	次要数据文件	PRIMARY	2 MB	20 MB	10%	D:/db

以下为 xkgl 数据库添加次要数据文件的具体步骤。

（1）在 SSMS 的"对象资源管理器"中,鼠标右键单击"数据库"节点下的 xkgl 数据库,选择"属性"命令。

（2）在弹出的"新建数据库"窗口中,先单击左边的"常规"选项,然后单击窗口右下方的"添加"按钮。

（3）在窗口中,对添加的次要数据文件进行如下设置：

① 在"逻辑名称"处输入 xkgl_data2；

② 在"文件类型"下拉列表框中选择"行数据"；

③ 在"初始大小"框中将初始大小改为 5；

④ 单击"自动增长"框后面对应的省略按钮,设置文件自动增长,每次增加 2 MB,最多增加到 20 MB；

⑤ 在"路径"框中将路径改为 C:\db。

设置好后的界面如图 3-6 所示。

（4）单击"确定"按钮,完成次要数据文件的添加。

图 3-6　增加一个次要数据文件后的窗口

3.3.4 用 T-SQL 语句创建数据库

使用 T-SQL 中的 CREATE DATABASE 语句创建数据库。语法格式如下：

```
CREATE DATABASE database_name
    [ ON [PRIMARY] {<filespec> [ ,…n ] } ]
    [ , <filegroup> <filespec> [ ,…n ] ]
[ LOG ON { <filespec> [ ,…n ] } ]
```

其中，<filespec>的语法格式如下：

```
<filespec>::=
{
( NAME = logical_file_name ,
FILENAME = 'os_file_name'
[ ,SIZE = size [ KB|MB|GB|TB ] ]
[ ,MAXSIZE = { max_size [ KB|MB|GB|TB ] | UNLIMITED } ]
[ ,FILEGROWTH = growth_increment[ KB|MB|GB|TB|% ] ]
) [ ,…n ]
}
```

【符号说明】

（1）[ ]（方括号）：表示是可选语法项目，内容可以省略，省略时系统取默认值，书写时不必键入方括号。

（2）[,…n]：表示前面的项可重复 n 次，每一项由逗号分隔。

（3）{ }（大括号）：表示是必选语法项目，内容不能省略，书写时不必键入大括号。

（4）|（竖线）：表示相邻前后两项只能任取一项。

【参数说明】

（1）ON：表示需根据后面的参数创建该数据库。

（2）LOG ON：表示根据后面的参数创建该数据库的事务日志文件。

（3）PRIMARY：表示后面定义的数据文件属于主文件组 PRIMARY，也可以采用用户自己创建的文件组。如果没有指定 PRIMARY，则 CREATE DATABASE 语句中列出的第一个文件将成为主要数据文件。

（4）<filespec>：表示定义文件的属性。其中包含以下参数。

① NAME = logical_file_name：表示指定数据库文件的逻辑名称。

② FILENAME = 'os_file_name'：表示指定数据库文件的物理名称，包括路径和含后缀的文件名。

③ SIZE = size：表示指定数据库文件的初始大小，单位可以是 MB、KB、GB，默认单位为 MB。如果没有为主要数据文件提供 size，系统将以 5 MB 作为主要数据文件的初始大小。如

果没有为次要数据文件或日志文件提供 size,系统将以 2 MB 作为日志文件的初始大小,以 5 MB 作为次要数据文件的初始大小。

④ MAXSIZE = max_size:表示指定数据库文件的最大空间大小,单位可以是 MB、KB、GB,默认单位为 MB。

⑤ UNLIMITED:表示在磁盘容量允许情况下不受限制。

⑥ FILEGROWTH = growth_increment:表示指定数据库文件的增长量。growth_increment 的大小不能超过 max_size 的大小。growth_increment 表示每次需要新空间时为数据库文件添加的空间量。该值可以使用 MB、KB、GB 或者百分比(%)为单位指定。

(5) <filegroup>:用来指定文件组,文件组只需要指定名字。

注意:使用 T-SQL 语句创建数据库时,最简单的情况是省略所有的参数,只提供一个数据库名即可,这时系统会按各参数的默认值创建数据库。

下面举例说明如何使用 T-SQL 语句创建数据库。

【例 3-3】 用 T-SQL 语句创建一个名为"成绩管理"的数据库,其他选项均采用默认设置。

创建此数据库的命令如下:

```
CREATE DATABASE 成绩管理
```

注意:单击工具栏中的 新建查询(N) 按钮,在打开的"新建查询"窗口中输入命令,然后单击运行按钮或者按 F5 执行命令。

【例 3-4】 用 T-SQL 语句创建一个教师信息数据库 teacher,该数据库包含一个数据文件和一个日志文件。主要数据文件的逻辑名称为 teacher_data,物理名称为 teacher_data.mdf,存放在 D:\db(请先确认 D 盘下的 db 文件夹已创建)文件夹中,文件的初始大小为 5 MB,最大空间大小为 10 MB,每次增长量为 15%。日志文件的逻辑名称为 teacher_log,物理名称为 teacher_log.ldf,也存放在 D:\db 文件夹中,文件的初始大小为 500 KB,最大容量不受限制,每次增长量为 500 KB。

创建此数据库的命令如下:

```
CREATE DATABASE teacher
  ON PRIMARY    /*创建主要数据文件*/
( NAME = teacher_data,
  FILENAME = 'D:\db\teacher_data.mdf',
  SIZE = 5 MB,  --默认字节单位 MB 可以省略
  MAXSIZE = 10,   --文件最大容量 10 MB
  FILEGROWTH = 15%  --增长量为文件容量 15%
)
  LOG ON         /*创建日志文件*/
( NAME = teacher_log,
```

```
    FILENAME='D:\db\teacher_log.ldf',
    SIZE=500 KB,/*初始容量,KB 单位不能省略 */
    MAXSIZE=UNLIMITED,/*日志文件最大容量不受限制 */
    FILEGROWTH=500 KB/*增长量 KB 不能省略 */)
```

【例 3-5】 用 T-SQL 语句在 D:\db 文件夹中创建一个名为 student 的数据库,该数据库包含:

第一个数据文件逻辑名称为 class1,物理文件名为 class1.mdf,存放在 D:\db 文件夹中,初始大小 20 MB,最大尺寸为无限大,增长速度为 20%;

第二个数据文件逻辑名称为 class2,物理文件名为 class2.ndf,也存放在 D:\db 文件夹中,初始大小 40 MB,最大尺寸为 100 MB,增长速度为 10 MB;

2 个 15 MB 的事务日志文件,事务日志文件的逻辑名为 class1_log 和 class2_log,物理文件名为 classlog1.ldf 和 classlog2.ldf,也存放在 D:\db 文件夹中。

创建此数据库的命令如下:

```
CREATE DATABASE student
  ON   PRIMARY
( NAME=class1,
  FILENAME='D:\db\class1.mdf',
  SIZE=20MB,
  MAXSIZE=unlimited,
  FILEGROWTH=20%),
( NAME=class2,
  FILENAME='D:\db\class2.ndf',
  SIZE=40MB,
  MAXSIZE=100MB,
  FILEGROWTH=10MB)
LOG ON
( NAME=class1_log,
  FILENAME='D:\db\classlog1.ldf',
  SIZE=15MB),
( NAME=class2_log,
  FILENAME='D:\db\classlog2.ldf',
  SIZE =15MB)
```

注意:数据库创建后可以对其修改,修改数据库也可以采用 T-SQL 语句 ALTER DATABASE 实现。关于 ALTER DATABASE 语句的具体语法请读者查阅相关资料。

3.3.5 删除数据库

若不再需要创建的数据库,可以将其删除,删除数据库可以采用 SSMS 工具,也可以通过 T-SQL 语句实现。

1. 用 SSMS 工具删除数据库

在 SSMS 中删除数据库的操作步骤:在 SSMS 的"对象资源管理器"中,鼠标右键单击需要删除的数据库,然后在弹出的快捷菜单中选择"删除"命令,即可删除数据库。

2. 用 T-SQL 语句删除数据库

删除数据库使用 SQL 语言数据定义功能中的 DROP DATABASE 语句实现。语法格式如下:

DROP DATABASE <数据库名>[[,<数据库名>]…]

【例 3-6】 删除 student 数据库。

DROP DATABASE student

3.4 创建与维护关系表

表是数据库中非常重要的对象,是数据库的基础数据源,用于存储用户的数据。一个数据库可以包含多张表。从形式上看,表就是一个符合相应规范和要求的二维表,包含行和列,列的方向为字段,行的方向为记录。

表由表的结构和表的内容两部分组成。表的内容就是表中的数据。表的结构是指表的字段部分的字段名称、数据类型和约束。字段名称是人们为列取的名字,字段名应易于理解,不要重名,长度适中;数据类型说明了列的可取值范围;约束进一步确保表中数据的正确性和完整性,这些约束包括列的取值约束、主码约束、外码约束、列取值范围约束等。本节将介绍创建、删除以及修改表结构的方法。

3.4.1 创建表

表的创建可以采用 SSMS 工具,也可以通过 T-SQL 语句实现。

1. 用 SSMS 工具创建表

下面以在 xkgl 数据库中创建表为例来介绍用 SSMS 工具创建表的方法。

【例 3-7】 在 SSMS 中,采用图形化方法创建 Department 表,表的结构如表 3-10 所示。

以下为在 SSMS 中,图形化方法创建 Department 表的步骤。

(1)启动 SSMS,连接到数据库服务器。

表 3-10　　　　　　　　　　　　　　Department 表结构

字段名称	数据类型	约束	字段说明
DepartmentID	char(4)	非空,主键	系部编号
DepartmentName	varchar(20)	非空,唯一键	系部名称
DepartmentHeader	varchar(8)	非空	系部主任
TeacherNum	int	—	教师人数

（2）在 SSMS 的"对象资源管理器"中,展开需要创建表的 xkgl 数据库。

（3）右击"表"节点,在弹出的快捷菜单中选择"表(T)"命令,在窗口的右边出现表设计器窗格,如图 3-7 所示。

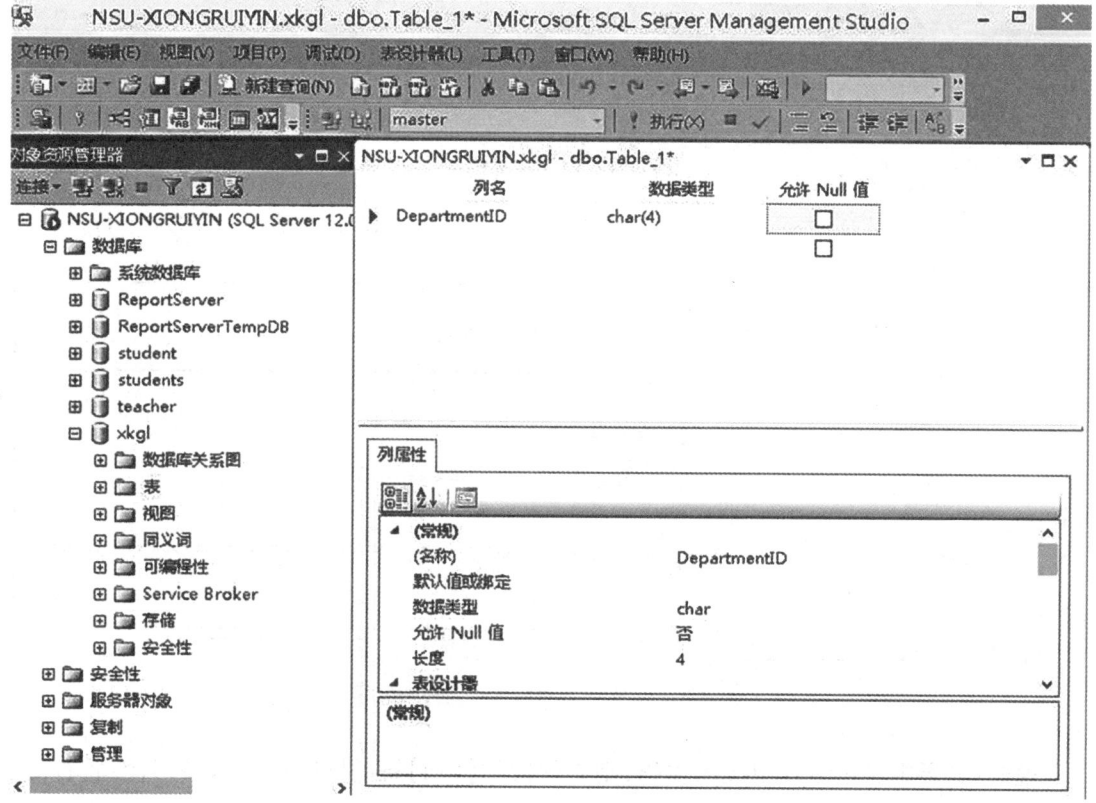

图 3-7　表设计器窗格

（4）在表设计器窗格中定义表的结构,针对 Department 表中的每个字段进行如下设置：
① 在"列名"框中输入字段的名称,图 3-7 中输入的是 DepartmentID。
② 在"数据类型"框中选择字段的数据类型,如图 3-7 中选择的是 char 类型并指定长度为 4。也可以在下边的"列属性"选项卡中的"数据类型"框中指定字段的数据类型,在"长度"框输入数据类型的长度。

③ 在"允许 Null 值"框中指定字段的取值是否允许为空,如果不允许有空值,则不选中"允许 Null 值"列的复选框,这相当于 NOT NULL 约束;如果选中,表示允许有空值,相当于 NULL 约束。

(5) 将字段 DepartmentID 设置为主码。

① 首先选中要定义为主码的列 DepartmentID。

② 单击工具栏上的"设置主键"按钮 ，或者在要定义为主键的列上右击鼠标,在弹出的快捷菜单中选择"设置主键"命令。设置好主码后,会在主码列的左边出现一把钥匙标识,如图 3-8 所示。

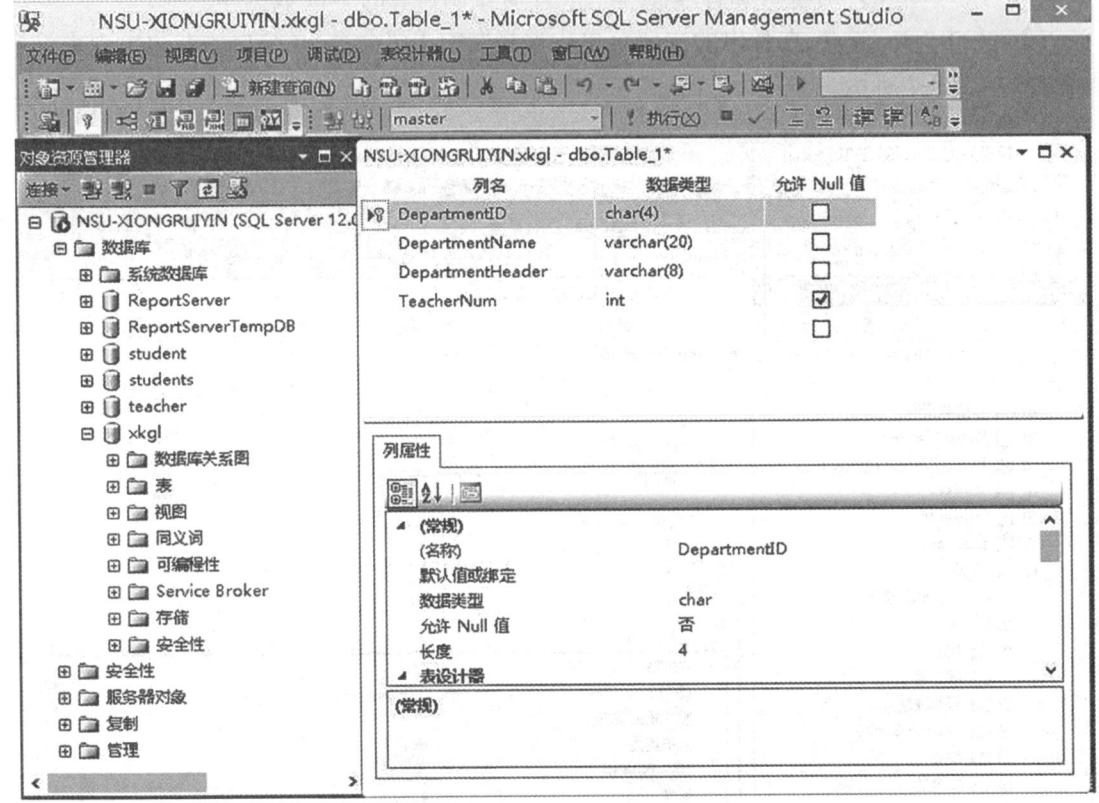

图 3-8　定义好主码的 Department 表

说明:如果定义由多列组成的主码,则必须按住【Ctrl】键的同时选中这些列,然后右击鼠标,在弹出的菜单中选择"设置主键"命令。

(6) 将字段 DepartmentName 设置为唯一键。

① 在表设计器窗格的空白处右击 ，在弹出的快捷菜单中选择"索引/键"命令,或者单击工具栏上的"管理索引和键"按钮,均会弹出"索引/键"对话框,如图 3-9 所示。

② 在"索引/键"对话框中单击"添加"按钮,单击"类型"右边的"索引"项,然后单击右边出现的 按钮,在下拉列表框中选择"唯一键",单击"列"右边的"DepartmentID（ASC）"项,然后单击右边出现的 按钮,弹出"索引列"对话框,如图 3-10 所示。

图 3-9 "索引/键"对话框

图 3-10 "索引列"对话框

③ 在"索引列"对话框中,从"列名"下拉框中选择要建立唯一值约束的列,这里选择 DepartmentName,如图 3-10 所示,然后单击"确定"按钮,关闭"索引列"对话框,回到"索引/键"对话框,此时对话框的形式如图 3-11 所示。

注意:约束的名称采用系统默认的(本例目前默认名称是 IX_Table_1,将表保存后约束名称会变为 IX_Department),用户也可以根据需要给约束取名。

④ 单击"关闭"按钮,关闭"索引/键"对话框。

(7) 保存表的定义。单击工具栏上的保存按钮 ![icon], 或者单击"文件"菜单下的"保存"命令,在弹出窗口的"输入表名称"文本框中输入表的名称 Department, 如图 3-12 所示,然后单击"确定"按钮保存表的定义。

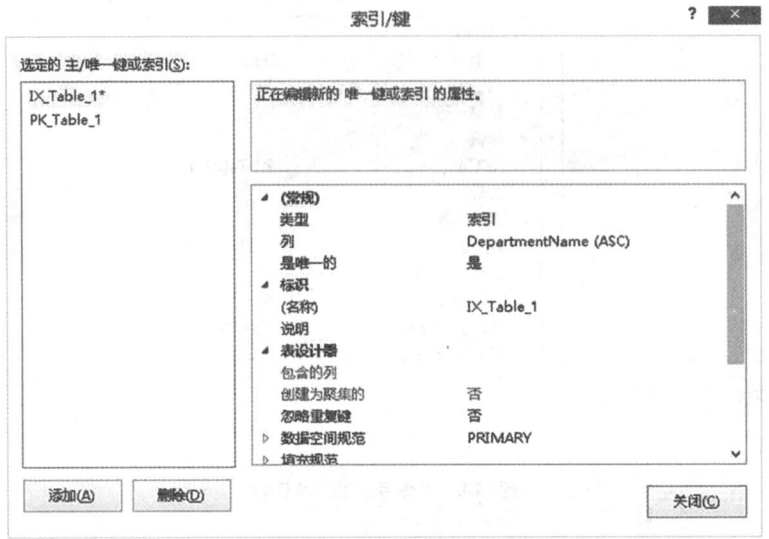

图 3-11　定义好唯一值约束的对话框

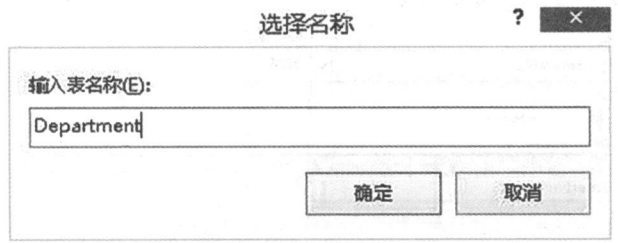

图 3-12　保存表的对话框

【例 3-8】 在 SSMS 中,采用图形化方法创建 Teacher 表,表结构如表 3-11 所示。

表 3-11　　　　　　　　　　　　Teacher 表结构

字段名称	数据类型	约束	字段说明
TeacherID	char(8)	非空,主键	教师编号
TeacherName	char(12)	非空	教师姓名
Sex	char(2)	非空,男或女,默认值为女	教师性别
Birth	datetime	—	出生日期
Profession	char(8)	助教、讲师、副教授、教授	教师职称
Telephone	varchar(20)	—	联系电话

（续表）

字段名称	数据类型	约束	字段说明
HomeAddr	varchar(50)	—	家庭住址
DepartmentID	char(4)	外键	所属系部

以下为在 SSMS 中，图形化方法创建 Teacher 表的步骤。

（1）参照例 3-7 的第（1）步到第（3）步。

（2）在表设计器窗格中定义表的结构，针对 Teacher 表中的每个字段进行"列名""数据类型""允许 Null 值"的设置，具体操作请参照例 3-7 的第（4）步。

（3）将字段 TeacherID 设置为主码，具体操作请参照例 3-7 的第（4）步。

（4）将字段 Sex 的默认值设置为女。

① 在 Teacher 表的表设计器窗格中，选中 Sex 列。

② 在"列属性"选项卡中的"默认值或绑定"对应的文本框中输入'女'，如图 3-13 所示。

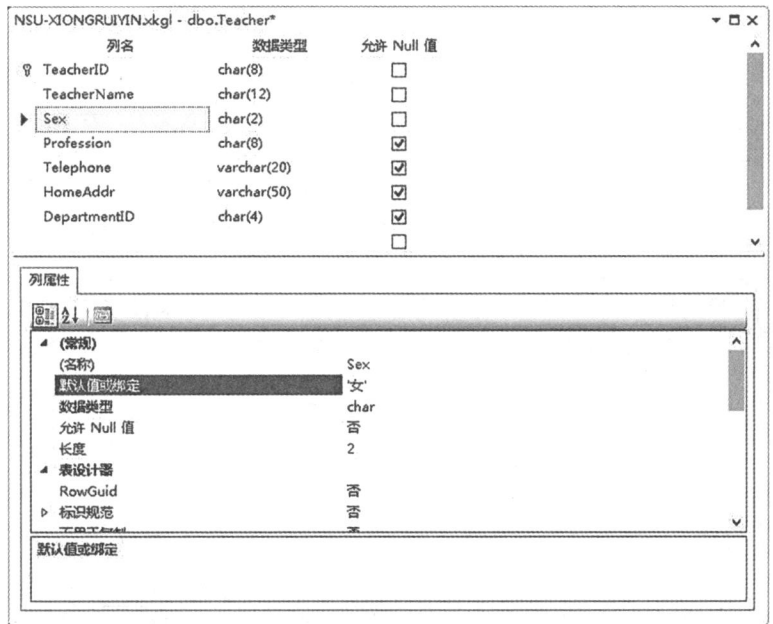

图 3-13 设置默认值约束的窗格

说明：因为 Sex 字段为字符型，所以它的取值应该加单引号（'女'），请注意是英文标点符号，如果用户忘加单引号，系统会自动加上。

（5）将字段 Sex 的取值范围设置为男或女。

① 在 Teacher 表的表设计器窗格的空白处右击，在弹出的快捷菜单中选择"CHECK 约束"命令，或者单击工具栏上的"管理 CHECK 约束"按钮，均会弹出"CHECK 约束"对话框，如图 3-14 所示。

② 在"CHECK 约束"对话框中单击"添加"按钮，然后单击"表达式"右边的空白框，接

着单击右边出现的 按钮,弹出"CHECK 约束表达式"对话框,在此对话框的"表达式"框中输入 Sex 列的取值范围,如图 3-15 所示。

③ 单击"确定"按钮,回到"CHECK 约束"对话框,此时对话框中"表达式"右边的文本框将列出所定义的表达式。

④ 单击"关闭"按钮,关闭"CHECK 约束"对话框。

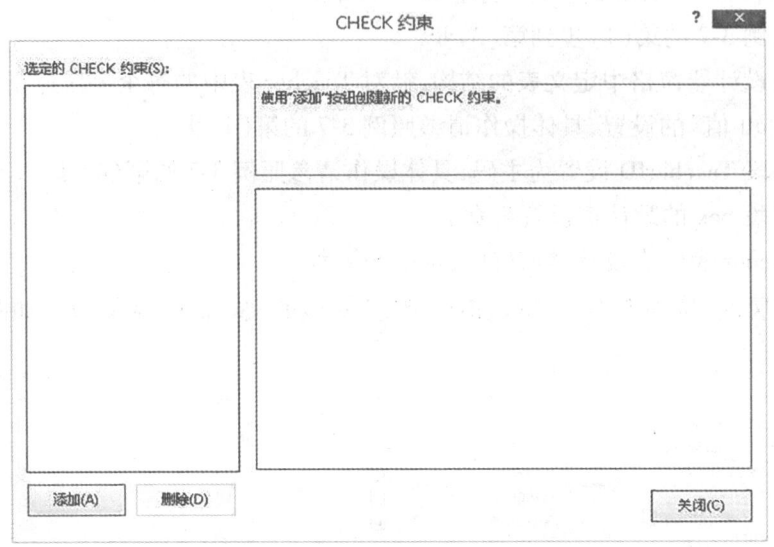

图 3-14 "CHECK"约束的对话框

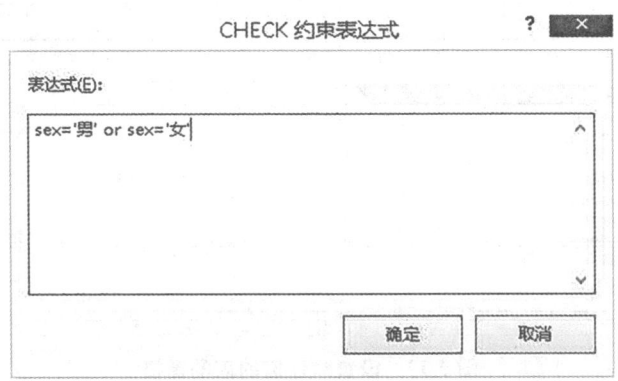

图 3-15 "CHECK 约束表达式"的对话框

(6) 将字段 Profession 的取值范围设置为助教、讲师、副教授、教授。

参照本例的第 5 步,约束字段 Profession 取值范围的表达式是:Profession in('助教','讲师','副教授','教授')。

(7) 将字段 DepartmentID 设置为外键。

① 在 Teacher 表的表设计器窗格的空白处右击,在弹出的快捷菜单中选择"关系"命令,或者单击工具栏上的"关系" 按钮,均会弹出"外键关系"对话框,在此对话框中单击"添

加"按钮,对话框形式如图 3-16 所示。

② 在"外键关系"对话框中,单击"表和列规范"左边的 ▷ 按钮,然后单击右边出现的 ... 按钮,进入"表和列"对话框,如图 3-17 所示。

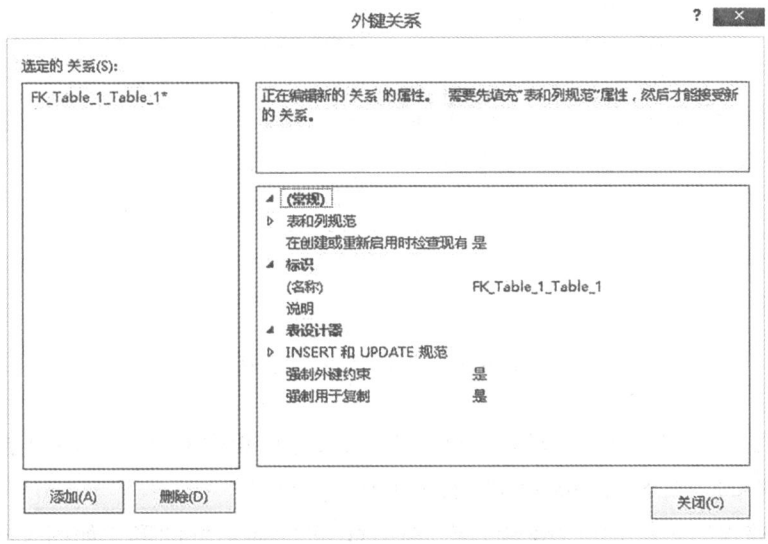

图 3-16 "外键关系"对话框

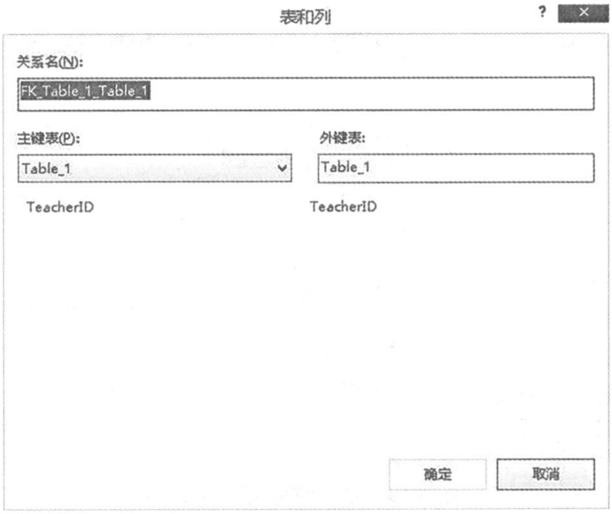

图 3-17 "表和列"对话框

③ 在"表和列"对话框中,在"关系名"文本框中输入外码约束的名字,也可以采用系统提供的默认名(此例采用默认的外码约束名字)。

从"主键表"下拉列表框中选择外码所应用的主码所在的表,这里选择"Department"。在"主键表"下面的网格中,单击第一行,然后单击右边出现的 ∨ 按钮,从列表框中选择外码所引用的主码列,这里选择"DepartmentID",如图 3-18 所示。

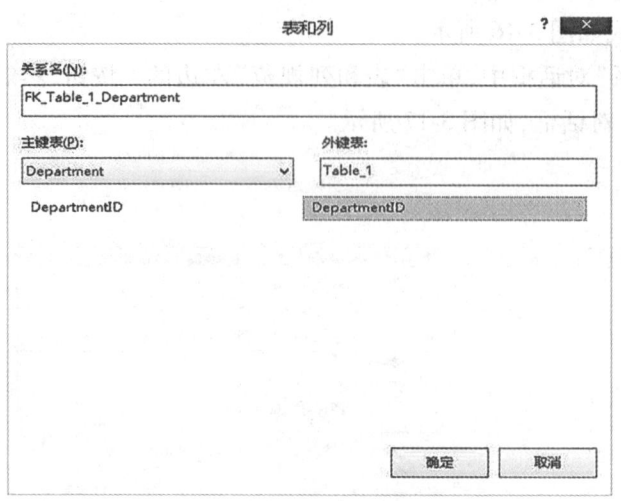

图 3-18 设置外码的对话框

在右边的"外键表"下面的网格中,单击第一行,然后单击右边出现的 按钮,从列表框中选择外码,这里选择"DepartmentID",如图 3-18 所示。

④ 单击"确定"按钮,回到"外键关系"对话框,此时对话框的形式如图 3-19 所示。

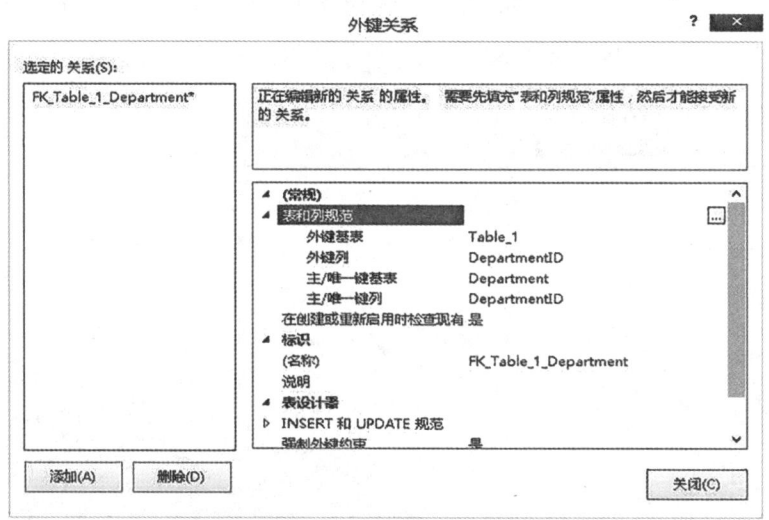

图 3-19 定义好外码的对话框

⑤ 单击"关闭"按钮,关闭"外键关系"对话框。

(8) 保存表的定义。参照例 3-7 的第 7 步,在"输入表名称"文本框中输入表的名称 Teacher。

注意:创建表时,先创建父表,再创建子表。

2. 用 T-SQL 语句创建表

(1) 定义表使用 SQL 语言数据定义功能中的 CREATE TABLE 语句实现,语法格式如下:

```
CREATE TABLE <表名>(
<列名> <数据类型> [列级完整性约束的定义]
[,<列名> <数据类型> [列级完整性约束的定义]…]
[,表级完整性约束的定义 ])
```

其中：
① <表名>是要定义的基本表的名字。
② <列名>是表中所包含的属性列的名字。
③ <数据类型>是属性列的数据类型。

在定义表时可以定义与表有关的完整性约束,大部分完整性约束都既可以定义为"列级完整性约束",也可以定义为"表级完整性约束"。"列级完整性约束"是指直接跟在列定义后面的约束,"表级完整性约束"是指作为一个独立项来定义的约束。

可以定义的完整性约束如下:
① NULL/NOT NULL:限制列取值为空或者非空。
② DEFAULT:指定列的默认值。
③ UNIQUE:定义列取值唯一,不重复。
④ CHECK:定义列的取值范围。
⑤ PRIMARY KEY:定义实现实体完整性的主码约束。
⑥ FOREIGN KEY:定义实现参照完整性的外码约束。

上述约束中,除了 NULL/NOT NULL 和 DEFAULT 不能定义为"表级完整性约束"外,其他约束既可定义为"列级完整性约束",也可定义为"表级完整性约束",但是当完整性约束涉及多个属性列时,只能定义为"表级完整性约束"。

(2) 定义完整性约束
① 列取值为空或者非空的约束,语法格式如下:

```
<列名> <类型>NULL/NOT NULL
```

注意:默认情况表示取值允许为空。
例如,"sname char(10) NOT NULL"。
② 主码约束
可以定义为"列级完整性约束",也可定义为"表级完整性约束"。
(ⅰ) 列级约束
在定义列时定义主码(仅用于主码由一个字段构成),语法格式如下:

```
<列名> <类型> PRIMARY KEY
```

例如,"sno char(7) PRIMARY KEY"。
(ⅱ) 表级约束
在定义完列时定义主码(用于主码由一个字段或者多个字段构成),语法格式如下:

> PRIMARY KEY (<列名序列>)

例如,"PRIMARY KEY(sno)"。

③ 外码引用约束

指明本表外码列引用的表及表中的主码列,可以定义为"列级完整性约束",也可定义为"表级完整性约束"。

（ⅰ）列级约束

在定义列时定义外码,语法格式如下:

> <列名> <类型> REFERENCES <父表名>(<父表的主码列名>)

例如,"sno char(7) REFERENCES student(sno)"。

（ⅱ）表级约束

在定义完列时定义外码,语法格式如下:

> FOREIGN KEY(<本表列名>)REFERENCES <父表名>(<父表的主码列名>)

例如,"FOREIGN KEY(sno)REFERENCES student(sno)"。

下面用 CREATE TABLE 语句为 xkgl 数据库创建表。

【例3-9】 用 T-SQL 语句创建如下 5 张表:班级(Class)表、学生(Student)表、课程(Course)表、成绩(Grade)表、教学计划(Schedule)表,这 5 张表的结构如表 3-12~表 3-16 所示。

表 3-12　　　　　　　　　　　　　Class 表结构

字段名称	数据类型	约束	字段说明
ClassID	char(8)	主键	班级编号
ClassName	varchar(20)	非空	班级名称
Monitor	char(8)	—	班导师
StudentNum	int	>0	学生人数
DepartmentID	char(4)	外键	所属系部

表 3-13　　　　　　　　　　　　　Student 表结构

字段名称	数据类型	约束	字段说明
StudentID	char(12)	主键	学生编号
StudentName	char(8)	非空	学生姓名
Sex	char(2)	非空,男或女	学生性别
Birth	datetime	非空	出生日期
HomeAddr	varchar(80)	—	家庭地址
EntranceTime	datetime	—	入学时间
ClassID	char(8)	外键	班级编号

表 3-14　　　　　　　　　　　　　　　Course 表结构

字段名称	数据类型	约束	字段说明
CourseID	char(8)	主键	课程编号
CourseName	varchar(60)	非空	课程名称
BookName	varchar(80)	非空	教材名称
Period	int	非空	总学时
Credit	int	非空	学分

表 3-15　　　　　　　　　　　　　　　Grade 表结构

字段名称	数据类型	约束	字段说明
CourseID	char(8)	联合主键、外键	课程编号
StudentID	char(8)	联合主键、外键	学生编号
Semester	int	非空	学期
SchoolYear	int	非空	学年
Grade	numeric(5,1)	>0	成绩

表 3-16　　　　　　　　　　　　　　　Schedule 表结构

字段名称	数据类型	约束	字段说明
TeacherID	char(8)	联合主键、外键	教师编号
CourseID	char(8)	联合主键、外键	课程编号
ClassID	char(8)	联合主键、外键	班级编号
Semester	int	非空	学期
SchoolYear	int	非空	学年

创建上述五张表的 SQL 命令如下：

```
CREATE TABLE Class(
ClassID    char(8) PRIMARY KEY,
ClassName varchar(20) NOT NULL,
Monitor   char(8),
StudentNum int check(StudentNum>0),
DepartmentID char(4) REFERENCES Department(DepartmentID)
)

CREATE TABLE Student(
StudentID   char(12) PRIMARY KEY,
StudentName char(8) NOT NULL,
Sex   char(2) not null check(sex in('男','女')),
```

```
    Birth    datetime NOT NULL,
    HomeAddr varchar(80),
    EntranceTime datetime default getdate(),
    ClassID char(8) REFERENCES Class(ClassID)
)

CREATE TABLE Course(
    CourseID   char(8) PRIMARY KEY,
    CourseName varchar(60) NOT NULL,
    BookName   varchar(80) NOT NULL,
    Period int NOT NULL,
    Credit int NOT NULL
)

CREATE TABLE Grade(
    CourseID   char(8) REFERENCES Course(CourseID),
    StudentID char(12) REFERENCES Student(StudentID),
    Semester   int NOT NULL,
    SchoolYear int ,
    Grade numeric(5,1) check(grade>=0),
    PRIMARY KEY(CourseID,StudentID)
)

CREATE TABLE Schedule(
    TeacherID char(8) REFERENCES Teacher(TeacherID),
    CourseID char(8) REFERENCES Course(CourseID),
    ClassID char(8)  REFERENCES Class(ClassID),
    Semester int NOT NULL,
    SchoolYear int NOT NULL,
    PRIMARY KEY(TeacherID,CourseID,ClassID)
)
```

注意:在某个数据库中创建表,首先需要打开该数据库。可利用命名打开数据库,命令如下:

```
USE   <数据库名>
```

例如,"USE   xkgl"。

3.4.2 修改表结构

定义表之后,还可以对表的结构进行修改,比如增加列、删除列或者修改列定义等。表结构的修改可以用 SSMS 工具实现,也可以通过 T-SQL 语句进行修改。

1. 用 SSMS 工具修改表结构

下面以修改 xkgl 数据库中的 Department 表结构为例,介绍用 SSMS 工具修改表结构的方法。

【例 3-10】 修改 Department 表结构,完成以下操作。

① 增加新列:字段名称为 DepartmentAddress,数据类型为 varchar(40),约束为非空;

② 增加约束:将字段 TeacherNum 的取值范围设置为大于 0;

③ 删除列:删除 DepartmentAddress 字段;

④ 删除约束:删除 TeacherNum 字段上的约束。

针对上述例题,以下为在 SSMS 中,图形化方法修改 Department 表的步骤。

(1)启动 SSMS,连接到数据库服务器。

(2)在 SSMS 的"对象资源管理器"中,展开需要修改表的 xkgl 数据库。

(3)展开"表"节点,在 Department 表上右击鼠标,从弹出的快捷菜单中选择"设计"命令,将在窗口的右边出现 Department 表的表设计器窗格。

(4)完成下列修改操作。

① 增加新列:在表设计器窗格中的最后一列的下面定义新列即可。

② 增加约束:在表设计器窗格的空白处右击,在弹出的快捷菜单中选择"CHECK 约束"命令,然后在弹出的"CHECK 约束"对话框中单击"添加"按钮,接着单击"表达式"右边的空白框,然后单击右边出现的 按钮,弹出"CHECK 约束表达式"对话框,在此对话框的"表达式"框中输入 TeacherNum 列的取值范围 TeacherNum>0。

③ 删除列:在表设计器窗格中,鼠标右击要删除的 DepartmentAddress 列,然后在弹出的快捷菜单中选择"删除列"命令即可。

④ 删除约束:在对象资源管理器中,展开 Department 表下的约束节点,然后鼠标右击要删除的约束,在弹出的快捷菜单中选择"删除"命令即可,如图 3-20 所示。

注意:删除主码约束时,如果被删除的主码约束有外码引用,那么必须先删除相应的外码,然后再删除主码。

2. 用 T-SQL 语句修改表结构

修改表结构使用 SQL 语言数据定义功能中的 ALTER TABLE 语句实现,通过 ALTER TABLE 语句可以对表添加列、删除列、修改列的定义,也可以添加和删除约束。语法格式如下:

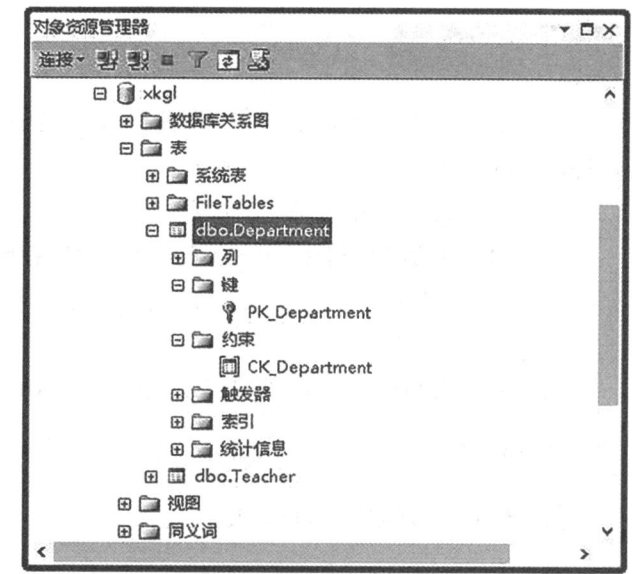

图 3-20 表的约束

```
ALTER TABLE <表名>
[ ALTER COLUMN <列名> <新数据类型>]              -- 修改列定义
|[ ADD <列名> <数据类型>[列级完整性约束定义]]    -- 添加新列
|[ DROP COLUMN <列名> ]                          -- 删除列
|[ ADD CONSTRAINT <约束名> [约束定义]]           -- 增加约束
|[ DROP <约束名>]                                -- 删除约束
```

注意:"--"为 SQL 语句的单行注释符。

下面用 ALTER TABLE 语句修改 xkgl 数据库中的表结构。

【例 3-11】 为 Course 表添加开课学期列 Semester,数据类型为 INT,允许空。

```
ALTER TABLE Course ADD Semester INT NULL
```

【例 3-12】 将 Course 表中新添加的 Semester 列的数据类型改为 FLOAT。

```
ALTER TABLE Course ALTER COLUMN Semester FLOAT
```

【例 3-13】 删除 Course 表中新添加的 Semester 列。

```
ALTER TABLE Course DROP COLUMN Semester
```

【例 3-14】 删除 Teacher 表的外码约束 FK_Teacher_Department。

```
ALTER TABLE Teacher DROP FK_Teacher_Department
```

【例 3-15】 为 Teacher 表添加外码约束,将 DepartmentID 定义为外码,引用 Department 表中主码 DepartmentID。

```
ALTER TABLE Teacher ADD FOREIGN KEY(DepartmentID) REFERENCES Department(DepartmentID)
```

3.4.3 删除表

数据中的表若不再需要,可以将其删除。表的删除可用 SSMS 工具实现,也可以通过 T-SQL 语句删除。

1. 用 SSMS 工具删除表

在 SSMS 中,删除表的操作:展开要删除表所在的数据库,并展开其下的"表"节点,在要删除的表上右击鼠标,然后在弹出的菜单中选择"删除"命令,即可删除表。

2. 用 T-SQL 语句删除表

删除表使用 SQL 语言数据定义功能中的 DROP TABLE 语句实现。语法格式如下:

```
DROP TABLE <表名>[ ,<表名>] …]
```

【例 3-16】 删除 Schedule 表。

```
DROP TABLE Schedule
```

注意：如果要删除的表已被其他表的外码引用，则必须先删除外码约束，然后再执行删除表的操作。

3.4.4 数据库关系图

在 SQL Server 中，可以使用数据库关系图来创建和管理一个数据库中表之间的关系。数据库关系图作为数据库的一部分，存储在数据库中。关系图的建立可以使表间的关系以图形的方式加以显示，更加清晰地表现出表之间的关联。

【例 3-17】 在 SSMS 中为 xkgl 数据库创建数据库关系图。

以下为在 SSMS 中，为 xkgl 数据库创建数据库关系图的步骤。

（1）启动 SSMS，连接到数据库服务器。

（2）在 SSMS 的"对象资源管理器"中，展开需要创建数据库关系图的 xkgl 数据库。

（3）右击"数据库关系图"节点，在弹出的快捷菜单中选择"新建数据库关系图"命令，第一次创建数据库关系图时，会弹出一个如图 3-21 所示的对话框，在对话框中单击"是"按钮。随后会弹出"添加表"对话框。

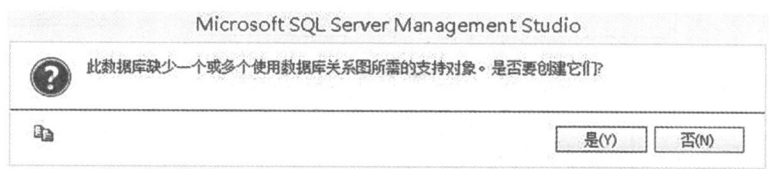

图 3-21 第一次创建数据库关系图弹出的对话框

（4）在"添加表"对话框中选择需要创建关系图的数据表（本例选择所有的表），如图 3-22 所示。

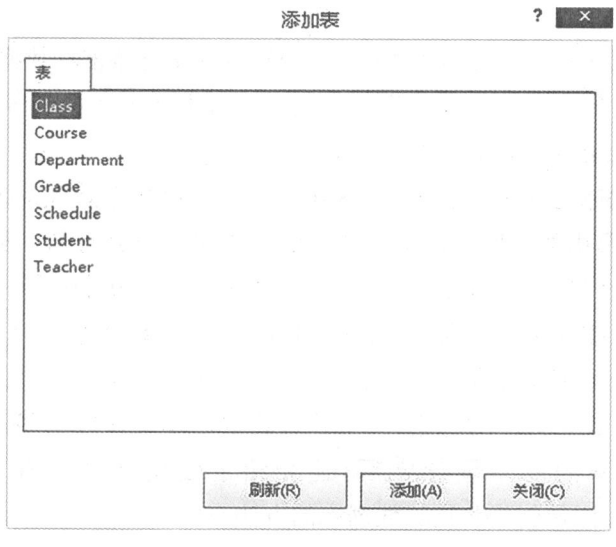

图 3-22 第一次创建数据库关系图弹出的对话框

（5）单击"关闭"按钮，xkgl 数据库的关系图创建完毕（因为在之前的章节已经创建了表之间的外码约束，在此不需要再设置）。xkgl 数据库的数据库关系如图 3-23 所示。

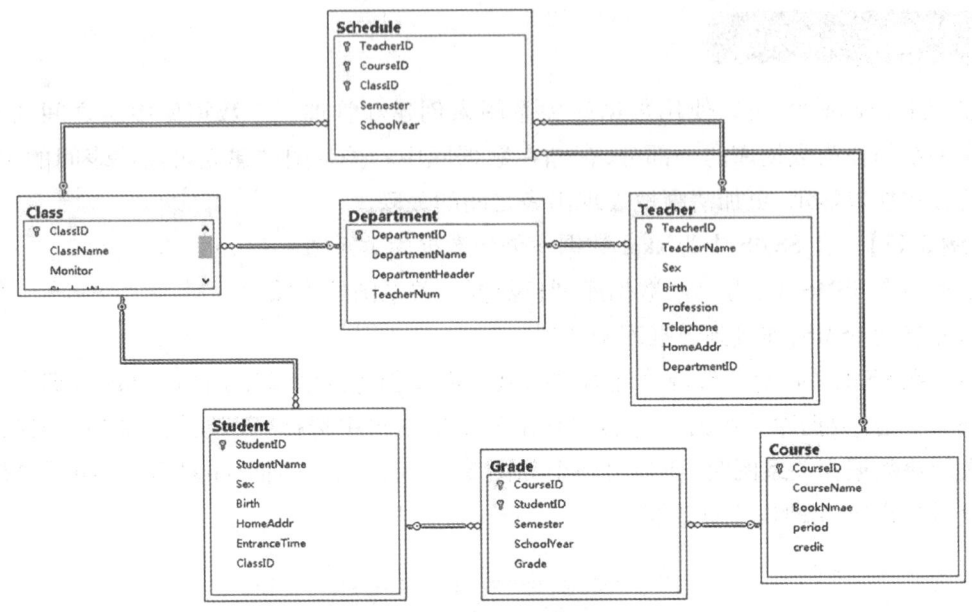

图 3-23　xkgl 数据库的数据库关系

知识小结

SQL 语言作为关系型数据库的标准语言，本模块首先介绍了 SQL 语言的发展、特点和功能。

其次介绍了 SQL Server 支持的数据类型。SQL Server 支持多种数据类型，包括数值数据类型、字符串类型、日期时间类型以及货币类型等。其中货币类型是 SQL Server 所特有的，它实际就是能够带货币符号的定点小数类型。

再次介绍了数据库的一些基本概念。SQL Server 将数据库分为系统数据库和用户数据库两大类，而数据库是由数据库文件组成的。数据库文件被分为两大类，一类是数据文件，用于存放数据和对象；另一类是日志文件，记录了对数据库的更新操作等事务日志信息。主要数据文件保存着数据库中的数据，是数据库的起点，指向数据库中的其他文件。每个数据库至少包含一个主要数据文件和一个日志文件，根据实际需要还可以包含多个次要数据文件和多个日志文件。出于效率的考虑，一般建议将数据库文件分别存储在不同的物理磁盘上。在介绍完数据库的基本概念之后，还介绍了使用 SSMS（SQL Server Management Studio）工具和 T-SQL 语句创建和删除数据库的方法。

最后介绍了基本表的创建和维护，包括数据完整性约束的含义和实现方法。对于数据完整性约束,介绍了实现实体完整性的 PRIMARY KEY 约束,实现参照完整性的 FOREIGN KEY 约束,限制列取值唯一的 UNIQUE 约束,限制列值取值范围的 CHECK 约束以及提供列默认值的 DEFAULT 约束。还介绍了使用 SSMS(SQL Server Management Studio)工具和 T-SQL 语句创建、修改和删除表的方法。

思考与操作

一、选择题

1. 在 SQL 语言中,修改表结构时,应使用的命令是(　　)。
   A. INSERT　　　　　B. UPDATE　　　　　C. ALTER　　　　　D. DELETE
2. SQL Server 的主数据文件的扩展名是(　　)。
   A. MDF　　　　　　B. LDF　　　　　　　C. NDF　　　　　　D. MDB
3. SQL Server 的次要数据文件的扩展名是(　　)。
   A. MDF　　　　　　B. LDF　　　　　　　C. NDF　　　　　　D. MDB
4. 创建数据库原命令是(　　)。
   A. CREATE DATABASE　B. CREATE TABLE　C. CREATE INDEX　D. CREATE VIEW
5. 下列约束中用于实体完整性的是(　　)。
   A. PRIMARY KEY　　B. CHECK　　　　　C. DEFAULT　　　　D. UNIQUE
6. 下列约束用于实现参照完整性的是(　　)。
   A. PRIMARY KEY　　B. UNIQUE　　　　　C. CHECK　　　　　D. FOREIGN KEY
7. 下列约束中用于限制列取值不重复的是(　　)。
   A. NOT NULL　　　　B. CHECK　　　　　C. DEFAULT　　　　D. UNIQUE
8. 给建立好的表添加约束的关键字是(　　)。
   A. ADD YUESHU　　B. ADD CONSTRAINT　C. ADD CONS　　　D. ADD STRAINT
9. 创建表时,要设置外键关系,表示参照另一个表中字段的关键字是(　　)。
   A. REFERENCES　　B. JOIN　　　　　　C. UNION　　　　　D. RETURN
10. 删除数据表 student 的代码是(　　)。
    A. DROP TABLE student　　　　　　　　B. DROP student
    C. DROP DATABASE student　　　　　　D. DROP VIEW student
11. 每个数据库有且只有一个(　　)。
    A. 主要数据库文件　　　　　　　　　　B. 次要数据库文件
    C. 日志文件　　　　　　　　　　　　　D. 索引文件
12. 下列所述功能中,不属于 SQL 语言功能的是(　　)。
    A. 数据库和表的定义功能　　　　　　　B. 数据查询功能
    C. 数据增、删、改功能　　　　　　　　D. 提供方便的用户操作界面功能
13. SQL Server 数据库是由文件组成的。下列关于数据库所包含的文件的说法,正确的是(　　)。
    A. 一个数据库可包含多个主数据文件和多个日志文件
    B. 一个数据库只能包含一个主数据文件和一个日志文件
    C. 一个数据库可包含多个次要数据文件,但只能包含一个日志文件
    D. 一个数据库可包含多个次要数据文件和多个日志文件

14. 下列关于 DEFAULT 约束的说法,错误的是(　　)。
    A. 一个 DEFAULT 约束只能约束表中的一个列
    B. 在一个表上可以定义多个 DEFAULT 约束
    C. DEFAULT 只能定义在列级完整性约束处
    D. 在列级完整性约束和表级完整性约束处都可以定义 DEFAULT 约束
15. SQL 语言集数据查询、数据操纵、数据定义和数据控制功能于一体,其中,CREATE、DROP、ALTER 语句实现的功能是(　　)。
    A. 数据查询　　　　B. 数据操纵　　　　C. 数据定义　　　　D. 数据控制
16. SQL 的中文含义是(　　)。
    A. 结构化查询语言　　　　　　　　　B. 结构化定义语言
    C. 结构化操纵语言　　　　　　　　　D. 结构化选择语言

二、填空题

1. 打开数据库用_____命令,删除数据库用_____命令。
2. 在 SQL Server 中,_____是可变长度字符型,_____是 SQL Server 所特有的数据类型。
3. 整数部分 4 位,小数部分 2 位的定点小数定义为_____。
4. 数据库中数据的存储分配单位是_____。
5. 限制性别列的取值只能是"男"或"女"的约束表达式是_____。
6. 在 SQL Server 中一个数据页的大小是_____,数据页的大小决定了表中_____的最大大小。

三、简答题

1. 简述 SQL 语言的特点。
2. 简述 SQL 语言的功能,每个功能的作用是什么?
3. SQL Server 支持哪些数据类型?
4. 数据库由哪些文件组成?
5. char(20),nchar(20),varchar(20),nvarchar(20)有什么区别?
6. SQL Server 提供了哪些数据完整性?

四、上机练习

1. 分别用 SSMS 工具和 CREATE DATABASE 语句创建符合以下条件的数据库。
   (1) 数据库名:students。
   (2) 主要数据文件:逻辑名称为 students_data,物理名称为 students_data.mdf,存放在 D:\db 文件夹下(请确认 db 文件夹已经创建);
   文件的初始大小:5 MB;
   最大大小:20 MB;
   增长方式:自动增长,每次增长量为 10%。
   (3) 日志文件:逻辑名称为 students_log,物理名称为 students_log.ldf,也存放在 D:\db 文件夹下;
   文件的初始大小为:2 MB;
   最大大小:10 MB;
   增长方式:自动增长,每次增长量为 1 MB。
2. 分别用 SSMS 工具和 CREATE DATABASE 语句创建符合以下条件的数据库,此数据库包含 2 个数据文件和 2 个日志文件。

(1) 数据库名为:rsgl。

(2) 数据文件 1:逻辑名称为 rsgl_data1,属于 PRIMARY 主文件组,物理名称为 rsgl_data1.mdf,存放在 D:\db 文件夹下(请确认 db 文件夹已经创建);

文件的初始大小:4 MB;

最大大小:20 MB;

增长方式:自动增长,每次增长量为 2 MB。

(3) 数据文件 2:逻辑名称为 rsgl_data2,属于 assist 文件组,物理名称为 rsgl_data2.mdf,也存放在 D:\db 文件夹下;

文件的初始大小:2 MB;

最大大小:无限制;

增长方式:自动增长,每次增长量为 1 MB。

(4) 日志文件 1:逻辑名称为 rsgl_log1,物理名称为 rsgl_log1.ldf,也存放在 D:\db 文件夹下;

文件的初始大小为:2 MB;

最大大小:10 MB;

增长方式:自动增长,每次增长量为 1 MB。

(5) 日志文件 2:逻辑名称为 rsgl_log2,物理名称为 rsgl_log2.ldf,也存放在 D:\db 文件夹下;

文件的初始大小:1 MB;

最大大小:5 MB;

增长方式:自动增长,每次增长量为 10%。

3. 在已经建好的 students 数据库中,分别用 SSMS 工具和 CREATE TABLE 语句创建如表 3-17~3-19 所示的 Student、Course 和 SC 表。

表 3-17　　　　　　　　　　Student 表结构

字段名称	数据类型	约束	字段说明
Sno	char(12)	主键	学生学号
Sname	char(8)	非空	学生姓名
Sex	char(2)	男或女,默认值男	学生性别
Birth	datetime	非空	出生日期
Sdept	varchar(80)	—	所在系

表 3-18　　　　　　　　　　Course 表结构

字段名称	数据类型	约束	字段说明
Cno	char(8)	主键	课程号
Cname	varchar(60)	非空	课程名称
Credit	int	非空	学分
Semester	int	—	开课学期

表 3-19　　　　　　　　　　　　　　SC 表结构

字段名称	数据类型	约束	字段说明
Cno	char(8)	联合主键、外键	课程号
Sno	char(8)	联合主键、外键	学生学号
Score	numeric(5,1)	>=0 <=100,默认值 0	成绩

4. 对 students 数据库中的 Student、Course 和 SC 表进行修改。

(1) 为 Student 表增加家庭地址列,列名为 HomeAddr,数据类型为 varchar(60)。

(2) 将 HomeAddr 列的数据类型改为 nvarchar(40)。

(3) 为 Course 表的 Semester 列添加约束,要求此列的取值范围为 1 到 8。

(4) 删除 Student 表中增加列 HomeAddr。

模块 4 数据操作

本模块及模块 5 的例题均基于一个名为"xkgl"的选课管理数据库,在该数据库中包含 7 张数据表,表的结构和关系如表 4-1～表 4-7 所示。数据表中的数据通过执行脚本代码或者附加数据库的方式添加。

表 4-1　　　　　　　　　　　　　　系部表(Department)

字段名称	数据类型	约束	字段说明
DepartmentID	char(4)	主键	系部编号
DepartmentName	varchar(20)	唯一键,非空	系部名称
DepartmentHeader	varchar(8)	非空	系部主任
TeacherNum	int	—	教师人数

表 4-2　　　　　　　　　　　　　　教师表(Teacher)

字段名称	数据类型	约束	字段说明
TeacherID	char(8)	主键	教师编号
TeacherName	char(12)	非空	教师姓名
Sex	char(2)	非空,男或女	教师性别
Birth	datetime	—	出生日期
Profession	char(8)	助教、讲师、副教授、教授	教师职称
Telephone	varchar(20)		联系电话
HomeAddr	varchar(50)	—	家庭住址
DepartmentID	char(4)	外键	所属系部

表 4-3　班级表（Class）

字段名称	数据类型	约束	字段说明
ClassID	char(8)	主键	班级编号
ClassName	varchar(20)	非空	班级名称
Monitor	char(8)	—	班导师
StudentNum	int	>0	学生人数
DepartmentID	char(4)	外键	所属系部

表 4-4　学生表（Class）

字段名称	数据类型	约束	字段说明
StudentID	char(12)	主键	学生编号
StudentName	char(8)	非空	学生姓名
Sex	char(2)	非空,男或女	学生性别
Birth	datetime	非空	出生日期
HomeAddr	varchar(80)	—	家庭地址
EntranceTime	datetime		入学时间
ClassID	char(8)	外键	班级编号

表 4-5　课程表（Course）

字段名称	数据类型	约束	字段说明
CourseID	char(8)	主键	课程编号
CourseName	varchar(60)	非空	课程名称
BookName	varchar(80)	非空	教材名称
Period	int	非空	总学时
Credit	int	非空	学分

表 4-6　教学计划表（Schedule）

字段名称	数据类型	约束	字段说明
TeacherID	char(8)	联合主键、外键	教师编号
CourseID	char(8)	联合主键、外键	课程编号
ClassID	char(8)	联合主键、外键	班级编号
Semester	int	非空	学期
SchoolYear	int	非空	学年

表 4-7　　　　　　　　　　　　成绩表（Grade）

字段名称	数据类型	约束	字段说明
CourseID	char(8)	联合主键、外键	课程编号
StudentID	char(8)	联合主键、外键	学生编号
Semester	int	非空	学期
SchoolYear	int	非空	学年
Grade	numeric(5,1)	>0	成绩

4.1　操作数据

新创建的表通常是一张空表，需要通过 INSERT 语句向表中添加数据。如果数据发生变化，则可以通过 UPDATE 语句对数据进行修改。对于不再需要的数据，可以使用 DELETE 语句进行删除。

4.1.1　插入数据

向数据表中插入数据的方式有两种，一是通过图形化界面插入记录，二是通过 INSERT 语句实现。插入数据是以数据行作为插入操作的基本单位。一次可以添加一行或多行记录。

在图形化界面中插入数据的操作步骤如下。

（1）打开 SQL Server Management Studio（以下简称为 SSMS），在"对象资源管理器"窗口中选择需要添加数据的表，例如 xkgl 数据库中的 Teacher 表，右击鼠标在弹出的窗口中选择"编辑前 200 行"，如图 4-1 所示。

（2）在数据编辑窗口中，按行输入数据，每输入完一个字段值后，按【Tab】键转到下一个字段，未确认的记录后有标识如图 4-2 所示。当某条记录输入完毕后，按【Enter】或【Tab】键转到下一条记录，该记录行插入成功，标识消失。

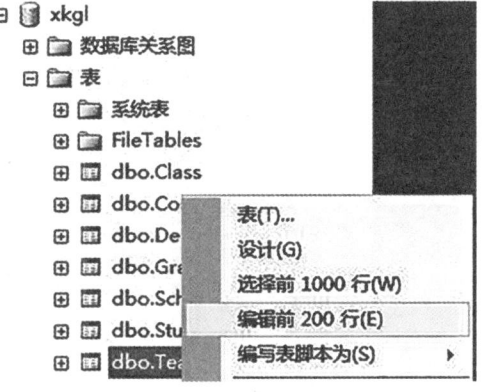

图 4-1　打开数据编辑窗口

通过图形化界面向数据表中插入数据较为直观且易于理解，实质仍然是通过执行相应的 SQL 语句完成数据的插入操作。插入数据的主要关键字为 INSERT，其语法格式如下：

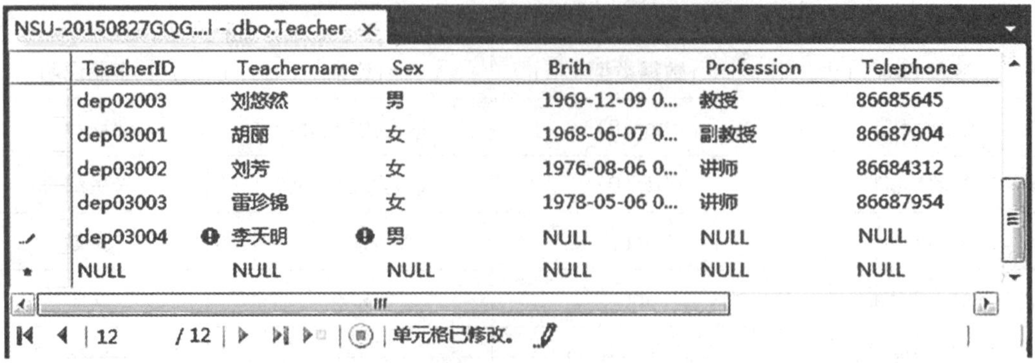

图 4-2 插入新数据

```
INSERT［INTO］<表名>［(<列名列表>)］
VALUES(值列表)
```

其中,表名表示插入数据所在的数据表,列名列表指明需要添加数据的列,其名称必须是表定义中的列名。如果没有指定此列表,则表示要向表中所有的列录入数据。对于未在列名列表中出现的列,则以 NULL 值作为输入数据。VALUES 后的值列表为要添加的数据值。这些值的个数、数据类型和精度必须与列名列表中对应的列完全一致,各值之间用半角逗号分隔。

【例 4-1】 使用 INSERT 语句向 Student 表中插入一条学生记录（St0210010007,李兰,女,2000-10-01,null,2017-09-12,Cs021001）。

（1）在 SSMS 的工具栏中单击"新建查询"按钮,打开查询编辑器,或在"资源管理器"中选择 Student 表,右击鼠标在弹出的窗口中依次选择"编写表脚本为"→"INSERT 到"→"新建查询编辑器",如图 4-3 所示。

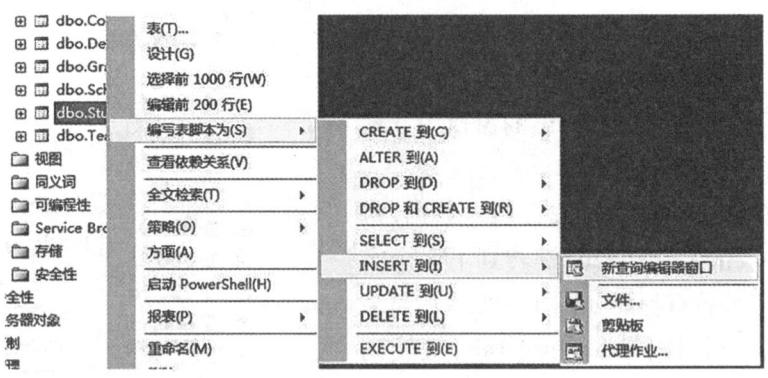

图 4-3 编写"INSERT"表脚本

（2）在查询编辑器中,直接书写或将导出的 SQL 脚本改为 INSERT INTO Student（［StudentID］,［StudentName］,［Sex］,［Birth］,［HomeAddr］,［EntranceTime］,［ClassID］）VALUES ('St0210010007','李兰','女','2000-10-01',null,'2017-09-12','

Cs021001')。在填写记录值时需要注意,对于字符类型和日期类型的数据值需要使用半角单引号,而数值类型和货币类型不需要加引号。对于日期类型的年月日可以使用斜杠(/)或连字符(-)作为分隔。由于示例中值列表为每个字段都赋了值,表名后的列名列表可省略不写。如仅对部分字段赋值,则必须要添加列名,例如 INSERT INTO Student([StudentID],[StudentName])VALUES('St0210010007','李兰')语句中的 StudentID 和 StudentName 就不能省略。

(3)编辑完成 INSERT 语句后要单击"工具栏"的"执行"按钮,如果在消息栏中提示"(1 行受影响)"。则说明添加一行记录成功,否则结果栏中会显示出错信息。应该按照错误提示对 INSERT 语句进行修改,修改完成后再次执行,直到成功为止。向数据表中插入数据时,除了要考虑数据类型和数据长度外,还应当考虑数据表中所设置的各类约束。例如,非空约束要求该字段不能为空,检查约束要求数据值满足检查条件。值得注意的是外键约束,因为外键约束要求外键的取值应该在所参照的主键范围内取值,所以在插入数据时应该先向主表中插入数据,然后再向从表中添加数据。例如 Student 表中的 ClassID 需要参照 Class 表中的 ClassID,在向 Student 表中添加数据之前应该先向 Class 表中添加数据。

在 SQL Server 2005 及以前的版本中,一个 INSERT 语句仅能添加一行记录。在 SQL Server 2008 及以后的版本中,一个 INSERT 语句可以支持插入多行记录。每行记录用半角小括号括起,行记录之间用半角逗号分隔。

【例 4-2】 使用 INSERT 语句向 Department 表中一次性添加 3 行记录,分别为(Dp01,计算机系,罗浩然,120),(Dp02,信管系,李伶俐,null)和(Dp03,英语系,李宏伟,10)。

在查询编辑器中输入并执行命令如下:

```
INSERT INTO Department Values ('Dp01','计算机系','罗浩然',120),
('Dp02','信管系','李伶俐',null),('Dp03','英语系','李宏伟',10)
```

4.1.2 修改数据

如果数据发生改变,需要对数据进行修改。修改数据的方式同样有两种:图形化界面修改和 UPDATE 语句修改。修改数据是以数据项为基本单位。

和插入数据的过程一样,图形化界面修改数据仍然是选择"编辑前 200 行",在弹出的数据编辑窗口中对需要修改的数据进行更正。修改完成后按【Enter】键确认修改操作。

利用 UPDATE 语句修改数据,既可以同时修改一条记录的多个字段,也可以同时修改多条记录的同一个字段值,甚至可以修改所有的记录行,还可能不会更新任何数据。修改数据的主要关键字为 UPDATE,其语法格式如下:

```
UPDATE 表名
SET 列名=新数据值或表达式 [,…]
[WHERE 修改条件]
```

其中,表名为被修改的数据所在的数据表名称。SET 语句指定需要修改的列,如果有多列需要修改,需要在 SET 语句后依次设置,用半角逗号分隔。WHERE 语句为可选项,用于指定修改条件。如果不使用 WHERE 子句,那么表中所有记录行的相应记录值均会被修改;如果使用 WHERE 子句,则只有满足修改条件的记录行才会被修改,有可能没有任何一行记录满足修改条件,则修改的记录行数为 0。

【例 4-3】 (无条件修改)将 Grade 表中的 Grade 列从百分制修改为五分制。

(1) 参照例 4-1 的操作,在 SSMS 的工具栏中单击"新建查询"按钮,打开查询编辑器,或是在"资源管理器"中选择 Grade 表,右击鼠标在弹出的窗口中依次选择"编写表脚本为"→"UPDATE 到"→"新建查询编辑器",得到的脚本代码如图 4-4 所示。脚本中的中括号[ ]都是可以省略的。

```
USE [xkgl]
GO

UPDATE [dbo].[Grade]
   SET [CourseID] = <CourseID, char(8),>
      ,[StudentID] = <StudentID, char(12),>
      ,[Semester] = <Semester, int,>
      ,[SchoolYear] = <SchoolYear, int,>
      ,[Grade] = <Grade, numeric(5,1),>
 WHERE <搜索条件,,>
GO
```

图 4-4 修改 Grade 表的 UPDATE 脚本

(2) 只需要将 Grade 列中的每个值除以 20 即可将百分制改为五分制。因此,可以在查询编辑器中,直接书写或将导出的 SQL 脚本改为 UPDATE Grade SET Grade = Grade / 20。

(3) 单击"执行"按钮,即可完成对 Grade 列中全部值的修改。

在示例中,因为修改只针对 Grade 列,所以 SET 语句后仅保留对 Grade 列的设置,其他未出现列中的数据维持原值不变。由于是对 Grade 列全部值的修改,所以删除了 WHERE 子句。

【例 4-4】 (有条件更新)将 10 电子商务 2 班的班导师修改为李米,班级人数修改为 32 人。

在查询编辑器中编辑并执行命令如下:

UPDATE Class
SET Monitor = '李米' , StudentNum = 32
WHERE ClassName='10 电子商务 2 班'

在修改数据时,同样需要注意新的数据值仍需满足数据表中的各类约束条件。否则会导致数据修改失败。UPDATE 语句中 WHERE 子句的使用较为灵活,和查询语句中 WHERE 子句的使用方式相同,具体内容将在后续模块中详细介绍。

4.1.3 删除数据

当数据表中存在确定不再需要的数据记录时,可以将其删除。删除数据同样可以通过图形化界面的方式或使用 DELETE 语句的方式完成。图形化界面适合定点删除少量数据行,使用 DELETE 语句更适合进行有条件的批量删除或全部删除。删除数据是以数据行作为删除的基本单位,删除的是一整行数据,而不是仅删除某个数据值。数据一旦被删除,想要再恢复会比较困难,因此应该慎重使用。

以图形化界面的方式删除数据仍然需要选择"编辑前 200 行",在弹出的数据编辑窗口中选择待删除的数据行,按【Shift】键或【Ctrl】键可以选择连续的多行或间隔的多行数据。选好数据后右击鼠标,在弹出菜单中单击"删除"选项,如图 4-5 所示。删除数据前还会有信息提示框,如图 4-6 所示,单击"是(Y)"即可删除数据。

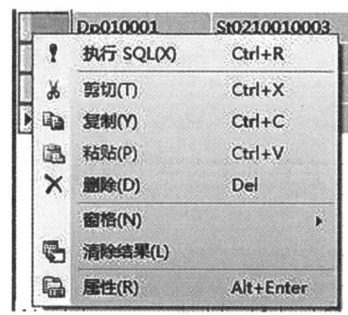

图 4-5　删除数据菜单

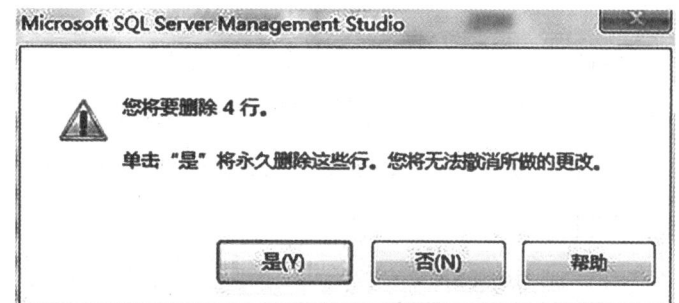

图 4-6　删除数据提示对话框

使用 DELETE 语句删除数据的语法规则相对比较简单,其语法格式如下:

DELETE［FROM］表名
［WHERE 删除条件］

其中,表名为删除数据所在的数据表名称,WHERE 子句表示所删除的数据应该满足的条件。如果省略 WHERE 子句,则该次数据删除是无条件删除,将会清空表格中的全部数据。

【例 4-5】 (无条件删除)将 Schedule 表中全部数据清空。

(1) 参照例 4-1 的操作,在 SSMS 的工具栏中单击"新建查询"按钮,打开查询编辑器,或者是在"资源管理器"中选择 Schedule 表,右击鼠标在弹出的窗口中依次选择"编写表脚本为"→"DELETE 到"→"新建查询编辑器"。

(2) 在查询编辑器中,直接书写或将导出的 SQL 脚本改为 DELETE FROM Schedule。

(3) 单击"执行"按钮,即可清空 Schedule 表中的全部数据。

如果只是需要删除特定条件的数据,则必须加上 WHERE 子句。满足条件的数据行将会被删除。数据表中可能没有数据满足 WHERE 条件的数据行,这种情况将不会删除任何数据行。

【例 4-6】 (有条件删除)将 Student 表中雷立同学的信息删除。

在查询编辑器中编辑并执行命令如下：

```
DELETE FROM Student
WHERE StudentName = '雷立'
```

数据表中的数据如果受到外键约束,则数据删除可能会失败。和插入数据先向主表中插入数据不同,在删除数据时,应该先删除从表中的数据,再删除主表中的数据。例如 Grade 表和 Student 表存在参照关系,直接删除 Student 表中的记录行会导致 Grade 表中的 StudentID 列缺乏参照对象。应该先删除从 Grade 表中的相应数据,才能删除主表 Student 表中的记录。

【例 4-7】 删除 Student 表中学号为 St0109010001 的学生信息。

（1）先删除 Grade 表中学号为 St0109010001 考试信息,在查询编辑器中编辑并执行命令如下：

```
DELETE FROM Grade
WHERE StudentID = 'St0109010001'
```

（2）再删除 Student 表中学号为 St0109010001 的学生信息,在查询编辑器中编辑并执行命令如下：

```
DELETE FROM Student
WHERE StudentID = 'St0109010001'
```

4.2 查询数据

数据查询是对已存在于数据库中的数据按照特定的组合、条件表达式或一定次序进行检索。在 SQL 中,SELECT 语句是查询数据的唯一方式,是 SQL 中最重要、最核心的部分,也是使用频率最高的语句。掌握数据查询是有效利用数据的重要前提。

4.2.1 基本结构

数据查询是通过执行 SELECT 语句实现的。在编写数据查询 SELECT 语句前,必须先明确以下三个问题。

（1）查询的数据从哪里来,即数据源是什么？

（2）查询的数据内容是什么？

（3）查询的数据是否有限制条件,若有,那么限制条件是什么？

SELECT 语句的基本结构是由 SELECT 子句、FROM 子句和 WHERE 子句构成的,语法格式如下：

```
SELECT    <输出列表>
FROM      <数据源列表>
[ WHERE   <条件表达式> ]
```

其中,SELECT 子句指定了查看的数据内容,一般是数据表的列名或者是通配符星号(*);FROM 子句列举了数据的来源,可以是表或者视图;WHERE 子句为可选项,指定了查询的限制条件。

4.2.2 执行方式

如果只是查看某张表中数据内容,SSMS 提供了图形化界面的方式实现。在 SSMS 的"对象资源管理器"窗口中选择准备查看的表,例如 xkgl 数据库中的 Department 表,右击鼠标选择"选择前 1000 行"命令,如图 4-7 所示。SSMS 会自动打开查询编辑器窗口,并生成相应的 SQL 代码,并在结果窗口中显示查询结果,如图 4-8 所示。

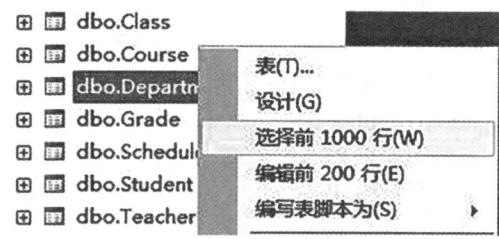

图 4-7 查看 Department 表

除此之外,还可以依次选择"编写表脚本为"→"SELECT 到"→"新建查询编辑器"。查询编辑器中会出现和图 4-8 类似的代码。单击菜单栏中的"执行"按钮即可完成对 Department 表的查询,如图 4-9 所示。利用 SSMS 自动打开查询编辑器窗口的方式存在 TOP 关键字,限定了查询的记录数量,而编写 SELECT 表脚本的方式将会查询全部的数据记录。当数据表中记录行数不超过 1000 行时,二者的查询结果相同,当数据表中记录行数超过 1000 行时,后一种方式的查询结果数量多于前一种方式。

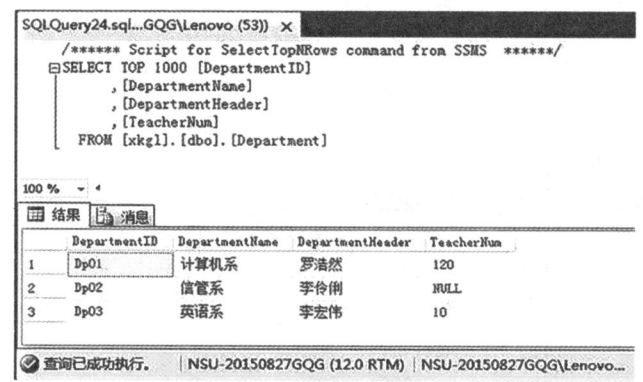

图 4-8 数据查询窗口

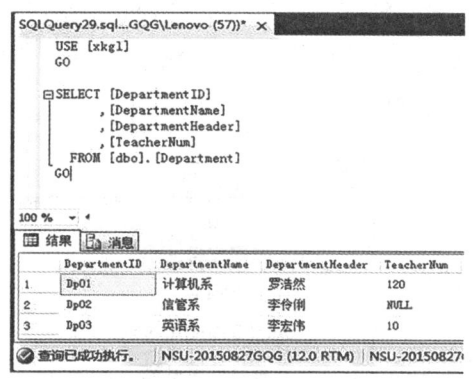

图 4-9 查询 Department 表的 SELECT 脚本

如需对查询语句进行调整,可以在这两种方式自动生成的 SQL 代码上直接修改。或通过单击工具栏中的"新建查询"按钮,在空白的查询编辑器中直接书写。编写完成后单击"执行"按钮即可在结果窗口中查看的查询结果。如果提示"对象名……无效",应该检查当前所使用的数据库。在工具栏中可以选择可用的数据库,如图 4-10 所示。或如图 4-9 中所示,在代码前面添加 USE 语句,USE 语句可以指定所使用的数据库。

4.2.3 简单查询

最简单的 SELECT 语句仅有两个部分:要查询的数据列(由 SELECT 子句说明);这些数据列所在的表(由 FROM 子句说明)。不使用 WHERE 子句的无条件查询,也称为投影查询。

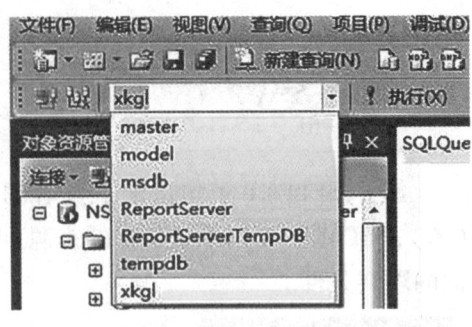

图 4-10 选择可用数据库

【例 4-8】 (查询单列)查询 Course 表中的课程名称。

由题意可知,数据源为 Course 表,查询内容为课程名称 CourseName 列。因此,可以在查询编辑器中编辑并执行命令如下:

```
SELECT CourseName
FROM Course
```

执行结果如图 4-11 所示。

如果需要同时查看多列的内容,可以在 SELECT 子句后填写多个列名,列名之间用半角逗号分隔。所查询的列名顺序可以和表定义中的列名顺序不同,查询结果的顺序以 SELECT 子句中的顺序为准。

【例 4-9】 (查询多列)查询 Schedule 表中的课程编号、学年及学期信息。

由题意可知,数据源为 Schedule 表,查询内容包括课程编号 CourseID 列、学年 SchoolYear 列和学期 Semester 列。因此,可以在查询编辑器中编辑并执行命令如下:

```
SELECT CourseID, SchoolYear, Semester
FROM Schedule
```

执行结果如图 4-12 所示。

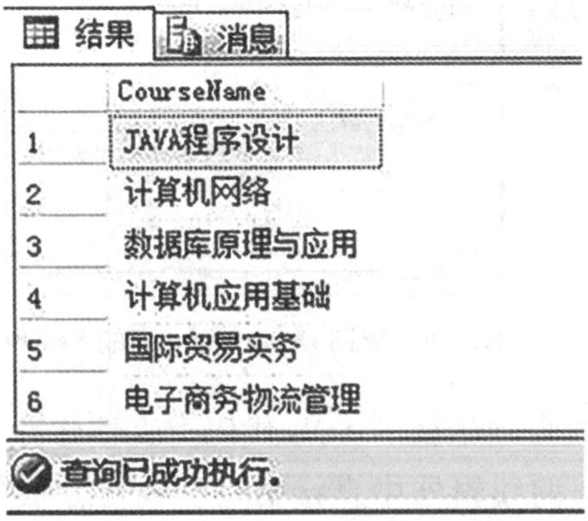

图 4-11 查询单列结果

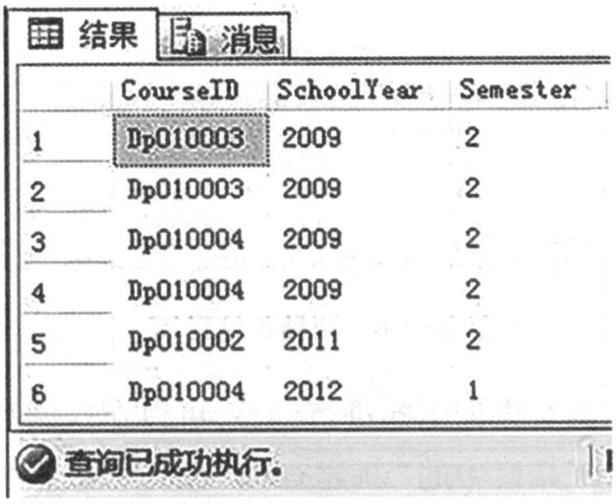

图 4-12 查询多列结果

在查询语句中如果要显示数据表中的所有列，并不需要将列全部列出，可以使用通配符星号（ * ）代替 SELECT 后的列名列表。如果不清楚所查询的内容，也可以使用通配符星号（ * ），这样会输出数据源中的全部数据。

【例 4-10】　（查询全部列）查询 Department 表的全部信息。

在图 4-9 中已经通过自动生成 SELECT 脚本的方式对 Department 表进行了查询。为了简化代码，可以将 SELECT 后的列名信息用 * 代替，编辑后的代码如下。单击“执行”按钮，所得查询的结果和图 4-9 一致。

```
SELECT *
FROM Department
```

除了直接查询列以外，SELECT 子句中可以使用加号（+）将不同的字符类型的列合并显示，并且可以使用算术运算符对数值型数据列进行加（+）、减（-）、乘（ * ）、除（/）和取模（%）运算，构造计算列，还可以使用函数处理数据列。

【例 4-11】　（字符列的合并）查询教师姓名及其性别和职称。

由题意可知，数据源为 Teacher 表，查询内容包括教师姓名 TeacherName 列、教师性别 Sex 列和教师职称 Profession 列。因为 Sex 列和 Profession 列均为字符类型数据，所以可以使用加号（+）将其合并显示。在查询编辑器中编辑并执行命令如下：

```
SELECT TeacherName, Sex+Profession
FROM Teacher
```

执行结果如图 4-13 所示。

【例 4-12】　（查询列的计算）查询学生学号及其成绩，分数以五分制的形式显示。

由题意可知，数据源为 Grade 表，查询内容包括学生学号 StudentID 列和成绩 Grade 列。但是要对 Grade 列进行算术计算，将百分制改为五分制。因此，可以在查询编辑器中编辑并执行命令如下：

```
SELECT StudentID, Grade/20
FROM Grade
```

执行结果如图 4-14 所示。

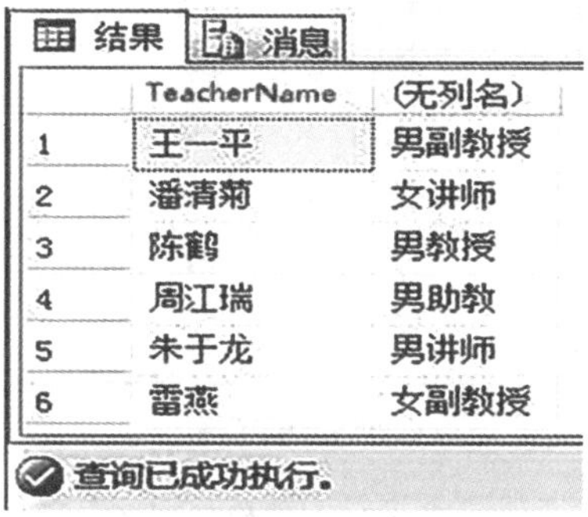

结果　消息

	TeacherName	(无列名)
1	王一平	男副教授
2	潘清菊	女讲师
3	陈鹤	男教授
4	周江瑞	男助教
5	朱于龙	男讲师
6	雷燕	女副教授

查询已成功执行。

图 4-13　字符列的合并显示

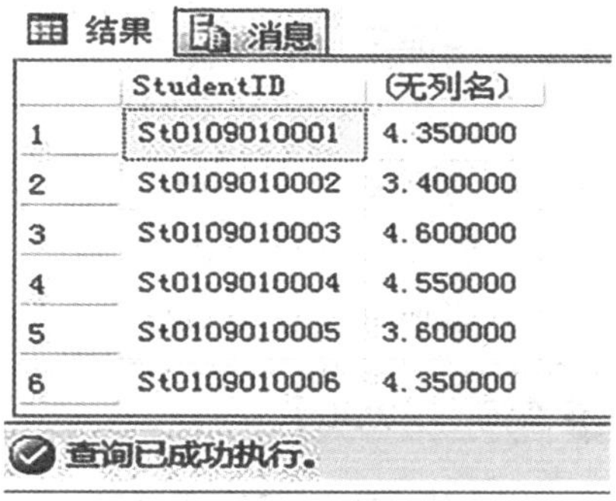

结果　消息

	StudentID	(无列名)
1	St0109010001	4.350000
2	St0109010002	3.400000
3	St0109010003	4.600000
4	St0109010004	4.550000
5	St0109010005	3.600000
6	St0109010006	4.350000

查询已成功执行。

图 4-14　查询列的计算结果

注意:例 4-3 和例 4-12 虽然都是将 Grade 列从百分制转变为五分制,但二者有本质区别。例 4-3 使用的是 UPDATE 语句,是修改数据;而例 4-12 使用的是 SELECT 语句,只是显示查询结果,不会改变原始数据。

【例 4-13】 (查询列的函数)查询学生姓名及其年龄。

由题意可知,数据源为 Student 表,查询内容包括学生姓名 StudentName 列和出生日期 Birth 列。通过出生日期中的年份计算学生年龄,需要使用 YEAR 函数。因此,可以在查询编辑器中编辑并执行命令如下:

```
SELECT StudentName, 2017-YEAR(Birth)
FROM Student
```

执行结果如图 4-15 所示。

由图 4-13、图 4-14 和图 4-15 可以看出,无论是列的计算还是列的函数,所得到结果都是无列名的。SQL 语句中提供了在 SELECT 语句中操作列名的方法,可以根据需要对查询结果中的列标题进行修改。取列别名的关键字为 AS,AS 可以省略,列别名应使用半角引号,格式如下:

```
SELECT 表达式或原列名 [AS] 列别名 FROM 数据源
```

【例 4-14】 (使用列别名)查询学生姓名及其年龄,分别使用"学生姓名"和"年龄"作为列别名。

将例 4-13 中的代码修改并执行命令如下:

```
SELECT StudentName '学生姓名', 2017-YEAR(Birth) AS '年龄'
FROM Student
```

执行结果如图 4-16 所示,与图 4-15 的区别在于查询结果中的列标题不同。

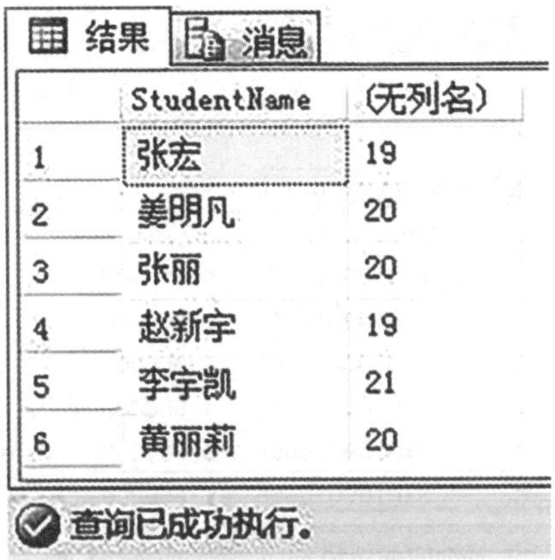

	StudentName	(无列名)
1	张宏	19
2	姜明凡	20
3	张丽	20
4	赵新宇	19
5	李宇凯	21
6	黄丽莉	20

图 4-15 查询列的函数结果

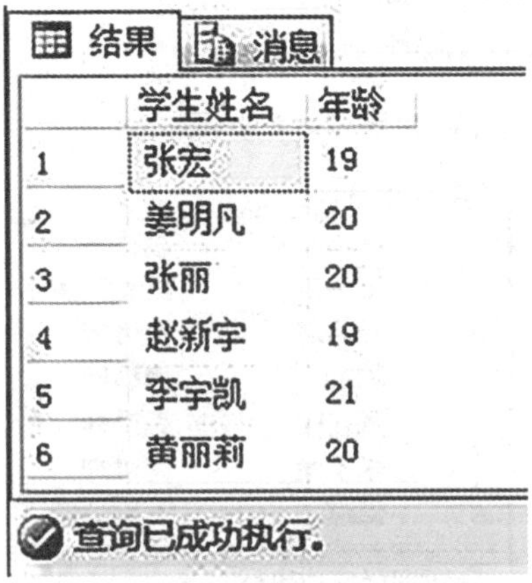

	学生姓名	年龄
1	张宏	19
2	姜明凡	20
3	张丽	20
4	赵新宇	19
5	李宇凯	21
6	黄丽莉	20

图 4-16 使用列别名

4.2.4 条件查询

所查询的数据内容决定了数据列,可使用 SELECT 子句找出指定的数据列。所查询的约束条件决定了数据行,可使用 WHERE 子句找出指定的数据行。使用 WHERE 子句需要明确三个内容:限定内容、限定条件和限定值。WHERE 子句中可以使用的限定条件包括:比较运算、确定范围、确定集合、模式匹配、空值判断和逻辑运算等,如表 4-8 所示。

表 4-8　　　　　　　　　　　　查询条件

查询条件	谓 词(运算符)	作用
比较运算	=,>,>=,<,<=,<>(或!=),!>,!<	比较大小
确定范围	BETWEEN AND,NOT BETWEEN AND	判断值是否在范围内
确定集合	IN,NOT IN	判断值是否属于集合
模式匹配	LIKE,NOT LIKE	判断值是否匹配某个通式
空值判断	IS NULL,IS NOT NULL	判断值是否为空
逻辑运算	AND,OR,NOT	多个查询条件的联合

1. 比较查询

比较查询条件由比较运算符表达式构成,数据表中的数据必须满足比较条件才会被显示。比较运算符包括等于(=)、大于(>)、小于(<)、大于等于(>=)、小于等于(<=)、不等于(<>或!=)、不大于(!>)和不小于(!<)。

【例 4-15】(等值比较)查询课程号为 Dp010001 的成绩情况。

由题意可知,数据源为 Grade 表,限制内容为课程号 CourseID 列,限制条件为等于(=),限制值为 Dp010001。因此,可以在查询编辑器中编辑并执行命令如下:

```
SELECT *
FROM Grade
WHERE CourseID = 'Dp010001'
```

执行结果如图 4-17 所示。

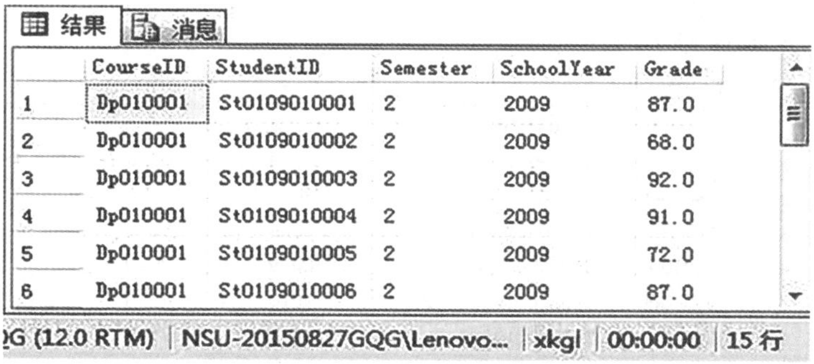

图 4-17　等值比较查询结果

【例4-16】 (非等值比较)查询所有不及格的成绩情况。

由题意可知,数据源为 Grade 表,限制内容为成绩 Grade 列,限制条件为小于(<),限制值为 60。因此,可以在查询编辑器中编辑并执行命令如下:

```
SELECT *
FROM Grade
WHERE Grade < 60
```

执行结果如图 4-18 所示。

CourseID	StudentID	Semester	SchoolYear	Grade
Dp010001	St0109020001	2	2009	56.0
Dp010002	St0111040001	2	2011	54.0
Dp010003	St0109010001	2	2009	50.0
Dp010003	St0109010005	2	2009	55.0
Dp010003	St0109010009	2	2009	55.0
Dp010004	St0109010004	2	2009	57.0

图 4-18　非等值比较查询结果

2. 多条件查询

如果在查询条件中需要同时限定不止一个条件时,则需要使用逻辑运算符 AND、OR 和 NOT 将其连接成复合表达式。AND 要求前后两个条件都满足;OR 要求有一个条件满足即可;NOT 表示否定条件。这三个逻辑运算符的优先级不一样,从高到低分别是 NOT > AND > OR,使用括号可以改变判断顺序。

【例4-17】 (AND 查询)查询分数大于等于 60 且小于等于 80 的学生的成绩信息。

由题意可知,数据源为 Grade 表,限制内容为成绩 Grade 列,限制条件有两个,一个是大于等于(>=)60,一个是小于等于(<=)80,两个条件需要同时满足。因此,在查询语句中应当使用 AND 将两个条件连接起来。在查询编辑器中编辑并执行命令如下:

```
SELECT *
FROM Grade
WHERE Grade >= 60 AND Grade <= 80
```

执行结果如图 4-19 所示。

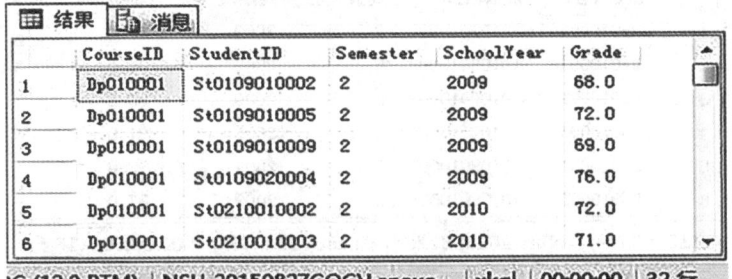

图 4-19　AND 查询结果

【例 4-18】（OR 查询）查询学分为 2 或者为 6 的课程信息。

由题意可知，数据源为 Course 表，限制内容为学分 Credit 列，限制条件有两个，一个是等于（=）2，一个是等于（=）6，两个条件满足一个即可。因此，在查询语句中应使用 OR 将两个条件连接起来。在查询编辑器中编辑并执行命令如下：

```
SELECT *
FROM Course
WHERE Credit = 2 OR Credit = 6
```

执行结果如图 4-20 所示。

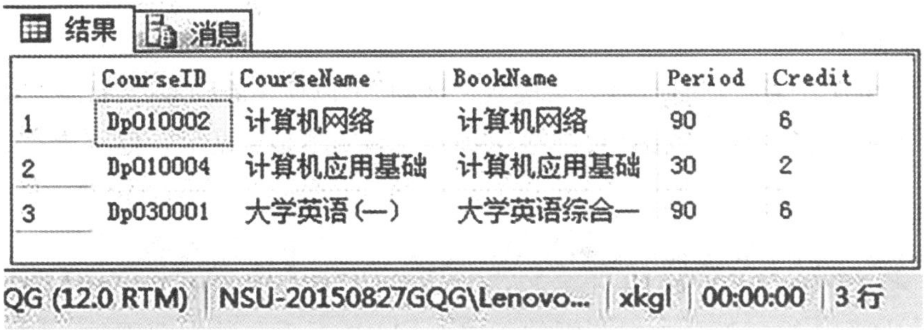

	CourseID	CourseName	BookName	Period	Credit
1	Dp010002	计算机网络	计算机网络	90	6
2	Dp010004	计算机应用基础	计算机应用基础	30	2
3	Dp030001	大学英语(一)	大学英语综合一	90	6

图 4-20　OR 查询结果

由于 NOT 运算符的优先级要高于 AND 和 OR，所以在使用 NOT 进行判断时，是否使用括号会导致截然不同的结果。例如，下面两段代码只有括号的区别，但含义完全不同。命令 1 中的 NOT 只对班级编号进行了否定，查询的内容为不在 Cs010901 班的全体男生；命令 2 加上括号后，是对括弧内的内容做了整体否定，查询的内容为不是 Cs010901 班男生的其他全部学生。

命令 1：

```
SELECT *
FROM Student
WHERE NOT ClassID = 'Cs010901' AND Sex = '男'
```

命令 2：

```
SELECT *
FROM Student
WHERE NOT (ClassID = 'Cs010901' AND Sex = '男')
```

图 4-21 为这两段命令的执行结果，命令 2 的查询结果明显多于命令 1。

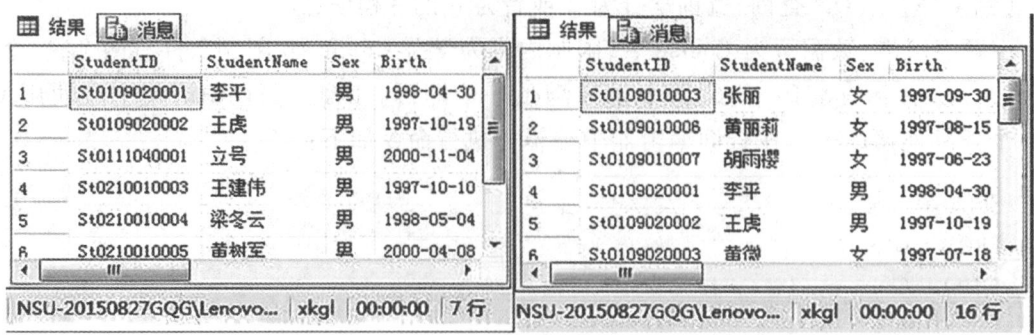

图 4-21　NOT 查询两段代码的不同结果

3. 范围查询

如需要判断某个数据项是否属于某段数字区间,可以使用 BETWEEN...AND 进行范围查询。如果数据在其设定的范围内,则显示该行记录,否则不显示。范围查询的语法格式如下:

列名表达式 [NOT] BETWEEN 下限值 AND 上限值

其中,BETWEEN 后面是数据范围的下限值,AND 后面是数据范围的上限值。上限值一定要大于下限值,且位置不能颠倒。BETWEEN...AND 是包括边界值的,而 NOT BETWEEN...AND 不包含边界值。使用 BETWEEN...AND 和使用"列名 >= 下限值 AND 列名 <= 上限值"所实现的效果相同。因此,例 4-17 可以改造为如下命令,两段命令的执行结果一致。

```
SELECT *
FROM Grade
WHERE Grade BETWEEN 60 AND 80
```

【例 4-19】(范围查询)查询出生日期不在 1998 年 1 月 1 日至 2000 年 12 月 31 日之间的学生信息。

由题意可知,数据源为 Student 表,限制内容为出生日期 Birth 列,限定条件为时间范围不在某个区间,限定值为 1998 年 1 月 1 日至 2000 年 12 月 31 日之间。因此,在查询时需要使用 NOT BETWEEN...AND。在查询编辑器中编辑并执行命令如下:

```
SELECT *
FROM Student
WHERE Birth NOT BETWEEN '1998-01-01' AND '2000-12-31'
```

执行结果如图 4-22 所示。

4. 集合查询

范围查询适合于连续区间的判断,如果是一组离散值则应该使用集合查询。集合查询

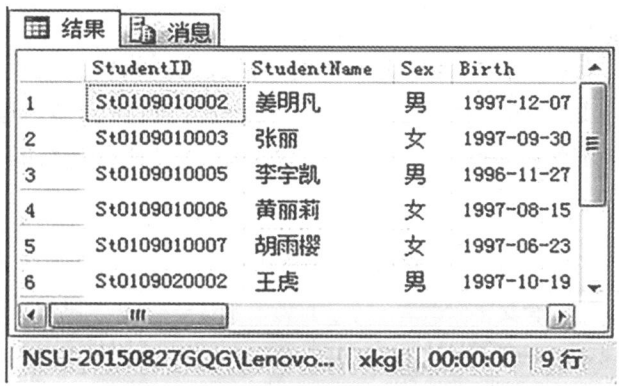

图 4-22 范围查询结果

的关键字是 IN。数据项在属于集合范围就输出显示,否则不显示。集合查询的语法格式如下:

> 列名表达式 [NOT] IN（值 1, 值 2,…）

其中,NOT IN 表示不在集合范围,集合中的值之间必须用半角逗号分隔,所有的值都用半角小括号括起。集合查询等同于使用 OR 连接的多个等值条件。因此,例 4-18 中的命令可以修改为如下命令,两段命令的执行结果一致。

> SELECT *
> FROM Course
> WHERE Credit IN (2, 6)

【例 4-20】 (集合查询)查询职称为"讲师""副教授"和"教授"的教师信息。

由题意可知,数据源为 Teacher 表,限制内容为 Profession 列,限定条件为集合内取值,限定值为"讲师""副教授""教授"。在查询编辑器中编辑并执行命令如下:

> SELECT *
> FROM Teacher
> WHERE Profession IN ('讲师' , '副教授' , '教授')

执行结果如图 4-23 所示。

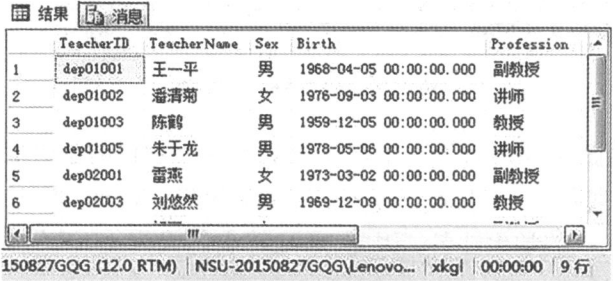

图 4-23 集合查询结果

5. 模糊查询

当不清楚精确的查询内容时,可以选择使用模糊查询。模糊查询不再使用等号(=),而是使用关键字 LIKE。LIKE 后的内容为通配符所构成的表达式,满足通配符表达式要求的数据会被输出显示,否则将不显示。通配符表达式中可以使用的通配符有四个,符号及其含义说明如表 4-9 所示。

表 4-9　　　　　　　　　　　模糊查询中的通配符

通配符	含义	举例说明
%	任意多个任意字符串,包括 0	LIKE 'AB%' 表示以"AB"开头的字符串
_	任意单个字符	LIKE 'AB_' 表示以"AB"开头长度为 3 的字符串
[ ]	在指定范围内的单个字符	LIKE '[AB]%' 表示以"A"或"B"开头的字符串
[^]	不在指定范围的单个字符	LIKE '[^AB]%' 表示不以"A"或"B"开头的字符串

通配符的使用非常灵活,例如 LIKE '_AB' 表示以"AB"结束的 3 个字符的字符串。如"TAB""cAB"等都满足该匹配串;LIKE 'L[^a]%' 表示以"L"开始、第 2 个字符不是"a"的任意字符串。如"Line""LV"等都满足该匹配串。

【例 4-21】 (模糊查询 1)查询教师编号以 03 结尾的教师信息。

由题意可知,数据源为 Teacher 表,限制内容为 TeacherID 列,限定条件模糊匹配,限定值为结尾字符是"03"的教师编号。因此,通配符表达式为 LIKE '%03'。在查询编辑器中编辑并执行命令如下:

```
SELECT *
FROM Teacher
WHERE TeacherID LIKE '%03'
```

执行结果如图 4-24 所示。

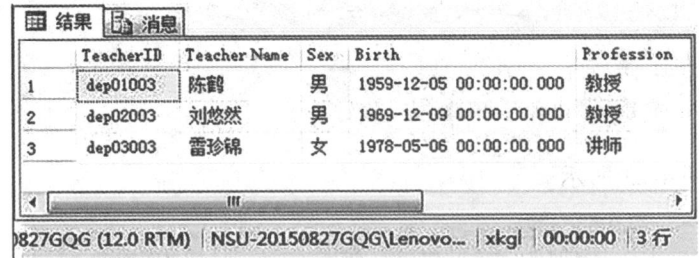

图 4-24　模糊查询 1 结果

【例 4-22】 (模糊查询 2)查询学生姓名中第二字为"丽"的学生信息。

由题意可知,数据源为 Student 表,限制内容为 StudentName 列,限定条件模糊匹配,限定值为第二个字为"丽"的学生姓名。因此,通配符表达式为 LIKE '_丽%'。在查询编辑器中编辑并执行命令如下:

```
SELECT *
FROM Student
WHERE StudentName LIKE '_丽%'
```

执行结果如图 4-25 所示。

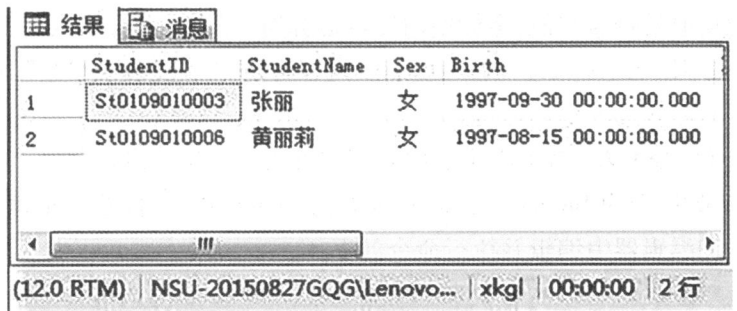

图 4-25　模糊查询 2 结果

【例 4-23】　(模糊查询 3)查询学生家庭住址不是成都市和大连市的学生信息。

由题意可知,数据源为 Student 表,限制内容为 HomeAddr 列,限定条件模糊匹配,限定值为开头不是成都市和大连市的学生家庭住址。因此,通配符表达式可以有两种写法:一种是 NOT LIKE '[成都市,大连市]%',另外一种是 LIKE '[^成都市,大连市]%'。在查询编辑器中编辑并执行命令如下:

```
SELECT *
FROM Student
WHERE HomeAddr NOT LIKE '[成都市,大连市]%'
```

或者:

```
WHERE HomeAddr LIKE '[^成都市,大连市]%'
```

执行结果如图 4-26 所示。

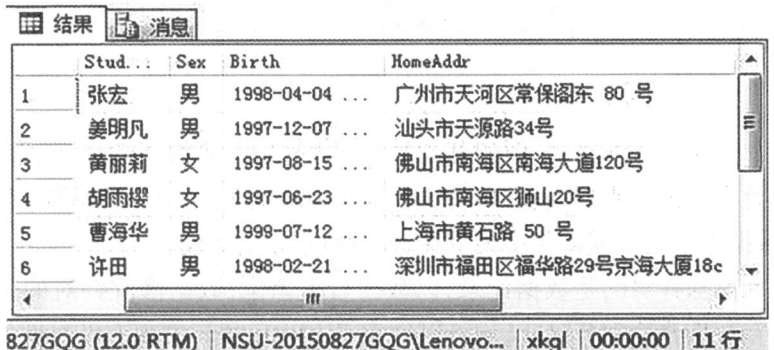

图 4-26　模糊查询 3 结果

6. 空值判断

在数据库中,空值(NULL)是一个较为特殊的值,既不表示为 0(数值类型),也不是空格或长度为 0 的字符串(字符类型),而是表示还未确定的内容。例如,在采集学生家庭住址信息时,有学生并未填写家庭住址。在插入学生数据时,家庭住址这项在数据库中会以 NULL 值填充。

判断某个数据值是否为空值,不能使用比较运算符(=或!=),而是要使用判断空值的语句进行判断。"字段名 IS NULL"表示该字段内容为空,"字段名 IS NOT NULL"表示该字段内容不为空。

【例 4-24】 (空值判断)查询学生表中家庭住址为空学生信息。

由题意可知,数据源为 Student 表,限制内容为 HomeAddr 列,限定条件为空值判断,限定值为空。在查询编辑器中编辑并执行命令如下:

```
SELECT  *
FROM Student
WHERE HomeAddr IS NULL
```

执行结果如图 4-27 所示。

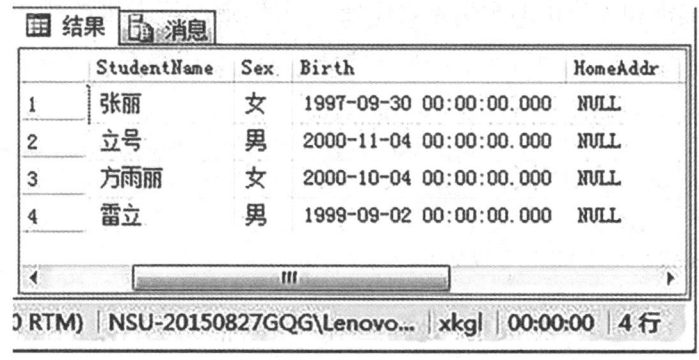

图 4-27 空值判断结果

知识小结

本模块主要介绍了 SQL 语言中的基本数据操作功能,即数据的增、删、改、查。数据的插入、删除、修改和查询分别对应着 INSERT 语句、DELETE 语句、UPDATE 语句和 SELECT 语句。其中,数据查询是数据操作中最重要、使用最频繁的语句。

数据插入和删除针对的是数据记录,以数据行为单位;数据修改针对的是数据值,以数据项为单位。在数据修改和删除时,均可以使用 WHERE 子句实现有针对性的修改和删除。另外,数据的插入、修改和删除都有可能受到数据完整性约束的影响而导致操作失败。因此,应该避免这些数据操作违法数据完整性约束。

和数据插入、删除、修改不同,数据查询只是查看数据表中的数据,不会改变数据表中的数据。一个查询语句中必须包含 SELECT 子句和 FROM 子句,SELECT 子句说明查询内容,FROM 子句说明数据来源。SELECT 子句中可以用通配符星号(＊)代替全部数据列。条件查询则必须添加 WHERE 子句,WHERE 子句说明查询的约束条件。WHERE 子句中可以使用的限定条件包括:比较运算、确定范围、确定集合、模式匹配、空值判断和逻辑运算等。较复杂的查询操作将在模块 5 中详细介绍。

思考与操作

一、选择题

1. 数据操作包括增、删、改、查,其中最重要也是使用最频繁的命令是(　　)。
   A. INSERT   B. DELETE   C. UPDATE   D. SELECT
2. 下列不属于数据操作的命令是(　　)。
   A. INSERT   B. UPDATE   C. ALTER   D. DELETE
3. 若用如下 SQL 语句创建一个 Student 表,

   CREATE TABLE Student (
   ID char(4) NOT NULL,
   NAME char(8) NOT NULL,
   SEX char(2),
   AGE int)

   下列记录能顺利添加到 Student 表的是(　　)。
   A. ('1031','曾华',男,23)   B. ('1031','曾华',NULL,NULL)
   C. (NULL,'曾华','男',23)   D. ('1031','曾华','男','23')
4. 语句 DELETE FROM sc 表示的含义是(　　)。
   A. 删除表 sc 中的全部记录   B. 删除基本表 sc
   C. 删除基本表 sc 中的重复数据   D. 删除基本表 sc 中的部分行
5. 在 SELECT 子句中不允许出现(　　)。
   A. 列名   B. 函数   C. 表达式   D. 表名
6. 在 SQL 中,WHERE 子句指出的是(　　)。
   A. 查询内容   B. 查询条件   C. 查询结果   D. 数据源
7. 与表达式:成绩 BETWEEN 0 AND 100 等效的表达式是(　　)。
   A. 成绩>0 and 100   B. 成绩>=0 and <=100
   C. 成绩>=0 and 成绩<=100   D. 成绩>0 and 成绩<100
8. 要查询 book 表中所有书名中包含"计算机"的书籍,可用(　　)语句。
   A. SELECT ＊ FROM book WHERE book_name LIKE '计算机＊'
   B. SELECT ＊ FROM book WHERE book_name = '计算机%'
   C. SELECT ＊ FROM book WHERE book_name LIKE '%计算机%'

D. SELECT * FROM book WHERE book_name = '%计算机%'

9. 通过 SQL,下列( )语句是从 Persons 表中选取所有的列。
   A. SELECT [all] FROM Persons B. SELECT Persons
   C. SELECT * FROM Persons D. SELECT *.Persons

10. SQL 查询语句的 WHERE 子句中,对空值的操作,不正确的是( )。
    A. WHERE AGE IS NULL B. WHERE AGE IS NOT NULL
    C. WHERE AGE = NULL D. WHERE NOT (AGE IS NULL)

11. SQL 中,和 AGE IN(20,22)语义相同的是( )。
    A. AGE<=22 AND AGE>=20 B. AGE<22 AND AGE>20
    C. AGE=20 AND AGE=22 D. AGE=20 OR AGE=22

12. 查询所有姓氏为张且出生日期为空的学生信息,WHERE 条件应为( )。
    A. 姓名 LIKE '张%' AND 出生日期 = NULL B. 姓名 LIKE '张*' AND 出生日期 = NULL
    C. 姓名 LIKE '张%' AND 出生日期 IS NULL D. 姓名 LIKE '张_' AND 出生日期 IS NULL

13. 关于列别名,叙述正确的是( )。
    A. 列别名用关键字 NAME 说明 B. 列别名用关键字 AS 说明
    C. 设置列别名就是改变字段名 D. 列别名设置后,其他所有查询都能用

14. 查找 student 表中所有电话号码(列名:telephone)的第一位为 8 或 6,第三位为 0 的电话号码,需要用到的语句是( )。
    A. SELECT telephone FROM student WHERE telephone LIKE '[8,6]%0*'
    B. SELECT telephone FROM student WHERE telephone LIKE '(8,6)*0%'
    C. SELECT telephone FROM student WHERE telephone LIKE '[8,6]_0%'
    D. SELECT telephone FROM student WHERE telephone LIKE '[8,6]_0*'

15. A 表字段 a 类型为 int 中,其中有 100 条记录,分别为 1 至 100。如下语句 SELECT a FROM A WHERE a BETWEEN 1 AND 50 OR (a IN (25,70,95) AND a BETWEEN 25 AND 75),在这个 SQL 语句返回的结果集中的值是( )。
    A. 30 B. 51 C. 75 D. 95

二、填空题

1. 在 SQL 中,添加记录使用_____语句,修改记录使用_____语句,删除记录使用_____语句,查询数据使用_____语句。

2. 模糊查询的关键字是_____,通配符"%"表示_____,通配符"_"表示_____。

3. 已知学生关系(学号,姓名,年龄,班级),要检索班级为空值的学生姓名,其 SQL 查询语句中 WHERE 子句的条件表达式是_____。

4. 数据插入和删除以_____作为基本单位,数据修改以_____作为基本单位。

5. 在 WHERE 子句中的逻辑运算符有_____种,其优先级顺序为_____。

三、简答题

1. SQL 中,数据操作包括哪些语句,作用分别是什么?
2. 数据有效性会对数据操作有何影响?请举例说明。
3. 查询前需要明确哪些问题,查询语句两个必不可少的语句是什么?
4. 条件查询可以分为哪些种类,其作用分别是什么?

5. 模糊查询中使用的通配符有几种,其作用分别是什么?
6. 数据库中空值的含义是什么?如何判断数据是否为空?

四、上机练习

1. 设有如下关系表 R:R(NO,NAME,SEX,AGE,CLASS),主键是 NO。根据题目要求书写 SQL 代码。

   (1) 插入一个记录(25,"李明","男",21,"95031");
   (2) 插入"95031"班学号为 30,姓名为"郑和"的学生记录;
   (3) 将学号为 10 的学生姓名改为"王华";
   (4) 将所有班级号为"95101"的记录改为"95091";
   (5) 删除学号为 20 的学生记录;
   (6) 删除姓氏为王的学生记录;

2. 设有关系职工表(职工号,职工名,部门号,工资),主键是职工号。根据题目要求书写 SQL 代码。

   (1) 向职工表中插入行('005','王五','01',5000)。
   (2) 从职工表中删除"人事处"的所有成员。
   (3) 将职工号为"005"的员工工资改为 6000 元。
   (4) 查询在部门号为"01""03""05"工作的全体职工。
   (5) 查询工资为 4000~6000 元的职工信息。
   (6) 查询姓氏为王的职工信息。

模块 5　高级数据查询

在模块 4 中所介绍的简单查询和条件查询属于数据查询中的基础部分,本模块将继续围绕数据查询展开全面而深入的介绍。本模块中的例题仍然使用"xkgl"选课管理数据库,其中的数据表结构及关系参见表 4-1 至表 4-7。

5.1　查询语句完整结构

在 4.2.1 节中介绍了查询语句的基本结构,主要由 SELECT 子句、FROM 子句和 WHERE 子句构成。一个更为完整的查询语句所包含的命令如下:

```
SELECT [ ALL | DISTINCT ]
[ TOP n [ percent ] ]<输出列表>
[ INTO <新表名>]
FROM <数据源列表>
[ WHERE <查询条件表达式> ]
[ GROUP BY <分组表达式> [ HAVING <过滤条件> ] ]
[ ORDER BY <排序表达式> [ ASC | DESC ] ]
```

其中,SELECT 和 FROM 是必选项,在中括号[ ]里面的内容均为可选项。在需要的情况下选用。

【参数说明】

① [ALL | DISTINCT]:默认是使用 ALL,表示输出所有满足条件的记录,包括重复记录,如果需要去掉重复记录可使用 DISTINCT 关键字。

② [TOP n [percent]]:选用 TOP n 表示仅输出满足条件的前 n 行记录,选用 TOP n [percent] 表示仅输出满足条件的前 n% 行的记录。percent 不能用百分号(%)代替。

③［ INTO <新表名>］:用于将查询结果集保存到新表中,新表以 INTO 后的表名为新表名。

④［ WHERE <查询条件表达式> ］:作为条件筛选,只有满足筛选条件的记录才会被输出,关于条件筛选在 4.2.4 节中有详细介绍。

⑤［ GROUP BY <分组表达式>［ HAVING <过滤条件> ］］:GROUP BY 语句的作用是对查询结果进行分组,分组依据为 BY 后的分组表达式;HAVING 用于对结果集进行过滤,通常和 GROUP BY 语句联合使用,位于 GROUP BY 语句之后。

⑥［ ORDER BY <排序表达式>［ ASC ｜ DESC］］:ORDER BY 语句的作用是依据排序表达式对结果集进行排序。默认是 ASC,表示升序排列,如果需要降序排列需要使用 DESC。

后续内容将针对上述可选项的使用方法和注意事项进行详细介绍。

5.2 数据排序

查询结果中记录的顺序是按照数据表中记录的先后顺序排列的。但为了方便观察,通常需要对查询结果按照特定的要求重新排序。例如查询学生的成绩高低、教师的职称顺序等。对于所排序的内容还可以截取前几行或者前百分之几进行查看,也可以从查询结果中排除重复项。

5.2.1 ORDER BY 子句

在 SELECT 语句中可以使用 ORDER BY 子句对查询结果按照一个或多个属性进行排序,默认为升序(ASC)排列,也可以降序(DESC)排列。ORDER BY 子句必须位于其他子句之后。

【例 5-1】 (单一条件排序)查询全部教师信息,以教师职称为依据排序。

由题意可知,数据源为 Teacher 表,查询内容为全部列,查询结果以教师职称作为排序依据,默认为升序,可省略 ASC。因此,在查询编辑器中编辑并执行命令如下:

```
SELECT *
FROM Teacher
ORDER BY Profession
```

执行结果如图 5-1 所示。

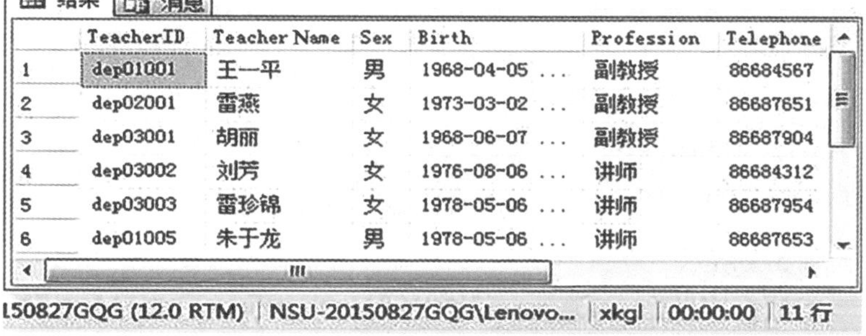

	TeacherID	Teacher Name	Sex	Birth	Profession	Telephone
1	dep01001	王一平	男	1968-04-05 ...	副教授	86684567
2	dep02001	雷燕	女	1973-03-02 ...	副教授	86687651
3	dep03001	胡丽	女	1968-06-07 ...	副教授	86687904
4	dep03002	刘芳	女	1976-08-06 ...	讲师	86684312
5	dep03003	雷珍锦	女	1978-05-06 ...	讲师	86687954
6	dep01005	朱于龙	男	1978-05-06 ...	讲师	86687653

图 5-1　单一条件排序查询结果

ORDER BY 子句可以使用以半角逗号分隔的多个列作为排序依据,查询结果将优先以第一列排序,然后是第二列,最后依次向后选择。每个列可以单独指定排序方式。

【例 5-2】 (多条件排序)查询全部成绩信息,以学号升序、成绩降序排序显示。

由题意可知,数据源为 Grade 表,查询内容为全部列,查询结果以学号作为第一排序依据升序排列,如果学号相同再以成绩为依据降序排列。因此,在查询编辑器中编辑并执行命令如下:

```
SELECT *
FROM Grade
ORDER BY StudentID ASC, Grade DESC
```

执行结果如图 5-2 所示。

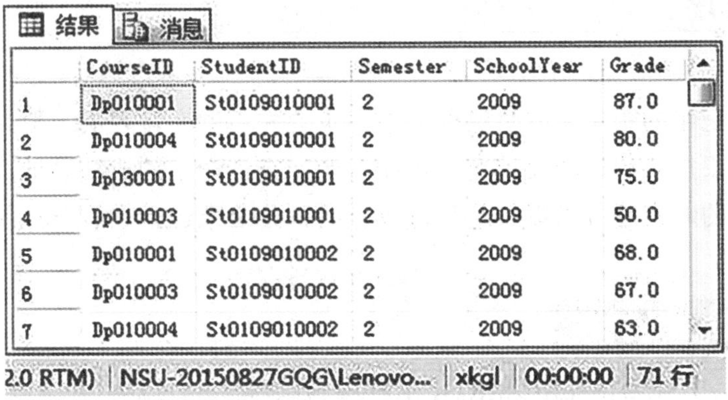

	CourseID	StudentID	Semester	SchoolYear	Grade
1	Dp010001	St0109010001	2	2009	87.0
2	Dp010004	St0109010001	2	2009	80.0
3	Dp030001	St0109010001	2	2009	75.0
4	Dp010003	St0109010001	2	2009	50.0
5	Dp010001	St0109010002	2	2009	68.0
6	Dp010003	St0109010002	2	2009	67.0
7	Dp010004	St0109010002	2	2009	63.0

图 5-2 多条件排序查询结果

5.2.2 TOP 关键字

如果仅对查询结果的前若干项记录感兴趣,例如查看成绩的前三名等,可以使用 TOP 关键字截取部分的查询结果。

【例 5-3】 (TOP 查询)查询课程号为 Dp010004 且成绩在前三名的成绩信息。

由题意可知,数据源为 Grade 表,查询内容为全部列,限制条件为课程号 CourseID 等于 Dp010004,查询结果需要对成绩 Grade 列降序排列,并选取前三行数据。因此,在查询编辑器中编辑并执行命令如下:

```
SELECT TOP 3 *
FROM Grade
WHERE CourseID = 'Dp010004'
ORDER BY Grade DESC
```

执行结果如图 5-3 所示。

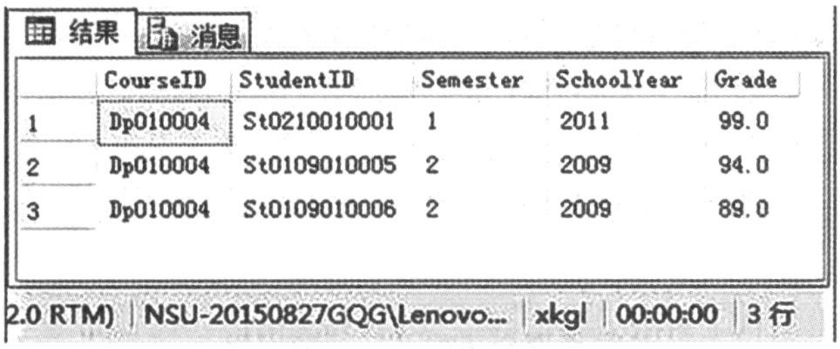

图 5-3 TOP 查询结果

5.2.3 DISTINCT 关键字

在数据库表中本来不存在取值完全相同的元组,但选择部分数据列后,就有可能在查询结果中出现取值完全相同的行,例如学生表中的班级编号就存在大量重复值。使用 DISTINCT 关键字可以从返回的结果数据集中删除重复的行。

【例 5-4】(DISTINCT 查询)查询学生表中有多少个不同的班级。

由题意可知,数据源为 Student 表,查询内容为 ClassID 列,需要对查询结果消除重复操作。因此,在查询编辑器中编辑并执行命令如下:

图 5-4 DISTINCT 查询结果

```
SELECT DISTINCT ClassID
FROM Student
```

执行结果如图 5-4 所示。如不加 DISTINCT 关键字将有 22 行数据,添加 DISTINCT 关键字后仅剩 4 行。

5.3 数据统计

除检索数据外,还可以利用 SELECT 语句对所得到的查询结果进行分类、统计汇总等操作,例如统计班级人数、计算某门课程的平均分等。数据统计的功能主要由聚合函数实现,对数据按类别进行划分则需要使用 GROUP BY 子句,如果需要对统计数据做进一步筛选可以使用 HAVING 子句。

5.3.1 聚合函数

SQL 中的函数与其他程序设计语言中的函数类似,是具有特定功能的程序块,其目的是方便用户使用。函数一般包含三个部分:函数名、输入参数及输出参数。

在 SQL Server 中,按照来源的不同,函数被划分为系统函数和用户自定义函数。系统函数也称为系统内置函数,它是 SQL Server 直接提供给用户使用的。系统函数又可以分为标量函数(包括数学函数、日期时间函数、字符串函数等)和聚合函数两类。二者的区别在于标量函数输入的是单值,而聚合函数输入的是一组值。常用的聚合函数及其功能说明如表 5-1 所示。

表 5-1　　　　　　　　　　　常用聚合函数及其功能说明

函数名	函数作用
COUNT([DISTINCT | ALL] *)	统计记录行数
COUNT([DISTINCT | ALL] <列名>)	统计列中值的个数
MAX([DISTINCT | ALL] <列名>)	求列中值的最大值
MIN([DISTINCT | ALL] <列名>)	求列中值的最小值
SUM([DISTINCT | ALL] <列名>)	计算列中值的和(必须是数值型列)
AVG([DISTINCT | ALL] <列名>)	计算列中值的平均值(必须是数值型列)

在上表的函数中除 COUNT(*)外,其他函数在计算过程中均忽略 NULL 值,而且默认对所有数据值进行计算,ALL 是默认值。若使用 DISTINCT 关键字,则是对非重复值进行计算。

【例 5-5】　(COUNT 查询)查询班级数和班导师数。

由题意可知,数据源为 Class 表,查询内容为班级数和班导师数。因为 Class 表中一行记录表示一个班级且无重复,可用 COUNT(*)统计班级数。由于班导师数可能为空,也可能重复,可用 COUNT(DISTINCT Monitor)统计班导师数。因此,在查询编辑器中编辑并执行命令如下:

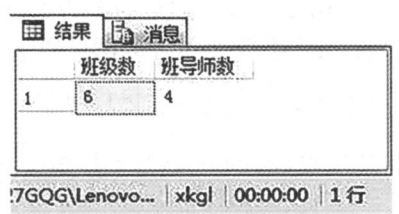

图 5-5　COUNT 函数查询结果

```
SELECT COUNT(*) 班级数, COUNT(DISTINCT Monitor) AS 班导师数
FROM Class
```

执行结果如图 5-5 所示。两个统计数存在差异的原因在于有两个班级的班导师数记录为 NULL。

【例 5-6】　(聚合函数综合查询)查询学号为 St0109010001 的学生考试科目数、考试人数、最高分、最低分、平均分及总分。

由题意可知,数据源为 Grade 表,查询内容为考试科目数、最高分、最低分、平均分及总分,限制条件为学号是"St0109010001"的学生。因此,在查询编辑器中编辑并执行命令如下:

```
SELECT COUNT(*)考试科目数, MAX(Grade)最高分, MIN(Grade)最低分,
       AVG(Grade)平均分, SUM(Grade)总分
FROM Grade
WHERE StudentID = 'St0109010001'
```

执行结果如图 5-6 所示。

	考试科目数	最高分	最低分	平均分	总分
1	4	87.0	50.0	73.000000	292.0

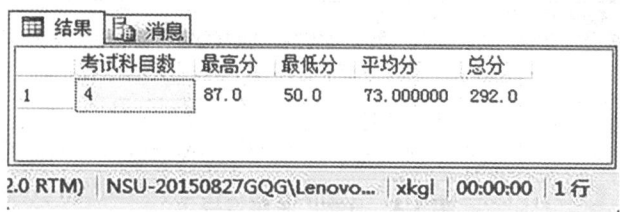

图 5-6　聚合函数综合查询结果

5.3.2　GROUP BY 子句

上述例子是对满足条件的全部数据进行统计,而有时候需要先对数据进行分组后再进行统计。例如,统计不同课程的考试情况就需要先按照课程号对成绩记录进行分组。分组的目的是细化聚合函数的作用对象,GROUP BY 子句可以实现分组。

使用 GROUP BY 子句分组后,每个组只返回一行记录,并不返回该组的详细信息。SELECT 子句中出现的列名必须在 GROUP BY 子句中,或是作为聚合函数的输入使用。

【例 5-7】　(单一条件分类汇总)查询每门课程的课程号、考试人数、最高分、最低分、平均分及总分。

由题意可知,数据源为 Grade 表,查询内容为课程号、考试人数、最高分、最低分、平均分及总分,要求是按照课程号进行分类统计。因此,GROUP BY 子句中的分类依据为 CourseID 列。在查询编辑器中编辑并执行命令如下:

```
SELECT CourseID, COUNT(StudentID) 考试人数, MAX(Grade) 最高分,
MIN(Grade)最低分, AVG(Grade) 平均分, SUM(Grade) 总分
FROM Grade
GROUP BY CourseID
```

执行结果如图 5-7 所示。因为只有 CourseID 列是分组条件,因此 CourseID 可以直接放在 SELECT 子句中,而 StudentID 和 Grade 列必须作为聚合函数的输入才能出现在 SELECT 子句中,否则会出现错误提示,如图 5-8 所示。

	CourseID	考试人数	最高分	最低分	平均分	总分
1	Dp010001	15	98.0	56.0	80.866666	1213.0
2	Dp010002	3	95.0	54.0	80.333333	241.0
3	Dp010003	12	93.0	50.0	69.416666	833.0
4	Dp010004	17	99.0	51.0	69.764705	1186.0
5	Dp020001	4	95.0	64.0	81.750000	327.0
6	Dp030001	20	98.0	51.0	73.050000	1461.0

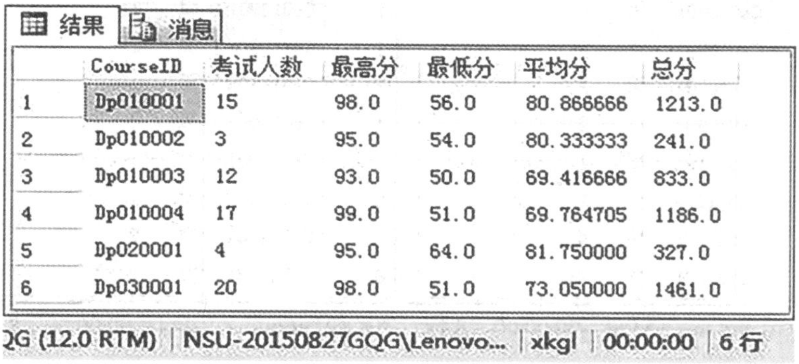

图 5-7　单一条件分类汇总查询结果

图 5-8 分类汇总错误提示

在 GROUP BY 子句中可以使用多个分组条件,每个分组项用半角逗号分隔。若 GROUP BY 子句中指定了多个分组列,则表示需要基于分组列的唯一组合来进行分组。例如,有 10 个不同的班,每个班有男生和女生两类,将班级编号和性别作为统计学生人数的分组依据,则可以有 20 种不同的分组。

【例 5-8】(多条件分类汇总)查询各班级中男、女学生的人数。

由题意可知,数据源为 Student 表,查询内容为各班级中男、女学生的人数。因此,分组的依据有两个:班级编号 ClassID 和性别 Sex。交换二者位置,会对查询结果顺序有影响。在查询编辑器中编辑并执行命令如下:

命令 1:

```
SELECT ClassID, Sex, COUNT(*)学生人数
FROM Student
GROUP BY ClassID, Sex
```

命令 2:

```
SELECT ClassID, Sex, COUNT(*)学生人数
FROM Student
GROUP BY Sex, ClassID
```

执行结果如图 5-9 所示。

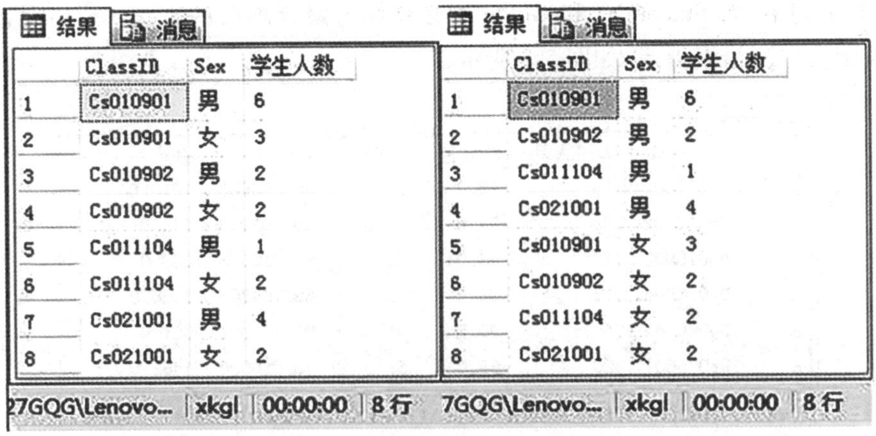

图 5-9 多条件分类汇总查询结果

5.3.3 HAVING 子句

HAVING 子句用于对分组后的结果进行再过滤，其功能类似于 WHERE 子句，但针对的是组而不是对单个记录。HAVING 一般不单独使用，通常与 GROUP BY 子句联合使用，可以对聚合函数的统计结果进行筛选。

【例 5-9】 （HAVING 子句）查询课程平均分超过 70 分的课程信息。

由题意可知，数据源为 Grade 表，查询内容为平均分超过 70 分的课程信息，因此，需要先根据课程号分类统计出不同课程的平均分，再在分组结果中筛选出满足平均分超过 70 分的结果。在查询编辑器中编辑并执行命令如下：

```
SELECT CourseID, AVG(Grade)平均分
FROM Grade
GROUP BY CourseID
HAVING AVG(Grade) > 70
```

执行结果如图 5-10 所示。

HAVING 子句和 WHERE 子句虽然都有筛选数据的功能，但二者有本质区别。其区别在于 WHERE 子句的作用是在分组前筛选数据，因此 WHERE 子句执行顺序和代码位置均在 GROUP BY 子句之前，而且 WHERE 子句中不能包含聚合函数；而 HAVING 子句的作用是筛选满足条件的组，即在分组之后过滤数据，所以 HAVING 子句的执行顺序和代码位置均在 GROUP BY 子句之后，HAVING 子句中可以包含聚合函数。

	CourseID	平均分
1	Dp010001	80.866666
2	Dp010002	80.333333
3	Dp020001	81.750000
4	Dp030001	73.050000

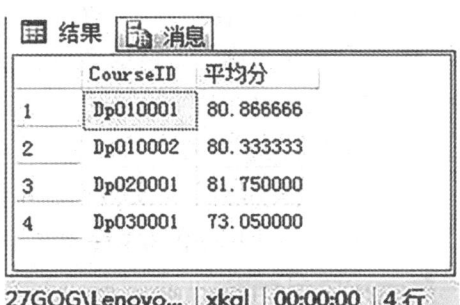

图 5-10　HAVING 子句查询结果

三个子句的位置关系和执行顺序依次为 WHERE 子句、GROUP BY 子句和 HAVING 子句。WHERE 子句所筛选的结果交由 GROUP BY 子句进行分组统计，再交由 HAVING 子句做进一步筛选。

【例 5-10】 （HAVING 和 WHERE 子句）查询男生人数超过 3 人的班级信息。

本例和例 5-8 的区别在于多了两个筛选条件，一个筛选条件为男生，另一个筛选条件为学生人数超过 3 人。因此，可以将两个筛选条件都放在 HAVING 子句中。也可以选择由 WHERE 子句进行性别筛选，再由 HAVING 子句筛选人数。在查询编辑器中编辑并执行命令如下：

	ClassID	Sex	学生人数
1	Cs010901	男	6
2	Cs021001	男	4

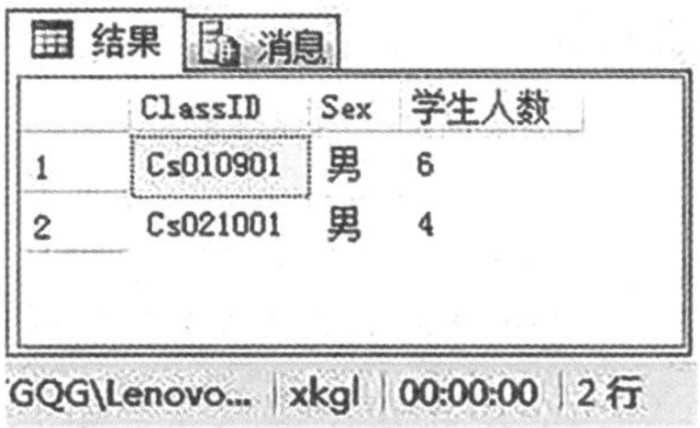

图 5-11　HAVING 和 WHERE 查询结果

命令 1：

```
SELECT ClassID, Sex, COUNT( * )学生人数
```

```
FROM Student
GROUP BY ClassID, Sex
HAVING Sex = '男' AND COUNT ( * ) > 3
```

命令2：

```
SELECT ClassID, Sex, COUNT( * )学生人数
FROM Student
WHERE Sex = '男'
GROUP BY ClassID, Sex
HAVING COUNT ( * ) > 3
```

执行结果如图 5-11 所示。

5.4 连接查询

当查询的数据源不止一个时，需要使用连接查询。连接查询是将多个表的信息集中在一起，并从中提取满足条件的数据，是非常重要的查询类型。参与连接查询的表可以有多个，但连接操作仅在两个表之间进行，即两两连接。两张表能实现连接的前提条件是二者都拥有相同语义的数据列，例如，学生表和班级表连接的条件就是班级编号。

连接查询使用的主要关键字是 JOIN。连接查询可以划分为三类：内连接（INNER JOIN）、外连接（OUTER JOIN）和交叉连接（CROSS JOIN）。下面将分别介绍这三类连接查询。

5.4.1 内连接

内连接是最为常见的连接查询，当未指明连接类型时，默认为内连接。使用内连接时，若两个表的相关字段满足连接条件，则从这两个表中提取数据并组合成新的记录。

内连接的书写方式有两种：theta 连接和 ANSI 连接。theta 连接操作是在 WHERE 子句中执行的，即在 WHERE 子句中指定表连接条件；在 ANSI SQL-92 中，连接是在 JOIN 子句中执行的。

theta 连接的语法格式如下：

```
SELECT 列名列表
 FROM 表1,表2 WHERE 连接条件
```

ANSI 连接语法格式如下：

```
SELECT 列名列表
 FROM 表1 [INNER] JOIN 表2 ON 连接条件
```

无论哪种方式，连接条件都必不可少。连接条件指明了两个表进行连接操作的依据，决

定了最后的查询结果,其语法格式如下:

```
[<表名 1.>]<列名 1> <比较运算符> [<表名 2.>]<列名 2>
```

其中,比较运算符也称为连接谓词,要求两个表的连接列的语义相同。使用等号(=)进行比较运算的连接类型称为等值连接,使用其他运算符的连接类型则是非等值连接。去掉重复列的等值连接称为自然连接,如果表 1 和表 2 来自同一张表则称为自连接。根据列名能够确定列所在的表,可以省略书写表名。

【例 5-11】 (等值连接)查询学生及所在的班级信息。

由题意可知,查询内容为学生信息和班级信息。因此,数据源为学生表和班级表。查询时需要连接这两张表,连接条件为班级编号相同。在查询编辑器中编辑并执行命令如下:

```
SELECT Student. * , Class. *
FROM Student JOIN Class
ON Student. ClassID = Class. ClassID
```

执行结果如图 5-12 所示。

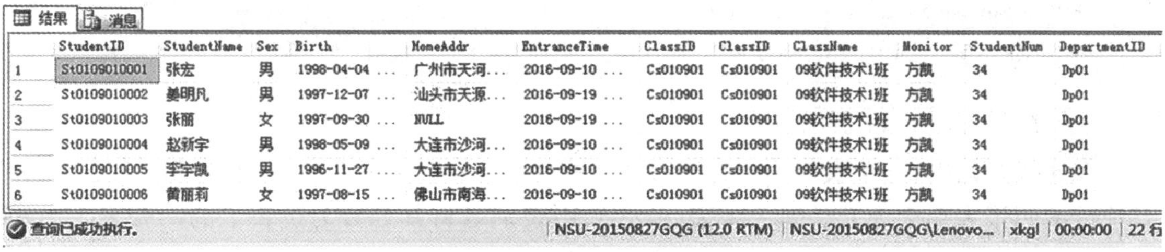

	StudentID	StudentName	Sex	Birth	HomeAddr	EntranceTime	ClassID	ClassID	ClassName	Monitor	StudentNum	DepartmentID
1	St0109010001	张宏	男	1998-04-04 ...	广州市天河...	2016-09-10 ...	Cs010901	Cs010901	09软件技术1班	方凯	34	Dp01
2	St0109010002	姜明凡	男	1997-12-07 ...	汕头市天源...	2016-09-19 ...	Cs010901	Cs010901	09软件技术1班	方凯	34	Dp01
3	St0109010003	张丽	女	1997-09-30 ...	NULL	2016-09-19 ...	Cs010901	Cs010901	09软件技术1班	方凯	34	Dp01
4	St0109010004	赵新宇	男	1998-05-09 ...	大连市沙河...	2016-09-10 ...	Cs010901	Cs010901	09软件技术1班	方凯	34	Dp01
5	St0109010005	李宇凯	男	1996-11-27 ...	大连市沙河...	2016-09-10 ...	Cs010901	Cs010901	09软件技术1班	方凯	34	Dp01
6	St0109010006	黄丽莉	女	1997-08-15 ...	佛山市南海...	2016-09-10 ...	Cs010901	Cs010901	09软件技术1班	方凯	34	Dp01

图 5-12 等值连接查询结果

因为例 5-11 中使用了通配符星号(*),所以学生表和班级表的全部信息都显示在结果中,班级编号 ClassID 列也因此出现了两次。清除查询结果中的重复列后该连接成为自然连接。

【例 5-12】 (自然连接)查询学生姓名及所在的班级名称。

将例 5-11 中的代码修改为命令如下:

```
SELECT StudentName, ClassName
FROM Student JOIN Class
ON Student. ClassID = Class. ClassID
```

执行结果如图 5-13 所示。

在连接查询中,如果列名相同就必须指明其所归属的表。例 5-12 中 ClassID 列在两张表中都存在,因此,必须要在列名前加上表名以确定其属于学生表还是班级表。为了方便代码的书写和阅读,可以使用表的别名(直接跟在表名后)。但要注意一旦使用了别名代替某个表名后,在查询时必须用表别名,不能再用表的原名。表别名不是表的重命名,其仅在本次查询内有效。

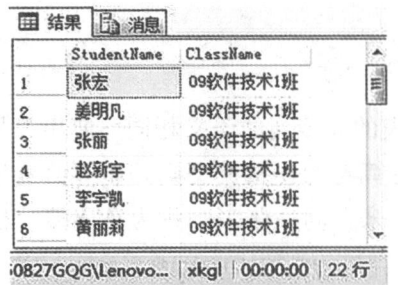

图 5-13　自然连接查询结果　　　　　图 5-14　表别名查询结果

【例 5-13】 （使用表别名）查询学生在课程中的考试成绩。

由题意可知,查询内容为学生信息、课程信息及考试信息。因此,查询涉及学生表、课程表和成绩表。三张表至少要有两个连接条件,即学生表的 StudentID 列和成绩表的 StudentID 列等值连接,课程表的 CourseID 列和成绩表的 CourseID 列等值连接。为了简化代码书写,分别给学生表取名为 S 表,课程表为 C 表,成绩表为 G 表。在查询编辑器中编辑并执行命令如下：

```
SELECT StudentName, CourseName, Grade
FROM Student S, Grade G, Course C
WHERE S.StudentID = G.StudentID AND G.CourseID = C.CourseID
```

执行结果如图 5-14 所示。

在连接查询中,一个表与其自身进行连接称为自连接。自连接是一种特殊的内连接,相互连接的两张表在物理上是同一张表,但必须用表别名将其划分为逻辑上的两张表。由于表名和所有属性名都完全相同,因此必须使用表别名以示区分。

【例 5-14】 （自连接）查询学生黄微所在班级的学生信息。

这个查询要求可以分两步来完成,第一步查询黄微所在的班级编号,如命令 1 所示。第二步根据所查询到的班级编号 Cs010902,编写命令 2,执行即可得到结果。由于两次查询的数据源均为 Student 表,为了方便区分将其分别命名为 A 表和 B 表。将两段命令合并为命令 3,以自连接的方式查询一次即可,连接条件为班级编号相同。

命令 1：

```
SELECT A.ClassID
FROM Student A
WHERE A.StudentName = '黄微'
```

命令 2：

```
SELECT B.*
FROM Student B
WHERE B.ClassID = 'Cs010902'
```

命令 3：

```
SELECT B. *
FROM Student A JOIN Student B
ON A. ClassID = B. ClassID
WHERE A. StudentName = '黄微'
```

查询结果如图 5-15 所示。

结果　消息

	StudentID	StudentName	Sex	Birth	HomeAddr	EntranceTime	ClassID
1	St0109020001	李平	男	1998-04-30...	成都市都江堰红石路321号	2016-09-10 ...	Cs010902
2	St0109020002	王虎	男	1997-10-19...	宜宾市宜宾大道231号	2016-09-19 ...	Cs010902
3	St0109020003	黄微	女	1997-07-18...	鞍山市中山大道786号	2016-09-19 ...	Cs010902
4	St0109020004	张凯芝	女	1996-05-19...	广州市东山区34号	2016-09-19 ...	Cs010902

查询已成功执行。 | NSU-20150827GQG (12.0 RTM) | NSU-20150827GQG\Lenovo... | xkgl | 00:00:00 | 4 行

图 5-15　自连接查询结果

在连接条件中，使用除等号（=）以外的其他比较运算符的连接查询被称为非等值连接查询。这些运算符包括>、>=、<=、<、!>、!<和<>。

【例 5-15】（非等值连接）查询出生日期早于黄微的学生信息。

本例和例 5-14 极为类似，区别在于例 5-14 中是和黄微班级相同的学生，连接条件是班级编号相同。而本例是判断比黄微出生日期要早的其他同学，连接条件是所查询的出生日期小于黄微的出生日期。因此，在查询编辑器中编辑并执行命令如下：

```
SELECT B. *
FROM Student A JOIN Student B
ON A. Birth > B. Birth
WHERE A. StudentName = '黄微'
```

执行结果如图 5-16 所示。

结果　消息

	StudentID	StudentName	Sex	Birth	HomeAddr	EntranceTime	ClassID
1	St0109010005	李宇凯	男	1996-11-27...	大连市沙河区花园东街 90 号	2016-09-10...	Cs010901
2	St0109010007	胡雨樱	女	1997-06-23...	佛山市南海区狮山20号	2016-09-10...	Cs010901
3	St0109020004	张凯芝	女	1996-05-19...	广州市东山区34号	2016-09-19...	Cs010902

查询已成功执行。 | NSU-20150827GQG (12.0 RTM) | NSU-20150827GQG\Lenovo... | xkgl | 00:00:00 | 3 行

图 5-16　非等值连接查询结果

5.4.2　外连接

在内连接查询中，只有满足连接条件的记录才能作为结果输出。如果也希望输出那些

不满足连接条件的记录信息就需要使用外连接。例如,既要查看选课学生的情况,也要查看未选课学生的信息。外连接是只限制一张表中的数据必须满足连接条件,而另一张表中数据可以不满足连接条件。图 5-17 表明了内连接和外连接的区别。

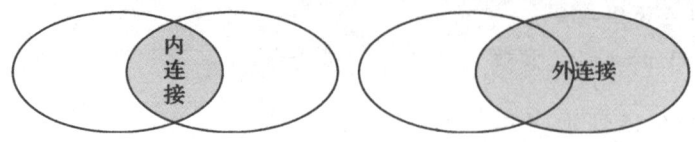

图 5-17　内连接和外连接的区别

外连接的关键字为 OUTER JOIN,外连接根据所限制的表的位置分为三类:左外连接(LEFT OUTER JOIN)、右外连接(RIGHT OUTER JOIN)和全外连接(FULL OUTER JOIN)。外连接的语法格式如下:

```
SELECT 列名列表
FROM 左表 LEFT/RIGHT/FULL [OUTER] JOIN 右表
ON <连接条件>
```

左外连接的结果集中包含左表中的所有记录,右表中的数据必须满足连接条件才会显示;右外连接的结果集中包含右表中的所有记录,左表中的数据必须满足连接条件才会显示;全外连接的结果集中包含连接表中的所有记录,不管是否满足连接条件,如果没能找到匹配的元组,就使用 NULL 填充。如果使用通配符星号(*)查询外连接的全部字段信息,左表字段将位于右表字段之前。

【例 5-16】　(外连接)查询全部学生的成绩信息。

由题意可知,查询的数据源为 Student 表和 Grade 表。因为查询的是全部学生的成绩信息,所以如果选择使用左外连接,Student 表应作为左表;如果选择使用右外连接,Student 表应作为右表。在查询编辑器中编辑并执行命令如下:

左外连接:

```
SELECT *
FROM Student S LEFT JOIN Grade G
ON S.StudentID = G.StudentID
```

右外连接:

```
SELECT *
FROM Grade G RIGHT JOIN Student S
ON S.StudentID = G.StudentID
```

执行结果如图 5-18 和图 5-19 所示。

结果　消息

	StudentID	StudentName	Sex	Birth	HomeAddr	EntranceTime	ClassID	CourseID	StudentID	S...	SchoolYear	Grade
68	St0210010003	王建伟	男	1997-...	成都市...	2017-09-...	Cs021001	Dp030001	St0210010003	2	2010	91.0
69	St0210010004	梁冬云	男	1998-...	成都市...	2010-09-...	Cs021001	Dp020001	St0210010004	2	2010	95.0
70	St0210010004	梁冬云	男	1998-...	成都市...	2010-09-...	Cs021001	Dp030001	St0210010004	2	2010	68.0
71	St0210010005	黄树军	男	2000-...	佛山市...	2017-09-...	Cs021001	Dp020001	St0210010005	2	2010	86.0
72	St0210010005	黄树军	男	2000-...	佛山市...	2017-09-...	Cs021001	Dp030001	St0210010005	2	2010	73.0
73	St0210010006	雷立	男	1999-...	NULL	2017-09-...	Cs021001	NULL	NULL	NULL	NULL	NULL

查询已成功执行。 | NSU-20150827GQG (12.0 RTM) | NSU-20150827GQG\Lenovo... | xkgl | 00:00:00 | 73 行

图 5-18　左外连接查询结果

结果　消息

	CourseID	StudentID	Semester	SchoolYear	Grade	StudentID	StudentName	Sex	Birth	HomeAddr	Entrance...	ClassID
68	Dp030001	St0210010003	2	2010	91.0	St0210010003	王建伟	男	1997...	成都市...	2017-09-...	Cs021001
69	Dp020001	St0210010004	2	2010	95.0	St0210010004	梁冬云	男	1998...	成都市...	2010-09-...	Cs021001
70	Dp030001	St0210010004	2	2010	68.0	St0210010004	梁冬云	男	1998...	成都市...	2010-09-...	Cs021001
71	Dp020001	St0210010005	2	2010	86.0	St0210010005	黄树军	男	2000...	佛山市...	2017-09-...	Cs021001
72	Dp030001	St0210010005	2	2010	73.0	St0210010005	黄树军	男	2000...	佛山市...	2017-09-...	Cs021001
73	NULL	NULL	NULL	NULL	NULL	St0210010006	雷立	男	1999...	NULL	2017-09-...	Cs021001

查询已成功执行。 | NSU-20150827GQG (12.0 RTM) | NSU-20150827GQG\Lenovo... | xkgl | 00:00:00 | 73 行

图 5-19　右外连接查询结果

【例 5-17】（全外连接）查询全部学生、全部课程的全部成绩信息。

由题意可知，查询的数据源为 Student 表、Course 表和 Grade 表。因为是查询这三张表的全部信息，所以可以使用全外连接。在查询编辑器中编辑并执行命令如下：

```
SELECT StudentName, CourseName , Grade
FROM Grade G FULL JOIN Student S
ON S. StudentID = G. StudentID
FULL JOIN Course C
ON C. CourseID = G. CourseID
```

执行结果如图 5-20 所示。与例 5-13 的内连接查询结果比较可知，全外连接多了 3 行记录，而这 3 行记录就是不满足连接条件的结果。

5.4.3　交叉连接

交叉连接在数学上又称为笛卡尔积，返回两个表所有数据行的全部组合结果，是将左表中的每一行与右表中的每一行进行连接。例如，表 1 有 10 条记录，表 2 有 20 条记录，那么表 1 和表 2 交叉连接的结果就有 200 条记录，交叉连接没有连接条件，关键字为 CROSS JOIN。

交叉连接没有实际意思，通常用于测试数据的所有可能的组合，其应用较少，在此不作举例说明。

结果　消息

	StudentName	CourseName	Grade
69	王建伟	大学英语(一)	91.0
70	梁冬云	大学英语(一)	68.0
71	黄树军	大学英语(一)	73.0
72	曹海华	NULL	NULL
73	雷立	NULL	NULL
74	NULL	电子商务...	NULL

150827GQG\Lenovo... | xkgl | 00:00:00 | 74 行

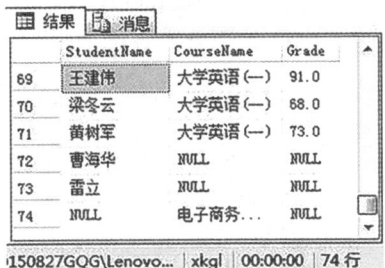

图 5-20　全外连接查询结果

5.5 嵌套查询

在数据查询中,一个完整的 SELECT 语句称为一个查询块。嵌套查询是指一个查询语句中完整地包含另一个查询语句。包含子查询的语句称为父查询或外层查询,被包含的查询称为子查询或内层查询。嵌套查询支持多层嵌套,即子查询的内部还可以包括子查询。

子查询是一个独立完整的查询语句,其结构和一般的查询语句基本没有差异,但不允许使用排序,即 ORDER BY 子句。为了区别于父查询,子查询需要被写在圆括号内。子查询可以出现在允许表达式出现的任何地方,通常被用在父查询的 WHERE 子句或 HAVING 子句中作为父查询判断和筛选的条件。

根据子查询与父查询的关系,其可以分为相关子查询和不相关子查询。不相关子查询是指子查询的查询过程不依赖于父查询,每个子查询在上一级查询处理之前求解,子查询的结果用于建立其父查询的查询条件。相关子查询是指子查询的查询过程依赖于父查询,父查询的值决定了子查询的结果,子查询的执行次数由父查询的结果数决定,子查询用于存在性测试。

5.5.1 集合子查询

集合子查询属于不相关子查询,使用的谓词是 IN 和 NOT IN。IN 表示属于关系;NOT IN 表示不属于。两个谓词的用法和例 4-20 基本相同,区别在于集合中的数据不再由用户直接提供而是通过子查询得到的。集合子查询的语法格式如下:

WHERE/HAVING 表达式 [NOT] IN(子查询)

集合子查询所返回结果中列的个数和数据类型必须与测试表达式中的列的个数和数据类型相同。当子查询返回结果之后,父查询将使用这些结果作为数据判断依据。

【例 5-18】 (集合子查询)查询学生黄微所在班级的学生信息。

例 5-14 是使用自连接完成的本查询,现在改用集合子查询来完成。只需将例 5-14 中的两段代码合并为子查询的形式即可。在查询编辑器中编辑并执行命令如下:

```
SELECT  *
FROM Student
WHERE ClassID IN (
    SELECT ClassID
    FROM Student
    WHERE StudentName = '黄微'
)
```

执行结果和图 5-15 一致。在代码中,圆括号里面的 SELECT 语句即为子查询,查询所得到的班级编号作为父查询的集合判断条件。

在本例中,子查询虽然实现了和连接查询相同的查询效果,但并非所有的连接查询均能用子查询替代。因为在连接查询中,SELECT 子句可以使用数据源中的任何一个字段;而嵌套查询中,父查询不能使用子查询语句中的字段。因此,只有当所查询的内容均来自同一张表,才能用子查询替换连接查询。

【例 5-19】 (多层集合子查询)查询选修"计算机网络"课程的学生信息。

由题意可知,父查询为学生信息,针对的是学生表,数据筛选的依据是学生该课程的成绩。由此可知,子查询需要查询成绩表,查询内容为学生学号,子查询约束为"计算机网络"的课程编号。而"计算机网络"这个课程名所对应的课程编号,又需要通过嵌套查询获取。因此,本例中需使用两层嵌套,命令如下:

```
SELECT *
FROM Student
WHERE StudentID IN (
SELECT StudentID
FROM Grade
WHERE CourseID IN (
SELECT CourseID
FROM Course
WHERE CourseName = '计算机网络'
)
)
```

执行结果如图 5-21 所示。

图 5-21　多层集合子查询查询结果

5.5.2 比较子查询

除了对父查询数据进行集合判断外,子查询还可以与父查询数据进行比较判断。比较子查询需要使用比较运算符(=、<>、<、>、<=、>=),比较运算符的使用参看例 4-16。比较子查询属于不相关子查询,其语法格式如下:

```
WHERE/HAVING 表达式 比较运算符 ( 子查询 )
```

子查询所得到的结果集是一个数据集合,而数据集合无法直接进行比较运算。因此,通常要求比较子查询语句返回的结果是单值的。

【例 5-20】 (比较子查询)查询出生日期早于黄微的学生信息。

例 5-15 使用非等值连接完成本查询,现在改用比较子查询来完成。按照比较子查询的格式将例 5-15 中的代码修改为如下代码,并执行。执行结果和图 5-16 一致。

```
SELECT *
FROM Student
WHERE Birth < (
SELECT Birth
FROM Student
WHERE StudentName = '黄微'
)
```

【例 5-21】 (多层比较查询)查询 Dp010002 课程中最高分的学生信息。

首先应通过聚合函数查询 Dp010002 课程中的最高分,再通过上一级查询匹配和最高分相等的记录行,获取其学号;最后根据学号查询该学生的信息。因此,本例中需使用两层嵌套,命令如下:

```
SELECT *
FROM Student
WHERE StudentID = (
SELECT StudentID
FROM Grade
WHERE CourseID = 'Dp010002' and Grade = (
SELECT MAX(Grade)
FROM Grade
WHERE CourseID = 'Dp010002'
)
)
```

执行结果如图 5-22 所示。

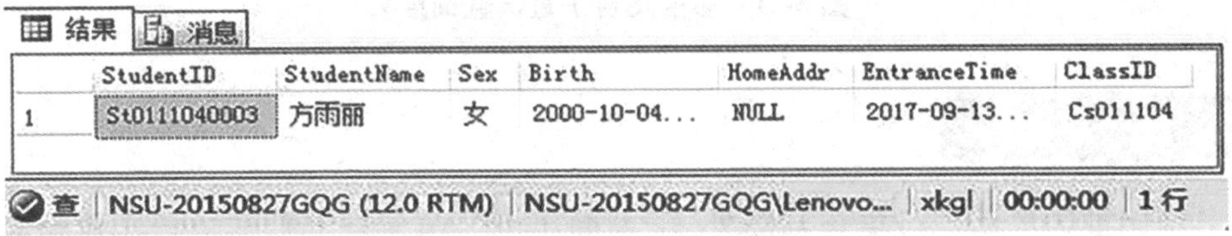
结果
消息
StudentID
StudentName
Sex
Birth
HomeAddr
EntranceTime
ClassID
1
St0111040003
方雨丽
女
2000-10-04...
NULL
2017-09-13...
Cs011104
查 | NSU-20150827GQG (12.0 RTM) | NSU-20150827GQG\Lenovo... | xkgl | 00:00:00 | 1 行

图 5-22 多层比较子查询查询结果

在比较子查询中,如果子查询返回的结果集是一个集合,虽然不能直接使用比较运算符,但是可以在比较运算符和子查询之间插入 ANY 或者 ALL 将集合中的数据具体化。

ANY 表示数据集合中的任意值，ALL 表示数据集合中的所有值。带 ANY 或者 ALL 的比较子查询语法格式如下：

```
WHERE/HAVING 表达式 比较运算符 ANY | ALL ( 子查询 )
```

【例 5-22】 （ANY 查询）查询选修课程号 Dp010002 的学生。

本例和例 5-19 十分类似。由于已知课程编号，因此，与例 5-19 相比少一层嵌套查询。另外，例 5-19 是通过集合查询实现学号的筛选，用的是关键字 IN，本例中用 = ANY 替代 IN 的作用。将例 5-19 中的代码修改为如下代码，并执行。执行结果如图 5-21 所示。

```
SELECT *
FROM Student
WHERE StudentID = ANY (
SELECT StudentID
FROM Grade
WHERE CourseID = 'Dp010002'
)
```

【例 5-23】 （ALL 查询）查询 Dp010001 课程中比课程 Dp010002 全部成绩都要高的成绩信息。

由题意可知，本次查询需要将 Dp010001 课程中的成绩和 Dp010002 课程中的全部成绩进行对比，然后从中筛选出比 Dp010002 课程所有值都大的结果。可以使用谓词 ALL，或使用聚合函数 MAX。在查询编辑器中编辑并执行命令如下：

命令 1：

```
SELECT *
FROM Grade
WHERE Grade > ALL (
SELECT Grade
FROM Grade
WHERE CourseID = 'Dp010002'
)
```

命令 2：

```
SELECT *
FROM Grade
WHERE Grade > (
SELECT MAX(Grade)
FROM Grade
WHERE CourseID = 'Dp010002'
)
```

执行结果如图 5-23 所示。

结果　消息

	CourseID	StudentID	Semester	SchoolYear	Grade
1	Dp010001	St0109010007	2	2009	97.0
2	Dp010001	St0109020003	2	2009	98.0
3	Dp010004	St0210010001	1	2011	99.0
4	Dp030001	St0109010007	2	2009	98.0
5	Dp030001	St0111040001	2	2011	96.0

.0 RTM) | NSU-20150827GQG\Lenovo... | xkgl | 00:00:00 | 5 行

图 5-23　ALL 查询查询结果

由上述两个例子可以看出，ANY 和 ALL 的比较子查询与聚合函数（MAX，MIN）、谓词 IN 可以进行等价转换，具体转换关系如表 5-2 所示。

表 5-2　　　　　　ANY 和 ALL 与聚合函数和 IN 的转换关系表

	=	<>或!=	<	<=	>	>=
ANY	IN	—	<MAX	<=MAX	>MIN	>=MIN
ALL	—	NOT IN	<MIN	<=MIN	>MAX	>=MAX

5.5.3　存在性子查询

集合子查询和比较子查询均是不相关子查询，均先执行子查询，然后再根据子查询的结果执行外层查询。子查询只执行一次，子查询的查询条件不依赖于父查询。而存在性子查询属于相关子查询，使用的关键词为 EXISTS。该子查询的语法格式如下：

```
WHERE[NOT] EXISTS（子查询）
```

注意：WHERE 和 [NOT] EXISTS 之间没有表达式。

带 EXISTS 的子查询先执行父查询，再执行子查询，父查询的数据将带到子查询中进行判断。因此，存在性子查询并不返回任何实际数据，而是得到的逻辑值真或假，查询结果显示返回的逻辑值为真的父查询数据。

因为带 EXISTS 的子查询只返回真值或假值，所以，在子查询的 SELECT 子句中提供列名并无实际意义，通常都是用通配符星号（*）代替。

【例 5-24】　（存在性子查询 1）查询学生黄微所在班级的学生信息。

本例和例 5-14、例 5-18 的查询要求相同，只需要用存在性子查询的形式修改之前的代码即可。在查询编辑器中编辑并执行命令如下：

```
SELECT *
FROM Student A
WHERE EXISTS (
SELECT *
FROM Student B
WHERE B.StudentName = '黄微' AND A.ClassID = B.ClassID
)
```

执行结果如图 5-15 所示。

【例 5-25】　（存在性子查询 2）查询出生日期早于黄微的学生信息。

本例和例 5-15、例 5-20 的查询要求相同，只需要用存在性子查询的形式修改之前的代码即可。在查询编辑器中编辑并执行命令如下：

```
SELECT *
FROM Student A
WHERE EXISTS (
SELECT *
```

```
    FROM Student B
    WHERE B.StudentName = '黄微' AND A.Birth < B.Birth
)
```

执行结果如图 5-16 所示。

从这两个例子中可以看出,数据查询语句的使用是很灵活的。同样的查询要求可以用多种形式实现,既可以使用连接查询,也可以使用子查询;既可以使用不相关子查询,也可以使用相关子查询。不同形式的查询语句执行效率可能不同,需要不断地摸索,提高效率。

5.6 其他查询操作

除简单查询、连接查询和嵌套查询外,在查询操作中还有一些不太常见的查询操作,例如条件判断、联合查询和保存查询结果等。

5.6.1 条件判断

在数据查询中,实现条件判断功能的是 CASE 语句,CASE 语句可以根据不同的条件值返回不同的表达式结果。CASE 语句和函数一样不能单独使用,可以放在任何允许使用表达式的地方。CASE 语句可以分为两类:简单 CASE 语句和搜索 CASE 语句。

简单 CASE 语句只做数据等值匹配,不进行其他比较运算和逻辑运算。如果数据值等于条件值,将会显示对应的结果值。具体的语法格式如下:

```
CASE 数据列
    WHEN 条件值 1 THEN 结果值 1
    WHEN 条件值 2 THEN 结果值 2
    …
    WHEN 条件值 n THEN 结果值 n
    [ ELSE 结果值 n+1 ]
END
```

简单 CASE 语句的执行过程会将数据列的值按照从上到下的顺序,依次与每个 WHEN 的条件值进行等值比较。若相等,则返回第一个与之匹配的结果值;若不相等,则继续向下寻找;若都不匹配,则依据是否存在 ELSE 子句来决定是返回 ELSE 语句之后的值,还是返回 NULL。CASE 语句必须要用 END 结尾。

【例 5-26】 (简单 CASE 语句)查询教师姓名及职称,并根据职称内容确定职称级别(助教为初级,讲师为中级,副教授和教授为高级)。

由题意可知,查询的数据源为教师表,查询内容为教师姓名、职称和职称级别。职称级别需要根据职称进行条件判断。因此,在查询编辑器中编辑并执行命令如下:

```
SELECT TeacherName 教师姓名, Profession 职称,
CASE Profession
WHEN '助教' THEN '初级'
WHEN '讲师' THEN '中级'
ELSE '高级'
END 职称级别
FROM Teacher
```

执行结果如图 5-24 所示。

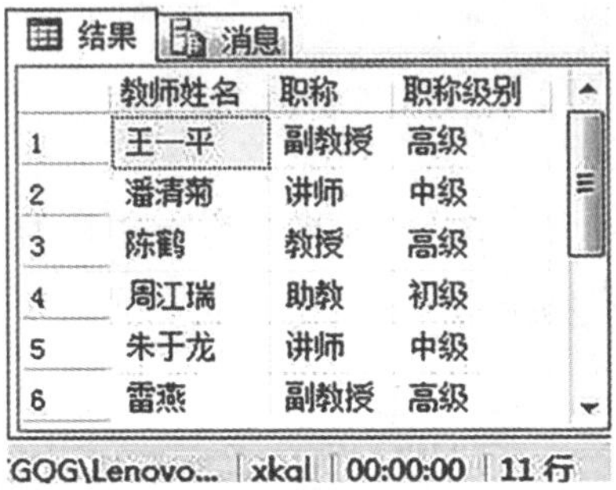

	教师姓名	职称	职称级别
1	王一平	副教授	高级
2	潘清菊	讲师	中级
3	陈鹤	教授	高级
4	周江瑞	助教	初级
5	朱于龙	讲师	中级
6	雷燕	副教授	高级

图 5-24　简单 CASE 语句查询查询结果

与简单 CASE 语句相较而言,搜索 CASE 语句可以完成更为复杂的条件判断。在搜索 CASE 语句中,CASE 子句后不需要提供数据列,而 WHEN 子句之后也不再是数据值,而是布尔表达式。布尔表达式中可以包括比较运算和逻辑运算,具体的语法格式如下:

```
CASE
WHEN 布尔表达式 1 THEN 结果值 1
WHEN 布尔表达式 2 THEN 结果值 2
…
WHEN 布尔表达式 n THEN 结果值 n
[ ELSE 结果值 n+1 ]
END
```

搜索 CASE 语句的执行过程会按照从上到下的顺序,依次判断每个 WHEN 子句中的布尔表达式。若布尔表达式成立,将会显示与之对应的结果值;若布尔表达式不成立,则继续向下判断;若所有布尔表达式均不成立,则依据是否存在 ELSE 子句来决定是返回 ELSE 语句之后的值,还是返回 NULL。

【例 5-27】　(搜索 CASE 语句)查询学生学号、课程编号以及成绩,并将成绩以"优"(90 分及以上)、"良"(80~89 分)、"及格"(60~79 分)和"不及格"(小于 60 分)的方式显示。

由题意可知,查询的数据源为成绩表,查询内容为学生学号、课程编号、成绩以及成绩等级。成绩等级需要根据成绩进行条件判断,由于判断条件较为复杂,需要使用搜索 CASE 语

句。因此,在查询编辑器中编辑并执行命令如下:

```
SELECT StudentID 学生学号, CourseID 课程编号,
CASE
WHEN Grade>=90 THEN '优'
WHEN Grade>=80 and Grade<=89 THEN '良'
WHEN Grade BETWEEN 60 AND 79 THEN '及格'
ELSE '不及格'
END 成绩等级
FROM Grade
```

执行结果如图 5-25 所示。

图 5-25　搜索 CASE 语句查询查询结果

5.6.2 联合查询

每个查询语句均产生一个结果集,若需要将两个或多个查询语句的结果集合并为一个结果集,则需要使用联合查询。联合查询的关键字是 UNION。连接查询(JOIN)是将信息进行水平扩展(添加更多列),而联合查询(UNION)是将信息进行垂直扩展(添加更多行)。联合查询的语法格式如下:

```
SELECT 语句 1
UNION [ALL]
SELECT 语句 2
UNION [ALL]
…
SELECT 语句 n
```

使用联合查询时,要注意三个关键点:①所有查询中的列的数量必须相同,数据类型必须兼容,且顺序必须一致;②列名来自第一个 SELECT 语句;③如果没有指定关键字 ALL,系统自动删除重复行。

【例 5-28】　(联合查询)查询全部女生及 Cs021001 班的学生信息。

由题意可知,查询的数据源为学生表,查询内容为学生信息,查询结果包括两个部分,一个是全部女生信息,由命令 1 可以查询得到结果;一个是 Cs021001 班的学生信息,由命令 2 可以得到结果。若将命令 1 的结果集和命令 2 的结果集合并,则需要使用联合查询。由于两个结果集的部分数据结果是重叠的,例如 Cs021001 班的女生,所以,使用 UNION 和 UNION ALL 得到的结果行数是不同的。在查询编辑器中编辑并执行命令如下:

命令 1:

```
SELECT * FROM Student WHERE Sex = '女'
```

命令 2:

```
SELECT * FROM Student WHERE ClassID = 'Cs021001'
```

联合查询代码:

```
SELECT * FROM Student WHERE Sex = '女'
UNION [ALL]
SELECT * FROM Student WHERE ClassID = 'Cs021001'
```

不使用关键字 ALL 的执行结果如图 5-26 所示,使用关键字 ALL 的执行结果如图 5-27 所示。

结果 | 消息

	StudentID	StudentName	Sex	Birth	HomeAddr	EntranceTime	ClassID
6	St0111040002	姚钱	女	2000-04-02 ...	成都市...	2011-09-13 ...	Cs011104
7	St0111040003	方雨丽	女	2000-10-04 ...	NULL	2017-09-13 ...	Cs011104
8	St0210010001	李平	女	1999-12-03 ...	广州市...	2017-09-12 ...	Cs021001
9	St0210010002	周雅云	女	1998-04-23 ...	大连市...	2017-09-12 ...	Cs021001
10	St0210010003	王建伟	男	1997-10-10 ...	成都市...	2017-09-12 ...	Cs021001
11	St0210010004	梁冬云	男	1998-05-04 ...	成都市...	2010-09-12 ...	Cs021001

查询... | NSU-20150827GQG (12.0 RTM) | NSU-20150827GQG\Lenovo... | xkgl | 00:00:00 | 13 行

图 5-26 不使用 ALL 联合查询查询结果

结果 | 消息

	StudentID	StudentName	Sex	Birth	HomeAddr	EntranceTime	ClassID
6	St0111040002	姚钱	女	2000-04-02 ...	成都市...	2011-09-13 ...	Cs011104
7	St0111040003	方雨丽	女	2000-10-04 ...	NULL	2017-09-13 ...	Cs011104
8	St0210010001	李平	女	1999-12-03 ...	广州市...	2017-09-12 ...	Cs021001
9	St0210010002	周雅云	女	1998-04-23 ...	大连市...	2017-09-12 ...	Cs021001
10	St0210010001	李平	女	1999-12-03 ...	广州市...	2017-09-12 ...	Cs021001
11	St0210010002	周雅云	女	1998-04-23 ...	大连市...	2017-09-12 ...	Cs021001

查询... | NSU-20150827GQG (12.0 RTM) | NSU-20150827GQG\Lenovo... | xkgl | 00:00:00 | 15 行

图 5-27 使用 ALL 联合查询查询结果

5.6.3 保存查询结果

SELECT 语句所得到的查询结果存储在内存中,并不会在数据库中永久保留。如果需要将某次查询的结果集存放到一张新表当中,可以通过在 SELECT 语句中使用 INTO 子句实现。语法格式参照 5.1 节。

将查询结果保存至一张新表这一过程,虽然仅用一个 SELECT…INTO 语句,但实际执行了表的创建、数据查询和数据插入三个步骤。INTO 语句后的新表名是存放查询结果的新表,这个新表可以是永久表,也可以是临时表。临时表又可以分为局部临时表和全局临时表,区别在于生存期的长短不同。

从表名上即可区分永久表和临时表,永久表名前没有"#",而临时表名前需要有"#",一个"#"为局部临时表,两个"#"为全局临时表。永久表和临时表在使用上没有明显区别,但存放的位置不同。永久表存放在用户数据库当中,临时表存放在系统数据库中的 tempdb 数据库中。当服务器重启时,tempdb 数据库会清空。

【例 5-29】 (保存到永久表)将例 5-1 的查询结果保存到永久表 Teacher2。

将查询结果保存到永久表只需要在例 5-1 的代码基础上添加 INTO 子句即可。在查询编辑器中编辑并执行命令如下:

```
SELECT * INTO Teacher2
FROM Teacher
ORDER BY Profession
```

执行后可在 xkgl 数据库中查看表 Teacher2。

【例 5-30】 (保存到临时表)将例 5-3 的查询结果保存到局部临时表 #tempGrade。
对例 5-3 的代码做修改,并执行命令如下:

```
SELECT TOP3 * INTO #tempGrade
FROM Grade
WHERE CourseID = ' Dp010004'
ORDER BY Grade DESC
```

执行后可在系统临时数据库 tempdb 中的"临时表"目录下查看表 #tempGrade。

知识小结

本模块主要介绍了 SELECT 语句的完整结构及各类数据查询,包括数据排序、数据统计、连接查询和嵌套查询等。SELECT 语句的使用灵活多变,同一个查询要求可以用不同的查询方式实现。即便再复杂的查询语句也遵循 SQL 语法规范,应该按照 SELECT 语句的语法结构加以解读和书写。

利用 ORDER BY 语句可以对查询结果集进行排序,并用 ASC 控制升序,DESC 控制降序。TOP 关键字可以截取前若干行记录,DISTINCT 关键字可以消除重复数据行。GROUP BY 语句的作用是对查询结果进行分组,并可以在 SELECT 子句中对分组结果进行统计。统计函数包括最大值(MAX)、最小值(MIN)、平均值(AVG)、求和(SUM)和计数(COUNT)。聚合函数不能出现在 WHERE 子句中,因此,对分组后统计结果的筛选需要使用 HAVING 子句。WHERE 子句的执行优先级高于 GROUP BY,HAVING 子句的优先级低于 GROUP BY。

  连接查询的目的是将不同数据源的结果集中到一起。根据相连接的两张表的关系不同,连接查询可以分为内连接、外连接和交叉连接。自然连接和自连接都属于内连接,自然连接要求查询结果中不出现重复列,而自连接要求两张表在物理上是同一张表。因此,自连接必须要为表取两个不同的别名,以便从逻辑上将其区分为两张表。外连接要区分左表和右表,左外连接不限制左表的内容,右外连接不限制右表的内容。

  嵌套查询是指在一个 SELECT 语句中嵌套使用另一个 SELECT 语句。因此,嵌套查询至少涉及两个查询:父查询和子查询。先于父查询执行,且不依赖于父查询的子查询是不相关子查询;晚于父查询执行,且依赖于父查询的子查询是相关子查询。不相关子查询的查询结果可以作为父查询进行集合判断和比较运算的条件;而在相关子查询中,是父查询的数据带入子查询中进行逻辑判断。

  在查询语句中,可以使用 CASE 语句进行条件判断,仅做等值匹配的是简单 CASE 语句,能完成复杂的逻辑运算的是搜索 CASE 语句。联合查询能将不同的查询语句的结果集连接到一起,前提是结果集中列的数量必须相同,数据类型必须兼容,且顺序必须一致。若需要将查询结果保存,则需要使用 SELECT ... INTO 语句。

思考与操作

一、选择题

1. 关于聚合函数,以下说法不正确的是( )。
   A. SUM 返回表达式中所有数的总和,因此只能用于数字类型的列
   B. AVG 返回表达式中所有数的平均值,可以用于数字型和日期型的列
   C. MAX 和 MIN 可以用于字符型的列
   D. COUNT 可以用于字符型的列

2. 在查询中,要把结果按照某一列的值进行排序,所用到的子句是( )。
   A. ORDER BY   B. WHERE   C. GROUP BY   D. HAVING

3. 使用关键字( )可以清除查询结果中的重复行。
   A. DISTINCT   B. UNION   C. ALL   D. TOP

4. 只有满足连接条件的记录才包含在查询结果中,这种连接为( )。
   A. 左外连接   B. 右外连接   C. 内连接   D. 交叉连接

5. SELECT 语句中,"HAVING 条件表达式"用来筛选满足条件的( )。
   A. 行   B. 列   C. 关系   D. 分组

6. 对于 SQL 语句:SELECT foo, count(foo) FROM pokes WHERE foo >10 GROUP BY foo HAVING count(foo) >3 ORDER BY foo,正确执行顺序为( )。
   A. FROM→WHERE→GROUP BY→HAVING→SELECT→ORDER BY

B. FROM→GROUP BY→WHERE→HAVING→SELECT→ORDER BY

C. FROM→WHERE→GROUP BY→HAVING→ORDER BY→SELECT

D. FROM→WHERE→ORDER BY→GROUP BY→HAVING→SELECT

7. 数据表 score(Sid, Name, Math, English, Chinese),下列语句正确的是(   )。

  A. SELECT SUM(Math), AVG(Chinese) FROM score

  B. SELECT *, SUM(English) FROM score

  C. SELECT Sid, SUM(Math) FROM score

  D. DELETE * FROM score

8. 已知表 T_1 和 T_2 的字段定义完全相同,T_1 有 5 条不同数据,T_2 有 5 条不同数据,其中 T_1 有 2 条数据存在表 T_2 中,语句 SELECT * FROM T_1 UNION ALL SELECT * FROM T_2 返回的行数为(   )。

  A. 8 行   B. 10 行   C. 3 行   D. 12 行

9. 假定学生表是 S(SNO,SNAME,SEX,AGE),课程表是 C(CNO,CNAME,CREDIT),学生选课表是 SC(SNO,CNO,GRADE)。要查找选修"数据库"课程的女学生的姓名,将涉及的表是(   )。

  A. S   B. C,SC   C. S,SC   D. S,C,SC

10. 假如两个表的连接是 table_a RIGHT JOIN table_b,其中 table_a 和 table_b 是两个具有公共属性的表,这种连接生成的结果集是(   )。

  A. 包括 table_a 中的所有行,不包括 table_b 的不匹配行

  B. 包括 table_b 中的所有行,不包括 table_a 的不匹配行

  C. 包括两个表的所有行

  D. 只包括 table_a 和 table_b 满足条件的行

11. 从表 T_1 中提取前 10% 记录的语句是(   )。

  A. SELECT * FROM T_1 WHERE rowcount=10%

  B. SELECT TOP 10 * FROM T_1

  C. SELECT TOP 10% * FROM T_1

  D. SELECT TOP 10 PERCENT FROM T_1

12. 在 SQL 中,与"IN"等价的操作符是(   )。

  A. = ALL   B. <> ANY   C. <> ALL   D. = ANY

13. 欲将"学生"表中的信息先按"学号"升序排序,再按"成绩"降序排列,SQL 语句能正确完成的是(   )。

  A. SELECT * FROM 学生 ORDER BY 学号, 成绩

  B. SELECT * FROM 学生 ORDER BY 学号, 成绩 DESC

  C. SELECT * FROM 学生 ORDER BY 学号 ASC, AND 成绩 DESC

  D. SELECT * FROM 学生 ORDER BY 成绩 DESC, 学号 ASC

14. 关于子查询说法不正确的是(   )。

  A. 子查询可以嵌套很多层

  B. 子查询是嵌套在另一个查询语句中的查询

  C. 子查询的执行总是先于外部查询

  D. 子查询可以向外部查询提供检索的条件值

15. 下列聚合函数中不忽略空值(NULL)的是(   )。

A. SUM（列名） B. MAX（列名） C. COUNT（*） D. AVG（列名）

16. SELECT...INTO...FROM 语句的功能是（   ）。

A. 将查询结果插入一个新表中

B. 将查询结果插入一个已经存在的表中

C. 将查询结果从原表中抽出形成新表

D. 将查询结果保存到临时数据库

二、填空题

1. 在 SELECT 语句中用_____关键字能消除重复行,用_____关键字返回前面一定数量的数据。

2. 在 SELECT 语句中用_____函数统计表中的记录数;用_____函数计算某个字段的平均值;用_____函数对某个字段进行求和运算。

3. 一个表和其自身进行内连接称为_____。在进行这种连接查询时,必须对表_____。

4. 嵌套查询条件中的谓词">ANY"与运算符_____等价;谓词"<ALL"与运算符_____等价。

5. 相关子查询中,子查询的执行次数是由_____决定的。

6. 对分组统计前的数据进行筛选的子句是_____,对分组统计得到结果进行筛选的子句是_____。

7. 设 Grade 列中有三个值:78、90 和 NULL,则 AVG(Grade) 得到的结果是_____,COUNT(*) 得到的结果是_____,MIN(Grade) 得到的结果是_____,SUM(Grade) 得到的结果是_____。

8. CASE 语句可以分为_____和_____,其中能完成逻辑运算的是_____。

三、简答题

1. 排序语句中,排序依据列的顺序是否重要,如何控制升序还是降序?

2. 自连接和普通内连接的主要区别是什么,有何注意事项?

3. 外连接可以分为哪几类,如何区别左表和右表?

4. 相关子查询和不相关子查询在执行过程上有何区别?

5. 使用 UNION 对查询结果集进行合并,查询语句有哪些?

6. GROUP BY 子句、WHERE 子句和 HAVING 子句在分类汇总查询中分别有何作用,三者的执行先后顺序是什么?

四、上机练习

以"xkgl"选课管理数据库为基础数据,编写 SQL 语句实现如下查询要求。

（1）在教师表中查询出所有教师所在部门编号,并消除重复记录。

（2）查询所有班级信息,按班级人数升序排列。

（3）查询出生日期最大(即年龄最小)的学生姓名及出生日期。

（4）查询课程"Dp010001"的最高分。

（5）查询课程"Dp010004"的学生学号和成绩并按成绩降序排列,成绩相同按学号升序排列。

（6）查询学生人数大于 5 人的班级编号。

（7）查询各个职称的教师人数。

（8）查询"计算机系"的全部教师信息。

（9）查询"信管系"的全部学生信息。

（10）查询没有课程成绩的学生学号、姓名、性别和出生日期。

（11）查询所有学习了"大学英语(一)"的学生姓名。

(12) 查询和学生"张丽"性别相同、班级相同的学生信息。

(13) 查询比教师"朱于龙"年龄要大的其他教师信息。

(14) 查询"计算机应用基础"课程前三名的学生学号及其成绩。

(15) 查询选课门数大于等于3门并且平均分大于70分的学生学号。

(16) 查询"国际贸易实务"课程的全部成绩,并依据如下规则对成绩进行处理:当成绩大于等于80分为"优秀";当成绩介于60分和79分之间为"合格";当成绩小于60分为"不合格"。

(17) 查询不同课程的课程号、最高分、最低分、平均分和选课人数,并将查询结果保存到新表 newtable 中。

模块 6　视图和索引

6.1　视图

在模块 2 介绍数据库的三级模式时,可以看到模式(对应到基本表)是数据库中全体数据的逻辑结构,这些数据也是物理存储的,当不同的用户需要基本表中不同的数据时,可以为每类这样的用户建立外模式。外模式中的内容来自模式,这些内容可以是某个模式的部分数据或多个模式组合的数据。外模式对应到数据库中的概念就是视图。

视图(view)是数据库中的一个对象,它是数据库管理系统提供给用户的以多种角度观察数据库中的数据的一种重要机制。本节将介绍视图的概念和作用。

6.1.1　基本概念

通常将模式所对应的表称为基本表。基本表中的数据实际上是物理存储在磁盘上的。在关系模型中有一个重要的特点,那就是由 SELECT 语句得到的结果仍然是二维表,由此引出了视图的概念。视图是查询语句产生的结果,但它有自己的视图名,视图中的每个列也有自己的列名。视图在很多方面都与基本表类似。

视图是由从数据库的基本表中选取出来的数据组成的逻辑窗口,是基本表的部分行和列数据的组合。它与基本表不同的是,视图是一个虚表,数据库中只存储视图的定义,而不存储视图所包含的数据,这些数据仍存放在原来的基本表中。这种模式有以下优点。

第一,视图数据始终与基本表数据保持一致。当基本表中的数据发生变化时,从视图中查询出的数据也随之变化。因为每次从视图查询数据时,都是执行定义视图的查询语句,即最终都是在基本表中查询数据。所以,从这个意义上讲,视图就像一个窗口,透过它可以看到数据库中用户自己感兴趣的数据。

第二,节省存储空间。当数据量非常大时,重复存储数据是非常耗费空间的。

视图可以从一个基本表中提取数据,也可以从多个基本表中提取数据,甚至还可以从其他视图中提取数据,构成新的视图,但对视图数据的操作最终都会转换为对基本表的操作。图 6-1 显示了视图与基本表之间的关系。

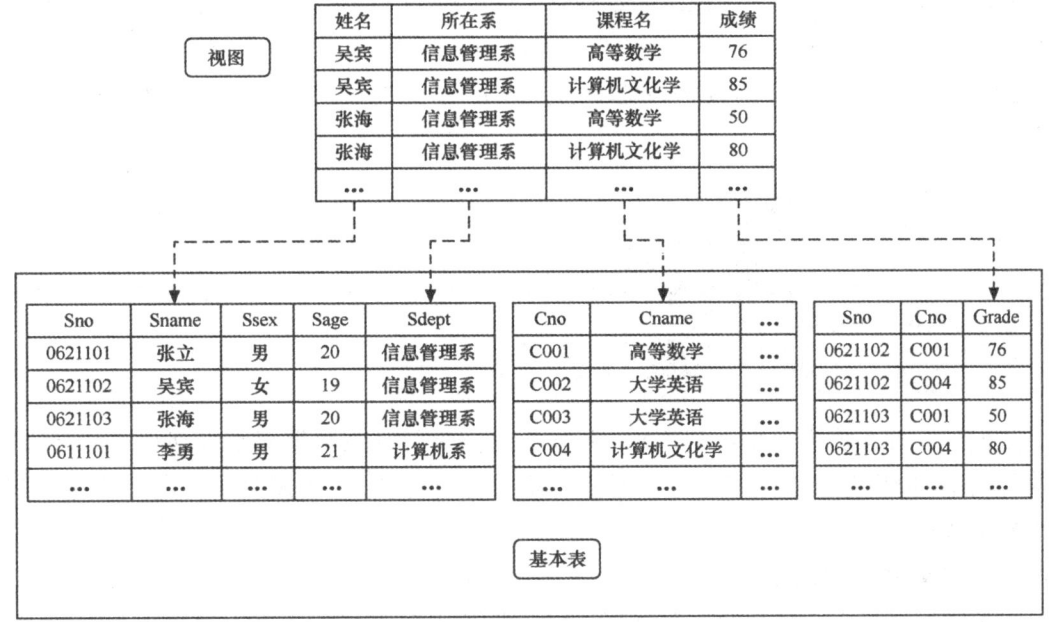

图 6-1 视图与基本表的关系

6.1.2 定义视图

可以通过 SQL 语句定义视图,也可以在 SQL Server 2014 平台中,用 SSMS 工具图形化地定义视图。本节我们分别介绍这两种定义视图的方法。

1. 用 SQL 语句实现

定义视图的 SQL 语句为 CREATE VIEW,其语法格式如下:

```
CREATE VIEW <视图名>[( 列名[ ,...n ] )]
AS
    查询语句
```

其中,查询语句可以是任意的 SELECT 语句,但要注意以下两点。

① 查询语句中通常不包含 ORDER BY 和 DISTINCT 子句。

② 在定义视图时要么指定视图的全部列名,要么全部省略不写,不能只写视图的部分列名。若省略了"列名"部分,则视图的列名与查询语句中查询结果显示的列名相同。但在三种情况下必须明确指定组成视图的所有列名。

(i)某个查询列不是简单的列名,而是函数或表达式,并且没有为这样的查询列起别名。

（ⅱ）多表连接时选出了几个同名列作为视图的列。

（ⅲ）需要在视图中为某个列选用新的更合适的列名。

（1）定义单源表视图

单源表的行列子集视图指视图的数据取自一个基本表的部分行和列,这样的视图行列与基本表行列对应。用这种方法定义的视图可以通过视图对数据进行查询和修改操作。

【例6-1】 建立查询班级编号为"Cs010901"学生的学号、姓名、性别和出生日期的视图。

```
CREATE VIEW IS_Student
AS
    SELECT  StudentID, StudentName, Sex, Birth
    FROM    dbo.Student
    WHERE   ClassID = 'Cs010901'
```

数据库管理系统执行CREATE VIEW语句的结果只是在数据库中保存视图的定义,并不执行其中的SELECT语句。只有在对视图执行查询操作时,才按视图的定义从相应基本表中检索数据。

（2）定义多源表视图

多源表视图指定义视图的查询语句涉及多张表,这样定义的视图一般只用于查询,不用于修改数据。

【例6-2】 建立查询选了"JAVA程序设计"课程的学生的学号、姓名和成绩的视图。

```
CREATE VIEW V_IS_S1(Sno, Sname, Grade)
AS
    SELECT dbo.Student.StudentID, dbo.Student.StudentName, dbo.Grade.Grade
        FROM   dbo.Student INNER JOIN
             dbo.Grade ON dbo.Student.StudentID = dbo.Grade.StudentID INNER JOIN
             dbo.Course ON dbo.Grade.CourseID = dbo.Course.CourseID
        WHERE  dbo.Course.CourseName = 'JAVA程序设计'
```

（3）在已有视图上定义新视图

【例6-3】 利用例6-1建立的视图,建立查询班级编号为"Cs010901"的男生的学号、姓名、性别和出生日期的视图。

```
CREATE VIEW IS_Student_Ssex
AS
    SELECT StudentID, StudentName, Sex, Birth
    FROM IS_Student
    WHERE Sex='男'
```

视图的来源不仅可以是单个的视图和基本表,而且还可以是视图和基本表的组合。

【例 6-4】 在例 6-2 所建的视图基础上,建立查询选了"JAVA 程序设计"课程的学生的学号、姓名和成绩的视图。

```
CREATE VIEW V_IS_S2(Sno, Sname, Grade)
AS
    SELECT   dbo.V_IS_S1.*
    FROM     dbo.V_IS_S1
```

这里的视图 V_IS_S2 就是建立在 V_IS_S1 视图之上的。

(4) 定义带表达式的视图

在定义基本表时,为减少数据库中的冗余数据,表中只存放基本数据,而基本数据经过各种计算派生出的数据一般是不存储的。但由于视图中的数据并不实际存储,所以在定义视图时可以根据需要设置一些派生属性列,在这些派生属性列中保存经过计算的值。这些派生属性列由于在基本表中并不实际存在,因此,也称它们为虚拟列。包含虚拟列的视图也称为带表达式的视图。

【例 6-5】 定义一个查询学生出生年份的视图,内容包括学号、姓名和年龄。

```
CREATE VIEW BT_S(Sno, Sname, Sage)
AS
    SELECT   StudentID, StudentName, YEAR(GETDATE())—YEAR(Birth)
    FROM     dbo.Student
```

注意:这个视图的查询列表中有一个表达式,但没有为表达式指定别名,因此,在定义视图时必须指定视图的全部列名。

(5) 含分组统计信息的视图

含分组统计信息的视图是指定义视图的查询语句中含有 GROUP BY 子句,这样的视图只能用于查询,不能用于修改数据。

【例 6-6】 定义一个查询每个学生的学号及平均成绩的视图。

```
CREATE VIEW S_G
AS
    SELECT   StudentID, AVG(Grade) AS AverageGrade
    FROM     dbo.Grade
    GROUP BY StudentID
```

注意:这个查询语句为统计函数指定了列别名,因此在定义视图的语句中可以省略视图的列名。当然,也可以指定视图的列名。若指定了视图中各列的列名,则视图用指定的列名作为视图各列的列名。

2. 用 SSMS 实现

利用 SQL Server 的 SSMS 工具,可以图形化地定义视图。下面以创建例 6-1 所示视图为例,说明如何在 SSMS 工具中用图形化的方法定义视图。

（1）在 SSMS 的对象资源管理器中,展开"xkgl"数据库,并展开其中的"视图"节点。在"视图"节点上右击鼠标,在弹出的菜单中选择"新建视图",弹出如图 6-2 所示的"添加表"窗口。

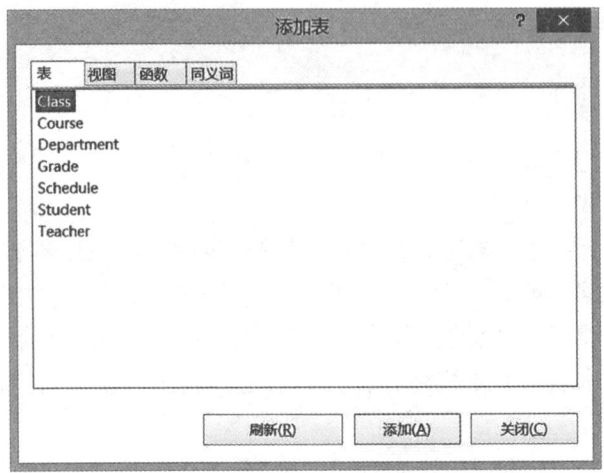

图 6-2 创建视图的"添加表"窗口

（2）由于例 6-1 的视图中只涉及 Student 表,因此在"添加表"窗口选中 Student,单击"添加"按钮,然后单击"关闭"按钮关闭"添加表"窗口,进入图 6-3 所示的视图定义界面。

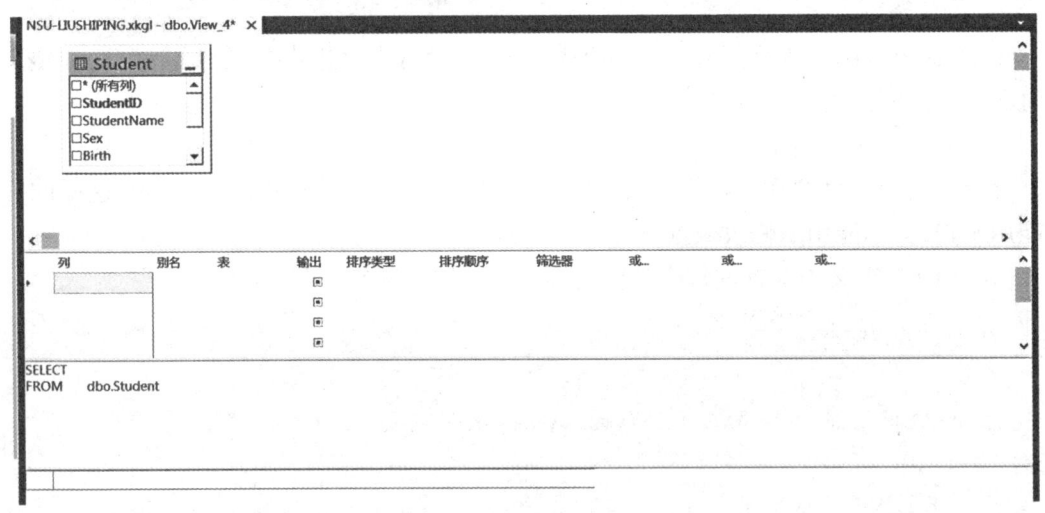

图 6-3 视图定义窗格

（3）在图 6-3 所示界面最上边的关系窗格中,选中"Student"中的 StudentID、StudentName、Sex、Birth 前边的复选框,在选择这些列的同时,在下边的条件窗格中将同时显示被选中的列。

（4）在条件窗格中,选中 ClassID 列,然后去掉"输出"复选框,再在该列对应的"筛选器"框中输入"Cs010901","筛选器"的作用类似于 WHERE 子句。设置好后的情形如图 6-4 所示。

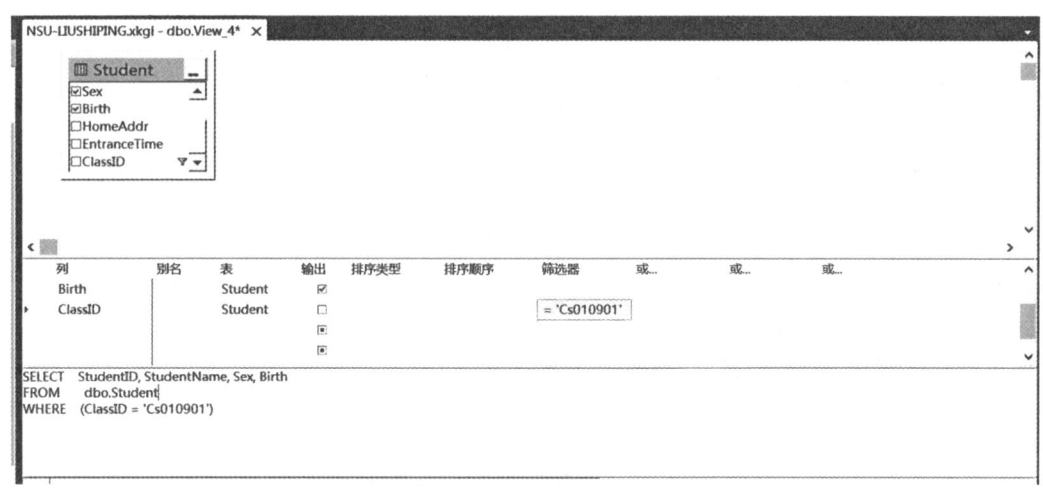

图 6-4　定义好视图后的情形

（5）单击工具栏上的"选择"图标,在弹出的"选择名称"窗口(图6-5)中指定新定义视图的名字。然后单击"确定"按钮即可。

在定义视图的窗格中,可以随时从该窗格中添加、删除表。例如,如果要定义例 6-2 所示视图(涉及 Student 表、Grade 表和 Course 表),可单击工具栏

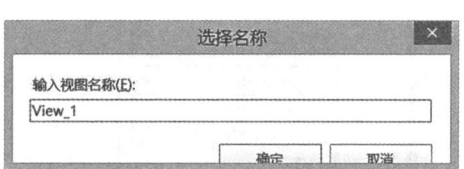

图 6-5　指定视图的名字

上的"添加表"图标,然后在弹出的添加表窗口(图 6-2)中选择要添加的表,这里选择 Grade 表,然后选择 Course 表。这时关系窗格显示的表的形式如图 6-6 所示。其他部分的定义方法与前述类似。定义好例 6-2 所示视图后的情形如图 6-7 所示。

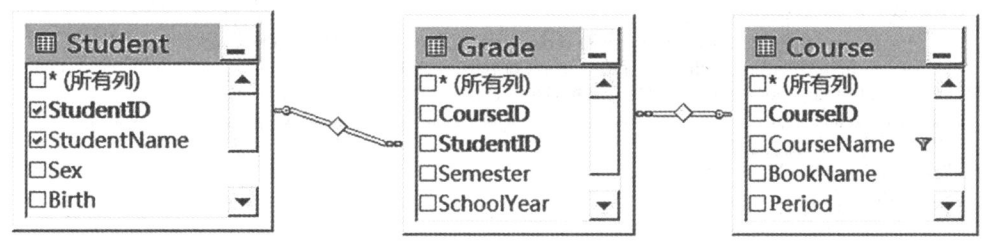

图 6-6　定义涉及多张表的视图时的关系窗格形式

在定义视图的 SQL 窗格中,SSMS 会自动显示定义视图的 SQL 语句,如图 6-7 所示。用户也可以直接修改该 SQL 语句,从而修改视图的定义。

单击工具栏上的"执行 SQL"图标,可以执行定义视图的查询语句,从而查看视图包

含的数据。图 6-8 为执行图 6-7 中定义视图的 SQL 语句后的结果。

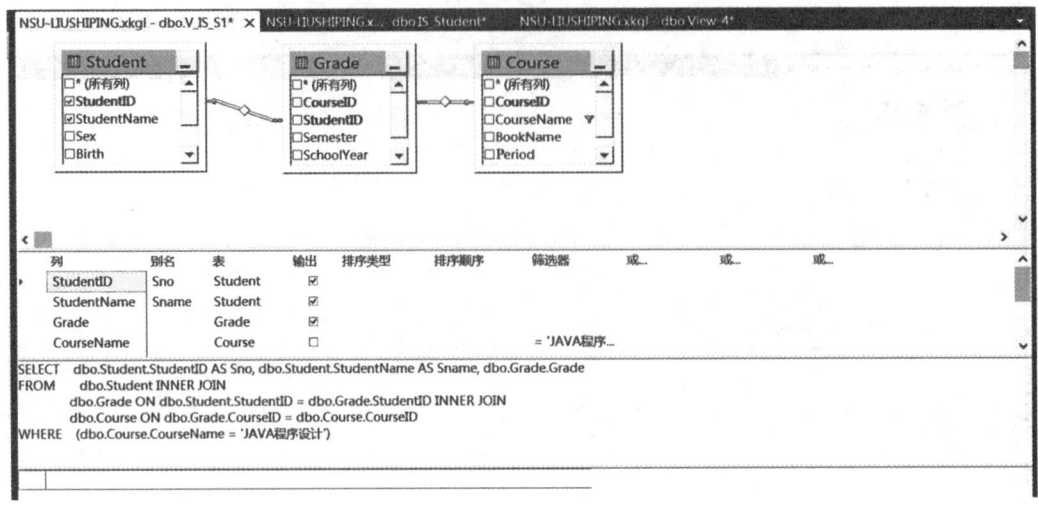

图 6-7　定义好例 6-2 视图后的情形

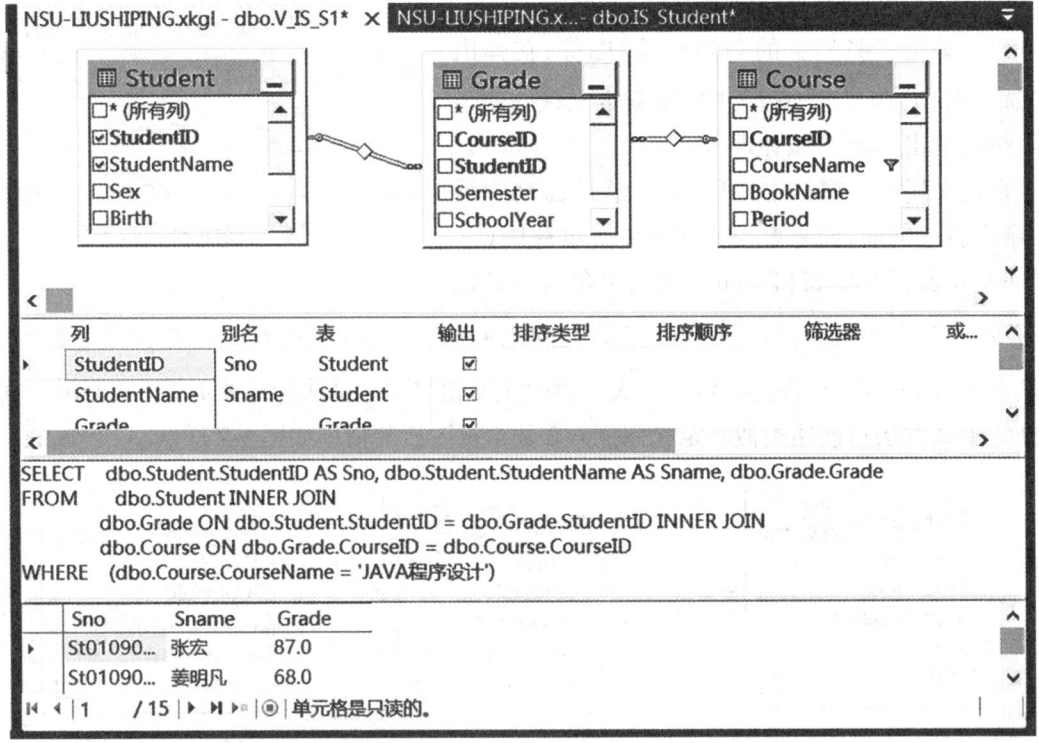

图 6-8　执行例 6-2 视图后的情形

6.1.3　通过视图查询数据

定义视图后,就可以对其进行查询了,通过视图查询数据与通过基本表查询数据相同。

【例 6-7】　利用例 6-1 建立的视图,查询班级编号为“Cs010901”的男生的信息。

```
SELECT *
FROM IS_Student
WHERE sex ='男'
```

查询结果如图 6-9 所示。

Student...	Student...	Sex	Birth
St01090...	张宏	男	1998-04...
St01090...	姜明凡	男	1997-12...
St01090...	赵新宇	男	1998-05...

图 6-9　例 6-7 的查询结果

数据库管理系统在对视图进行查询时,首先检查要查询的视图是否存在。若存在,则从数据字典中提取视图的定义,根据定义视图的查询语句转换成等价的对基本表的查询,然后再执行转换后的查询操作。

因此,例 6-7 的查询最终转换成的实际查询命令如下:

```
SELECT  StudentID, StudentName, Sex, Birth
FROM    dbo. Student
WHERE   ClassID = 'Cs010901' AND Sex = '男'
```

【例 6-8】　查询选了“JAVA 程序设计”课程且成绩大于等于 60 分的学生的学号、姓名和成绩。

这个查询可以利用例 6-2 的视图实现。

```
SELECT *
FROM V_IS_S1
WHERE Grade >= 60
```

查询结果如图 6-10 所示。

Sno	Sname	Grade
St01090...	张宏	87.0
St01090...	姜明凡	68.0
St01090...	张丽	92.0
St01090...	赵新宇	91.0
St01090...	李宇凯	72.0
St01090...	黄丽莉	87.0

图 6-10　例 6-8 的查询结果

此查询转换成的对最终基本表的查询命令如下:

```
SELECT  dbo. Student. StudentID AS Sno, dbo. Student. StudentName AS Sname, dbo. Grade. Grade
FROM    dbo. Student INNER JOIN
        dbo. Grade ON dbo. Student. StudentID = dbo. Grade. StudentID
        INNER JOIN
```

```
            dbo.Course ON dbo.Grade.CourseID = dbo.Course.CourseID
    WHERE   dbo.Course.CourseName = 'JAVA 程序设计' AND dbo.Grade.Grade >= 60
```

【例 6-9】 查询班级编号为"Cs010901"学生的学号、姓名、所选课程的课程名。

```
SELECT v.StudentID, StudentName, CourseName
    FROM IS_Student v JOIN Grade ON v.StudentID = Grade.StudentID
    JOIN Course C ON C.CourseID = Grade.CourseID
```

查询结果如图 6-11 所示。

Student...	Sname	CourseName
St01090...	张宏	JAVA程序设计
St01090...	姜明凡	JAVA程序设计
St01090...	张丽	JAVA程序设计
St01090...	赵新宇	JAVA程序设计
St01090...	李宇凯	JAVA程序设计
St01090...	黄丽莉	JAVA程序设计
St01090...	胡雨樱	JAVA程序设计
St01090...	许田	JAVA程序设计
St01090...	张宏	数据库原理与应用

图 6-11 例 6-9 的查询结果

此查询转换成的对最终基本表的查询命令如下：

```
SELECT  dbo.Student.StudentID AS Sno, dbo.Student.StudentName AS Sname, dbo.Grade.Grade,
        dbo.Student.ClassID
FROM    dbo.Student INNER JOIN
        dbo.Grade ON dbo.Student.StudentID = dbo.Grade.StudentID INNER JOIN
        dbo.Course ON dbo.Grade.CourseID = dbo.Course.CourseID
WHERE   (dbo.Student.ClassID = 'Cs010901')
```

将通过视图查询数据转换成对基本表的查询是很直接的，但在有些情况下，这种转换不能直接进行。

【例 6-10】 利用例 6-6 建立的视图，查询平均成绩大于等于 80 分的学生的学号和平均成绩。

```
SELECT * FROM S_G
    WHERE AverageGrade >= 80
```

查询结果如图 6-12 所示。

	StudentID	AverageGrade
1	St0109010004	80.750000
2	St0109010006	84.250000
3	St0109010007	86.750000
4	St0210010001	88.000000
5	St0210010004	81.500000

图 6-12　例 6-10 的查询结果

这个示例的查询语句不能直接转换为基本表的查询语句，因为若直接转换，将会产生命令如下：

```
SELECT StudentID, AVG(Grade)
FROM Grade
  WHERE  AVG(Grade) >= 80
  GROUP BY StudentID
```

这个转换显然是错误的，因为在 WHERE 子句中不能包含统计函数。正确的转换命令如下：

```
SELECT StudentID, AVG(Grade)
FROM Grade
GROUP BY StudentID
HAVING AVG(Grade) >= 80
```

目前大多数关系数据库管理系统对这种含有统计函数的视图的查询均能进行正确的转换。

视图不仅可用于查询数据，也可用于修改基本表中的数据，但并不是所有的视图都可以用于修改数据。例如，经过统计或表达式计算得到的视图，就不能用于修改数据的操作。判断能否通过视图修改数据的基本原则是：若这个操作能够最终落实到基本表上，并成为对基本表的正确操作，则可以通过视图修改数据，否则不可以。

6.1.4　修改和删除视图

定义视图后，若其结构不能满足用户的要求，则可以对其进行修改。若不需要某个视图了，则可以删除此视图。

修改和删除视图可以通过 SQL 语句实现，也可以通过 SSMS 工具图形化地实现。

1. 用 SQL 语句实现

(1) 修改视图

修改视图定义的 SQL 语句为 ALTER VIEW，其语法格式如下：

```
ALTER VIEW<视图名>[(列名[,...n])]
AS
    查询语句
```

可以看到,修改视图的 SQL 语句与定义视图的语句基本是一样的,只是将 CREATE VIEW 改成了 ALTER VIEW。

【例 6-11】 修改 6.1.2 节例 6-6 定义的视图,使其统计每个学生的考试平均成绩和修课总门数。

```
ALTER VIEW S_G(StudentID, AverageGrade, Count_Cno)
AS
    SELECT StudentID, AVG(Grade), Count(*)
    FROM Grade
      GROUP BY StudentID
```

(2)删除视图

删除视图的 SQL 语句的语法格式如下:

```
DROP VIEW <视图名>
```

【例 6-12】 删除例 6-1 定义的 IS_Student 视图。

```
DROP VIEW IS_Student
```

删除视图时需要注意,如果被删除的视图是其他视图的数据源,如前面的 IS_Student_Sage 视图就是定义在 IS_Student 视图之上的,那么删除该视图(如删除 IS_Student),其导出视图(如 IS_Student_Sage)将无法再使用。同样,如果视图引用的基本表被删除了,视图也将无法使用。因此,在删除基本表和视图时一定要注意是否存在引用被删除对象的视图,如果有应同时删除。

2. 用 SSMS 实现

展开数据库下的"视图"节点,在修改的视图上右击鼠标(如果没有出现要修改的视图,可在"视图"上右击鼠标,然后单击"刷新"按钮),在弹出的菜单中选择"设计"命令,将弹出与定义视图类似的界面,在这个界面上直接修改视图定义即可。

如果要删除视图,可在要删除的视图上右击鼠标,然后在弹出的菜单中选择"删除"命令,在弹出的"删除对象"窗口中,单击"删除"按钮即可删除视图。

6.1.5 视图的作用

使用视图可以简化和定制用户对数据的需求。虽然对视图的操作最终都转换为对基本表的操作,但实际上,合理地使用视图会带来许多好处。

1. 简化数据查询语句

采用视图机制可以使用户将注意力集中在其所关心的数据上。如果这些数据来自多个基本表,或者数据一部分来自基本表,另一部分来自视图,并且所用的搜索条件又比较复杂时,需要编写 SELECT 语句就会很长,这时定义视图就可以简化数据的查询语句。定义视图可以将表与表之间复杂的连接操作和搜索条件对用户隐藏起来,用户只需简单地查询一个视图即可。这在多次执行相同的数据查询操作时尤为有用。

2. 使用户能从多角度看待同一数据

采用视图机制能使不同的用户以不同的方式看待同一数据,当许多不同类型的用户共享同一个数据库时,这种灵活性是非常重要的。

3. 提高了数据的安全性

使用视图可以定制用户查看哪些数据并屏蔽敏感数据。比如,不希望员工看到别人的工资,就可以建立一个不包含工资项的职工视图,然后让用户通过视图来访问表中的数据,而不授予他们直接访问基本表的权限,这样就在一定程度上提高了数据库数据的安全性。

4. 提供了一定程度的逻辑独立性

视图在一定程度上提供了模块 2 介绍的数据的逻辑独立性,因为它对应的是数据库的外模式。

在关系数据库中,数据库的重构是不可避免的。重构数据库的最常见方法是将一个基本表分解成多个基本表。例如,可将学生关系表 Student(Sno, Sname, Ssex, Sage, Sdept)分解为 SX(Sno, Sname, Sage,)和 SY(Sno, Ssex, Sdept)两个关系,这时对 Student 表的操作就变成了对 SX 和 SY 的操作,则可定义视图,命令如下:

```
CREATE VIEW Student (Sno, Sname, Ssex, Sage, Sdept)
AS
    SELECT SX.Sno, SX.Sname, SY.Ssex, SX.Sage, SY.Sdept
        FROM SX JOIN SY ON SX.Sno = SY.Sno
```

这样,尽管数据库的表结构变了,但应用程序可以不必修改,新建的视图保证了用户原来的关系,使用户的外模式不发生改变。

注意:视图只能在一定程度上提供数据的逻辑独立性,由于视图的更新是有条件的,所以,应用程序在修改数据时可能会因基本表结构的改变而受一些影响。

6.2 索引

本节介绍索引的作用以及如何创建和维护索引。

6.2.1 索引基本概念

在数据库中建立索引是为了加快数据的查询速度。数据库中的索引与书籍中的目录、书后的术语表类似。在一本书中,利用目录或术语表可以快速查找所需信息,而无须翻阅整本书。在数据库中,利用索引查找数据不需要对整个表进行扫描,就可以在表中找到所需的数据。书籍的索引表是一个词语列表,其中注明了各个词对应的页码。而数据库中的索引是一个表中某个(或某些)列的列值列表,其中注明了列值所对应的行数据所在的存储位置。可以为表中的单个列建立索引,也可以为一组列建立索引。索引一般采用 B-树结构。索引由索引项组成,索引项由来自表中每一行的一个或多个列(称为搜索关键字)组成。B-树按搜索关键字排序,可以对组成搜索关键字的任何子词条集合进行高效搜索。例如,对于一个由 A、B、C 三个列组成的索引,可以在 A 列,A、B 两列或 A、B、C 三列上对其进行高效搜索。

例如,假设在 Student 表的 Sno 列上建立了一个索引(索引项为 Sno),则在索引部分就有指向每个学号所对应的学生的存储位置的信息,如图 6-13 所示。

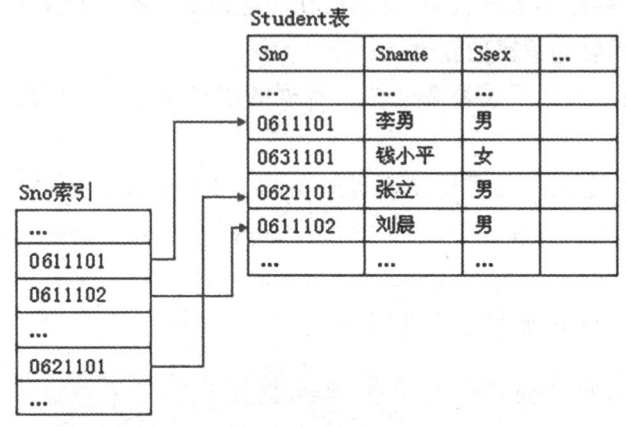

图 6-13　索引及数据间的对应关系

当数据库管理系统执行一个在 Student 表上根据指定的 Sno 查找该学生信息的语句时,它能够识别 Sno 列为索引列,并首先在索引部分(按学号有序存储)查找该学号,然后根据找到的学号指向的数据的存储位置,直接检索出需要的信息。若没有索引,则数据库管理系统需要从 Student 表的第一行开始,逐行检索指定的 Sno 值。根据数据结构的算法知识可以知道有序数据的查找效率比无序数据的查找效率更高。

但通过索引提高查找性能是有代价的。首先,索引在数据库中会占用一定的存储空间来存储索引部分。其次,在对数据进行插入、更改和删除操作时,为了使索引与数据保持一致,还需要对索引进行相应维护。对索引的维护是需要花费时间的。在设计和创建索引时,应确保对性能的提高程度大于在存储空间和处理资源方面的消耗。

在数据库管理系统中,数据一般是按数据页存储的,数据页是一块固定大小的连续存储空间。不同的数据库管理系统数据页的大小不同,有的数据库管理系统数据页的大小是固定的,比如 SQL Server 的数据页就固定为 8 KB;有些数据库管理系统数据页的大小可由用户设定,比如 DB2。在数据库管理系统中,索引项也按数据页存储,而且其数据页的大小与存放数据的数据页的大小相同。

存放数据的数据页与存放索引项的数据页均以链表的方式链接在一起,而且在页头包含指向下一页及前面的页的指针,这样就可以将表中的全部数据或者索引链接在一起。数据页的组织方式如图 6-14 所示。

图 6-14　数据页的组织方式

6.2.2　索引的存储结构及分类

索引分为两大类，一类是聚集索引（Clustered Index），也称为聚簇索引；另一类是非聚集索引（Non-clustered Index），也称为非聚簇索引。聚集索引对数据按索引关键字进行物理排序，非聚集索引不对数据进行物理排序，如图 6-13 所示的索引即为非聚集索引。聚集索引和非聚集索引一般都采用 B-树结构来存储索引项，而且都包含数据页和索引页，其中索引页存放索引项和指向下一层的指针，数据页用来存放数据。

在介绍这两类索引之前，首先简单介绍一下 B-树结构。

1．B-树结构

B-树（Balanced Tree，平衡树）的最上层节点称为根节点（Root Node），最下层节点称为叶节点（Leaf Node）。在根节点所在层和叶节点所在层之间的层上的节点称为中间节点（Intermediate Node）。B-树结构从根节点开始，以左右平衡的方式存放数据，中间可根据需要分成许多层，如图 6-15 所示。

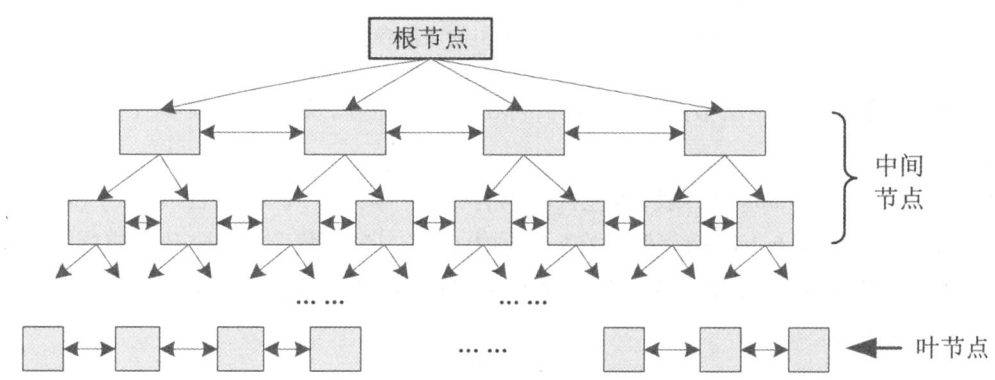

图 6-15　B-树结构

2．聚集索引

聚集索引的 B-树是自下而上建立的，最下层的叶节点存放的是数据，因此它既是索引页，同时也是数据页。多个数据页先生成一个中间层节点的索引页，然后再由数个中间层的节点的索引页合成更上层的索引页，如此类推，直到生成顶层根节点的索引页。其示意图如图 6-16 所示。生成高一层节点的方法是从叶节点开始，高一层节点中的每个索引项的索引关键字值是其下层节点中的索引关键字的最大或最小值。

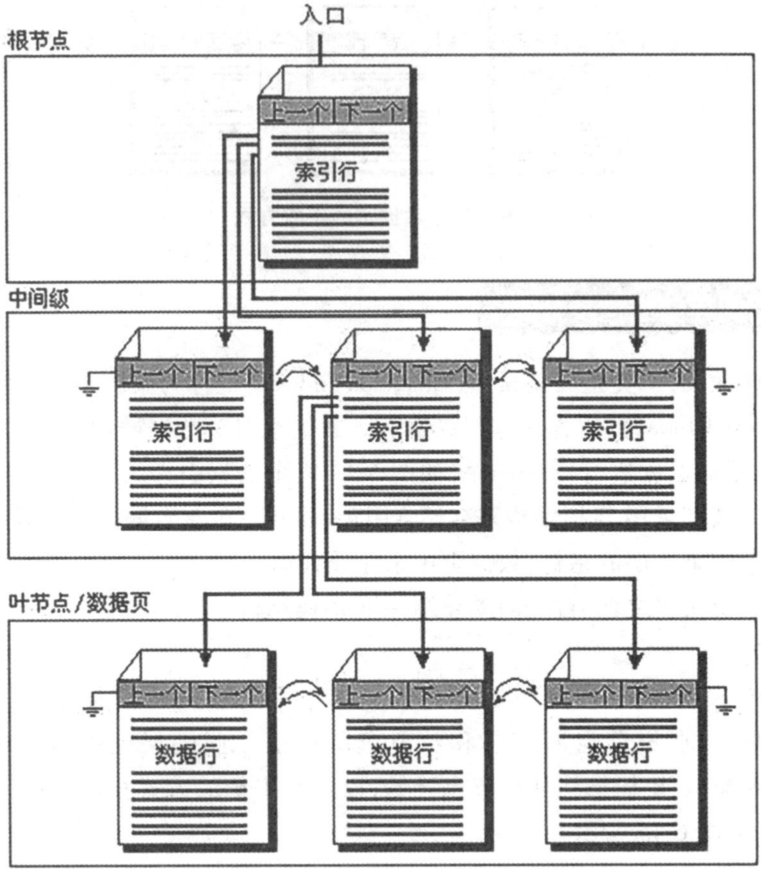

图 6-16　建有聚集索引的表的存储结构

除叶节点之外的其他层节点，每个索引行由索引项值以及这个索引项在下层节点的数据页编号组成。

例如，设有职工（employee）表，其包含的列有：职工号（eno）、职工名（ename）和所在单位（dept），数据示例如表 6-1 所示。假设在 eno 列上建有一个聚集索引（按升序排序），其 B-树结构示意图如图 6-17 所示（注：每个节点左上位置的数字代表数据页编号），其中的虚线代表数据页间的链接。

表 6-1　　　　　　　　　　　　employee 表的数据

eno	ename	dept
E01	AB	CS
E02	AA	CS
E03	BB	IS

(续表)

eno	ename	dept
E04	BC	CS
E05	CB	IS
E06	AS	IS
E07	BB	IS
E08	AD	CS
E09	BD	IS
E10	BA	IS
E11	CC	CS
E12	CA	CS

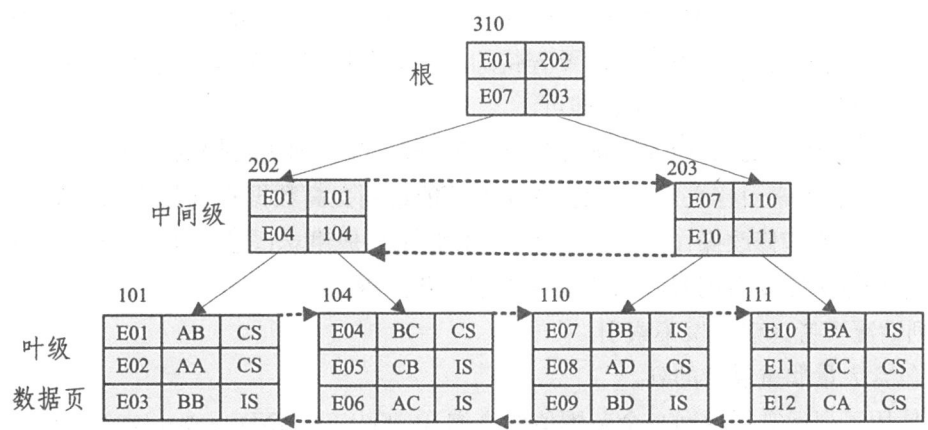

图 6-17 在 eno 列上建有聚集索引的情形

建立聚集索引后,数据将按聚集索引项的值进行物理排序。因此,聚集索引很类似于电话号码簿,在电话号码簿中数据是按姓氏排序的,这里姓氏就是聚集索引项。由于聚集索引项决定了表中数据的物理存储顺序,因此一个表只能包含一个聚集索引。但聚集索引可以由多个列组成(这样的索引称为组合索引),就像电话号码簿按姓氏和名字进行组织一样。

当在建有聚集索引的列上查找数据时,系统首先从聚集索引树的入口(根节点)开始逐层向下查找,直到达到 B-树索引的叶级,也就是达到了要找的数据所在的数据页,然后在这个数据页中查找所需数据即可。

例如,执行命令如下:

```
SELECT *
FROM employee
WHERE eno ='E08'
```

上述命令在执行过程中首先从根（310页）开始查找，用"E08"逐项与310页上的每个索引项进行比较。由于"E08"大于此页的最后一个索引项"E07"的值，所以，选"E07"索引项所在的索引页203，再进入203索引页中继续比较。由于"E08"大于203索引页上的"E07"而小于"E10"，所以，选"E07"索引项所在的数据页110，再进入110数据页中继续逐项比较。在110数据页上再进行逐项比较，这时可找到职工号等于"E08"的记录，该记录包含了职工的全部数据信息。至此查找完毕。

当增加或删除数据时，会引起索引页中索引项的增加或减少，数据库管理系统会对索引页进行分裂或合并，以保证B-树的平衡性，因此，B-树的中间节点数量以及B-树的层次都有可能会发生变化，这些调整是数据库管理系统自动完成的，因此，在对有索引的表进行增加和删除操作时，会影响这些操作的执行性能。

当更改建有索引的列数据时，数据库管理系统需要对数据进行重新排序，使数据永远按索引项有序排序。对数据重新排序后，还需要相应地调整索引的存储。因此，更改索引列的值会降低数据更改效率。

聚集索引对于那些经常要搜索列在连续范围内的值的查询特别有效。使用聚集索引找到包含第一个列值的行后，由于后续要查找的数据值在物理上相邻而且有序，所以只要将数据值直接与查找的终止值进行比较即可。

在创建聚集索引之前，应先了解数据是如何被访问的，因为数据的访问方式直接影响了对索引的使用。若索引建立得不合适，则非但不能达到提高数据查询效率的目的，还会影响数据的插入、删除和修改操作的效率。因此，索引并不是建立得越多越好（建立索引需要占用空间，维护索引需要占用时间），而是要考虑一些因素。

下列情况可考虑建立聚集索引。

① 包含大量非重复值的列。

② 使用下列运算符返回一个范围值的查询：BETWEEN AND、>、>=、< 和 <=。

③ 返回大型结果集的查询。

④ 经常被用于进行连接操作的列。

⑤ ORDER BY 或 GROUP BY 子句使用的列。

下列情况不适于建立聚集索引。

① 频繁更改的列。因为这将导致索引项的整行移动。

② 字节长的列。因为聚集索引的索引项的值将被所有非聚集索引作为查找关键字使用，并被存储在每个非聚集索引的B-树结构的叶级索引项中。

3. 非聚集索引

非聚集索引与图书后边的术语表类似。数据存储在一个地方，术语表存储在另一个地方。而且数据并不按术语表的顺序存放，但术语表中的每个词在书籍中都有确切的位置。非聚集索引就类似于术语表，而数据就类似于一本书的内容。

非聚集索引的存储结构如图6-18所示。其与聚集索引一样采用B-树结构存储，但有两个重要差别。

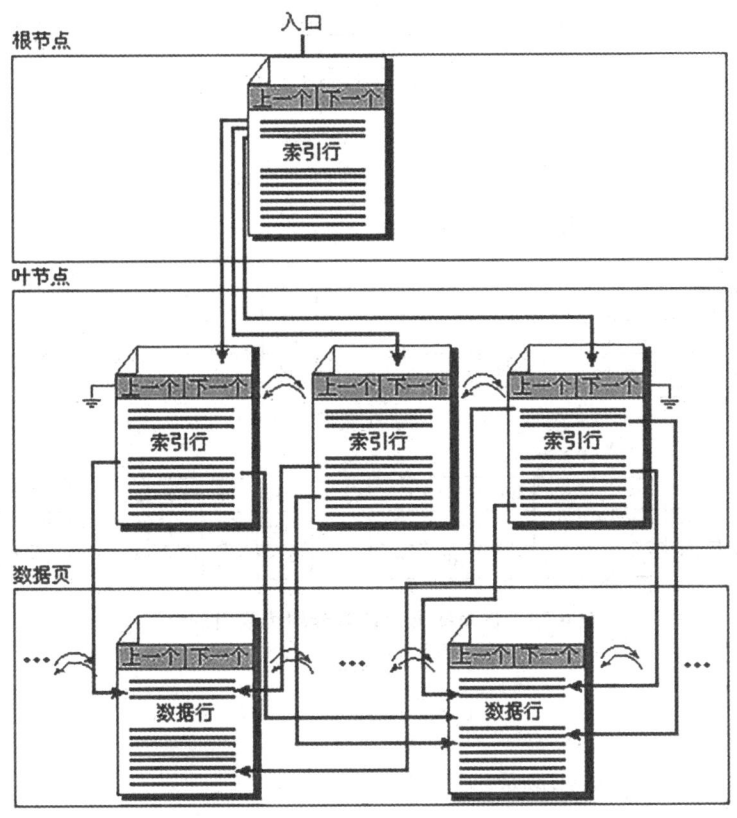

图 6-18　非聚集索引的存储结构

① 非聚集索引的数据不按非聚集索引关键字值的顺序排序和存储。

② 非聚集索引的叶节点不是存放数据的数据页。

非聚集索引 B-树的叶节点索引行组成,索引行按索引关键字值有序排序。每个索引行由非聚集索引关键字值以及一个或多个行定位器组成,行定位器指向该关键字值对应的数据行(若索引不唯一,则可能是多行)。

在建有非聚集索引的表上查找数据的过程与聚集索引类似,也是从根节点开始逐层向下查找,直到找到叶节点,在叶节点中找到匹配的索引关键字值之后,其对应的行定位器所指位置即是要查找数据的存储位置。

非聚集索引并不改变数据的物理存储顺序,因此,可以在一个表上建立多个非聚集索引。就像一本书可以有多个术语表一样,例如,一本介绍园艺的书可能会包含一个植物通俗名称的术语表和一个植物学名称的术语表,这是读者查找植物信息的两种最常用的方法。

如图 6-19 所示为在表 6-1 所示数据的 eno 列上建有一个非聚集索引(按升序排序)的情形,其中每个节点左上位置的数字代表页编号,虚线代表数据页间的链接。

在创建非聚集索引之前,应先了解数据是如何被访问的,以使建立的索引科学合理。对于下述情况可考虑创建非聚集索引。

① 包含大量非重复值的列。若某列只有很少的非重复值,比如只有 1 和 0,则不对这些

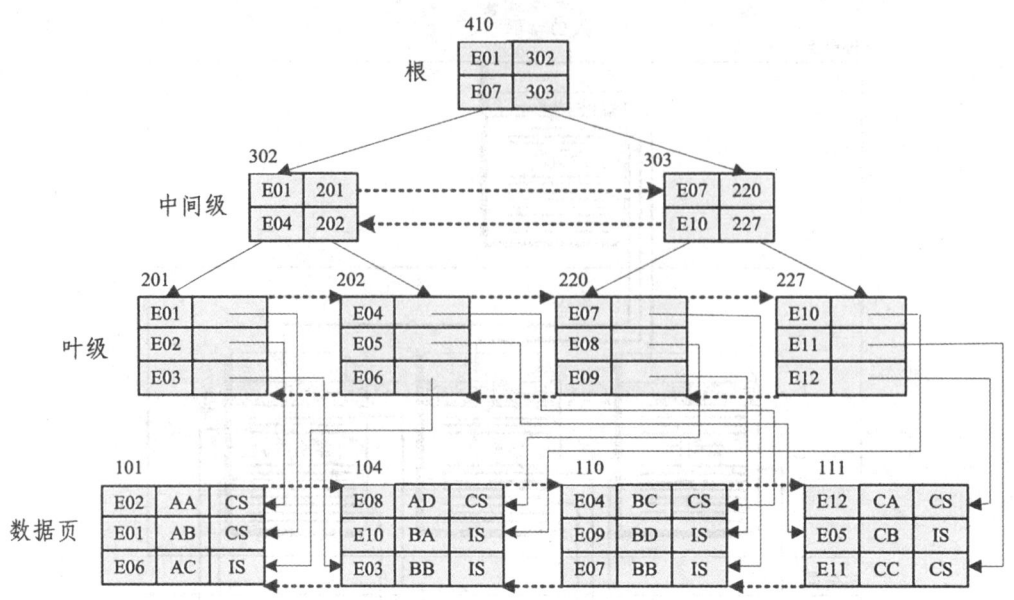

图 6-19 在 eno 列上建有非聚集索引的情形

列建立非聚集索引。

② 不返回大型结果集的查询。

③ 经常作为查询条件使用的列。

④ 经常作为连接和分组条件的列。

4. 唯一索引

唯一索引可以确保索引列不包含重复的值。在由多个列共同构成的唯一索引中,该索引可以确保索引列中每个值的组合都是唯一的。例如,若在 LastName、FirstName 和 MiddleInitial 列的组合上创建了一个唯一索引 FullName,则该表中任何两个人都不可以具有完全相同的名字(LastName、FirstName 和 MiddleInitial 名字均相同)。

聚集索引和非聚集索引都可以是唯一的。因此,只要列中的数据是唯一的,就可以在一个表上创建一个唯一的聚集索引和多个唯一的非聚集索引。

只有当数据本身具有唯一性特征时,指定唯一索引才有意义。若必须要通过唯一性来确保数据的完整性,则应在列上创建 UNIQUE 约束或 PRIMARY KEY 约束(关于约束的详细信息请参见本书的模块 3),而不要创建唯一索引。例如,若想限制学生表(主键为 Sno)中的身份证号码(Sid)列(假设学生表中有此列)的取值不能有重复,则可在 Sid 列上创建 UNIQUE 约束。实际上,当在表上创建 UNIQUE 约束或 PRIMARY KEY 约束时,数据库管理系统会自动在这些列上创建唯一索引。

6.2.3 创建和删除索引

可以使用 SQL 语句创建和删除索引,也可以在 SSMS 工具中用图形化的方法创建和删除索引。

1. 用 SQL 语句实现

（1）创建索引

确定了索引列之后，就可以在数据库的表上创建索引。创建索引使用的是 CREATE INDEX 语句，其语法格式如下：

```
CREATE [UNIQUE] [CLUSTERED | NONCLUSTERED]
    INDEX 索引名 ON 表名（列名[ ASC | DESC ] [,...n] ）
```

【参数说明】

① UNIQUE：表示要创建的索引是唯一索引。
② CLUSTERED：表示要创建的索引是聚集索引。
③ NONCLUSTERED：表示要创建的索引是非聚集索引。
④ [ASC|DESC]：指定索引列的升序或降序排序方式。默认值为 ASC。

若没有指定索引类型，则默认是创建非聚集索引。

【例 6-13】 在 Student 表的 StudentName 列上创建一个非聚集索引。

```
CREATE INDEX Sname_ind
    ON Student（StudentName）
```

【例 6-14】 在 Student 表的 StudentID 列上创建一个唯一聚集索引。

```
CREATE UNIQUE CLUSTERED INDEX Sid_ind
    ON Student（StudentID）
```

（2）删除索引

索引一经建立，就由数据库管理系统自动使用和维护，不需要用户干预。建立索引是为了加快数据的查询效率，但如果需要频繁地对数据进行增、删、改操作，那么系统会花费很多时间来维护索引，这会降低数据的修改效率；另外，存储索引需要占用额外的空间，这增加了数据库的存储量。因此，当不需要某个索引时，应将其删除。

删除索引的 SQL 语句是 DROP INDEX 语句。其语法格式如下：

```
DROP INDEX <索引名> ON <表名>
```

其中，<表名>为包含要删除索引的表。

【例 6-15】 删除 Student 表中的 Sname_ind 索引。

```
DROP INDEX Sname_ind ON Student
```

2. 用 SSMS 语句实现

（1）创建索引

以在 Student 表的 StudentName 列上建立一个非聚集索引为例，说明在 SSMS 中创建索引的方法。

① 在 SSMS 的对象资源管理器中，展开"xkgl"数据库，并展开其中的"表"节点。
② 展开 Student 节点，右击其中的索引，选择新建索引，弹出如图 6-20 所示窗口。
③ 在"新建索引"窗口中单击"添加"按钮，然后选中窗口"列"左边的复选框，选中需要建立索引的列，如图 6-21 所示。

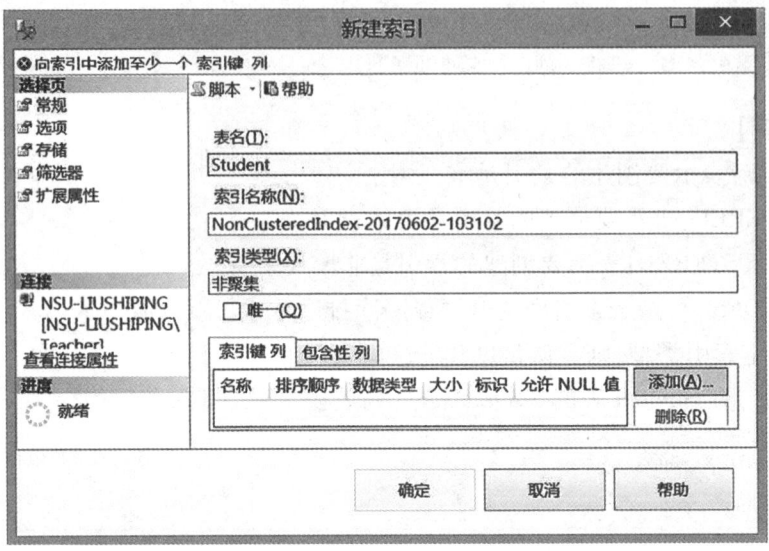

图 6-20　新建索引的窗口

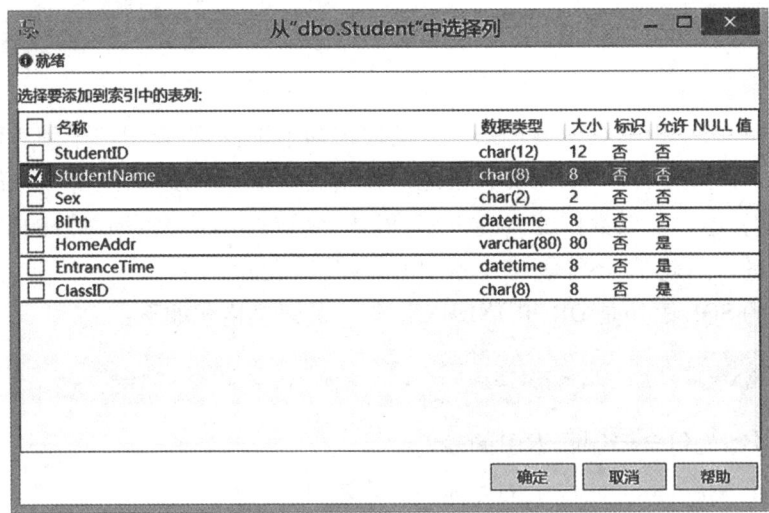

图 6-21　指定索引列的窗口

④ 在图 6-21 所示窗口中，单击"确定"按钮，回到图 6-22 所示窗口，在"排序顺序"部分可以指定索引项的排序顺序（升序或降序），此处不进行修改。如果要定义由多个列组成的索引，可继续添加。
⑤ 单击"确定"按钮，成功创建索引。

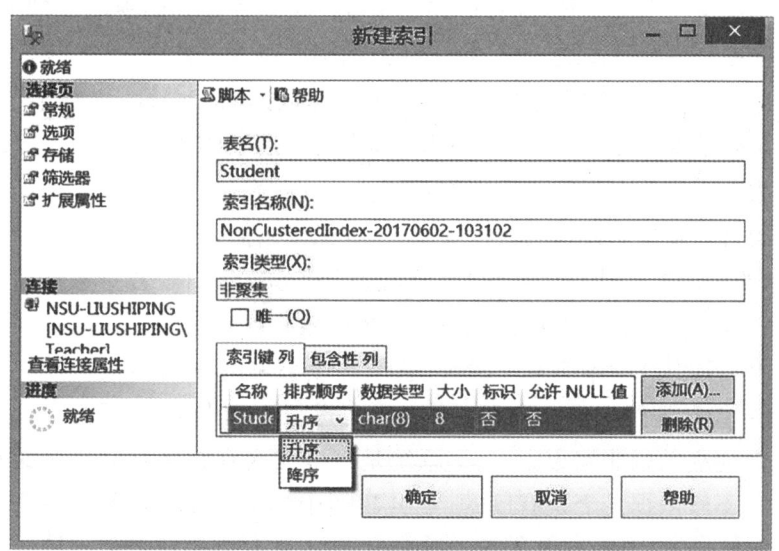

图 6-22　创建好索引后的窗口

（2）查看索引

创建索引之后，可以在 SSMS 中查看表中已创建的全部索引，同时还可以对已创建的索引进行修改和删除。具体方法是：在 SSMS 的对象资源管理器中，展开要查看索引的表，比如展开 Student 表，并展开 Student 表下的"索引"节点，可以看到在该表上建立的全部索引，如图 6-23 所示。

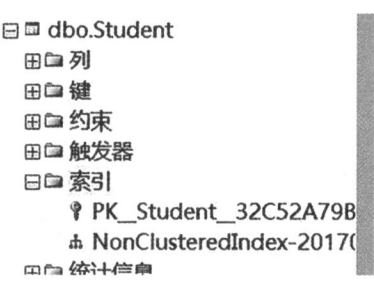

图 6-23　查看表中建立的索引

知识小结

本模块介绍了数据库中的两个重要概念：视图和索引。视图是基于数据库基本表的虚表，其本身并不在物理上存储数据，视图的数据全部来自基本表，它的数据可以来自一个表的部分数据，也可以是几个表的数据的组合。用户通过视图访问数据时，最终都落实到对基本表的操作。通过视图访问数据比直接从基本表访问数据效率会低一些，因为它多了一层转换操作。尤其当视图层次比较多时，即当某个视图是建立在其他视图基础上，而这个或这些视图又是建立在另一些视图之上时，效率降低的幅度越大。

视图提供了一定程度的数据逻辑独立性，可增加数据的安全性，它封装了复杂的查询，简化了客户端访问数据库数据的编程，为用户提供了从不同角度看待同一数据的方法。对视图进行查询的方法与基本表的查询方法相同。

建立索引的目的是提高数据的查询效率，但存储索引需要空间，维护索引需要时间。因此，当对数据库的应用主要是查询操作时，可以适当多建立索引。若对数据库的操作主要是增、删、改，则应尽量少建索引，以免影响数据的更改效率。

索引分为聚集索引和非聚集索引两种，它们一般都采用 B-树结构存储。建立聚集索引时，数据库管理系统首先按聚集索引列的值对数据进行物理排序，然后再在此基础之上建立索引的 B-树。若建立的是非聚集索引，则系统是直接在现有数据存储顺序的基础之上直接建立索引 B-树。不管数据是否是有序的，索引 B-树中的索引项一定是有序的。因此建立索引需要耗费一定的时间，特别是当数据量很大时，建立索引需要花费相当长的时间。

在一个表上只能建立一个聚集索引，但可以建立多个非聚集索引。聚集索引和非聚集索引都可以是唯一索引。唯一索引的作用是保证索引项所包含的列的取值彼此不能重复。

思考与操作

一、选择题

1. 下列关于视图的说法，正确的是(　　)。
   A. 视图与基本表一样，也存储数据
   B. 对视图的操作最终都转换为对基本表的操作
   C. 视图的数据源只能是基本表
   D. 所有视图都可以实现对数据的增、删、改、查操作
2. 在视图的定义语句中，只能包含(　　)。
   A. 数据查询语句　　　B. 数据增、删、改语句　　　C. 创建表的语句　　　D. 全部都可以
3. 视图对应数据库三级模式中的(　　)。
   A. 外模式　　　B. 内模式　　　C. 模式　　　D. 其他
4. 下列关于通过视图更新数据的说法，错误的是(　　)。
   A. 若视图的定义涉及多张表，则对这种视图一般情况下允许进行更新操作
   B. 若定义视图的查询语句中含有 GROUP BY 子句，则对这种视图不允许进行更新操作
   C. 若定义视图的查询语句中含有统计函数，则对这种视图不允许进行更新操作
   D. 若视图数据来自单个基本表的行、列选择结果，则一般情况下允许进行更新操作
5. 下列关于视图的说法，正确的是(　　)。
   A. 通过视图可以提高数据查询效率　　　B. 视图提供了数据的逻辑独立性
   C. 视图只能建立在基本表上　　　D. 定义视图的语句可以包含数据更改语句
6. 创建视图的主要作用是(　　)。
   A. 提高数据查询效率　　　B. 维护数据的完整性约束
   C. 维护数据的一致性　　　D. 提供用户视角的数据

7. 建立索引可以加快数据的查询效率。在数据库的三级模式结构中,索引属于( )。
   A. 内模式　　　　　　B. 模式　　　　　　C. 外模式　　　　　　D. 概念模式

8. 设有学生表(学号,姓名,所在系)。下列建立统计每个系的学生人数的视图语句中,正确的是( )。
   A. CREATE VIEW v1　AS
       SELECT 所在系, COUNT(＊) FROM 学生表 GROUP BY 所在系
   B. CREATE VIEW v1　AS
       SELECT 所在系, SUM(＊) FROM 学生表 GROUP BY 所在系
   C. CREATE VIEW v1(系名,人数) AS
       SELECT 所在系, SUM(＊) FROM 学生表 GROUP BY 所在系
   D. CREATE VIEW v1(系名,人数) AS
       SELECT 所在系, COUNT(＊) FROM 学生表 GROUP BY 所在系

9. 设用户在某数据库中经常需要进行如下查询操作:

   SELECT ＊ FROM T WHERE C1='A' ORDER BY C2

   设 T 表中已在 C1 列上建立了主码约束,且该表只建有该约束。为提高该查询的执行效率,下列方法中可行的是( )。
   A. 在 C1 列上建立一个聚集索引,在 C2 列上建立一个非聚集索引
   B. 在 C1 和 C2 列上分别建立一个非聚集索引
   C. 在 C2 列上建立一个非聚集索引
   D. 在 C1 和 C2 列上建立一个组合的非聚集索引

10. 下列关于索引的说法,正确的是( )。
    A. 只要建立了索引就可以加快数据的查询效率
    B. 当一个表上需要创建聚集和非聚集索引时,应该先创建非聚集索引,然后再创建聚集索引,这种顺序会提高创建索引的效率
    C. 在一个表上可以建立多个唯一的非聚集索引
    D. 索引会影响数据插入和更新数据的执行效率,但不会影响删除数据的执行效率

11. 下列关于 CREATE UNIQUE INDEX IDX1 ON T(C1,C2)语句作用的说法,正确的是( )。
    A. 在 C1 和 C2 列上分别建立一个唯一聚集索引
    B. 在 C1 和 C2 列上分别建立一个唯一非聚集索引
    C. 在 C1 和 C2 列的组合上建立一个唯一聚集索引
    D. 在 C1 和 C2 列的组合上建立一个唯一非聚集索引

二、填空题
1. 对视图的操作最终都转换为对_____操作。
2. 视图是虚表,在数据库中只存储视图的_____,不存储视图的数据。
3. 修改视图定义的语句是_____。
4. 视图对应数据库三级模式中的_____模式。
5. 在一个表上最多可以建立_____个聚集索引,可以建立_____个非聚集索引。
6. 当在 T 表的 C1 列上建立聚集索引后,数据库管理系统会将 T 表数据按_____列进行_____。

7. 索引建立得合适,可以加快数据_____操作的执行效率。
8. 在 employee 表的 phone 列上建立一个非聚集索引的 SQL 语句是_____。
9. 设有 Student 表,结构为 Student(Sno,Sname,Sdept)。现在要在该表上建立一个统计每个系的学生人数的视图,视图名为 V_dept,视图结构为(系名,人数),请补全下列定义该视图的 SQL 语句。

>   CREATE VIEW _____
>   AS
>   SELECT Sdept, COUNT(*)
>   _____

10. 非聚集索引的 B-树中,叶级节点中每个索引行由索引键值和_____组成。

三、简答题

1. 试说明使用视图的好处。
2. 试说明哪类视图可实现更新数据的操作,哪类视图不可实现更新数据的操作。
3. 使用视图是否可以加快数据的查询速度?为什么?
4. 索引的作用是什么?索引分为哪几种类型?分别是什么?它们的主要区别是什么?
5. 聚集索引一定是唯一性索引吗?唯一性索引一定是聚集索引吗?
6. 在建立聚集索引时,数据库管理系统是否首先要将数据按聚集索引列进行物理排序?
7. 在建立非聚集索引时,数据库管理系统是否对数据进行物理排序?
8. 不管对表进行什么类型的操作,在表上建立的索引越多是否越能提高操作效率?
9. 适合建立索引的列是什么?

四、上机练习

本模块上机练习均利用模块 3、模块 4 上机练习建立的 Student、Course、SC 表和数据实现。

1. 写出创建满足下述要求的视图的 SQL 语句,并执行这些语句。将所写语句保存到一个文件中。
   (1) 查询学生的学号、姓名、所在系、课程号、课程名、课程学分。
   (2) 查询学生的学号、姓名、选修的课程名和考试成绩。
   (3) 统计每个学生的选课门数,列出学生学号和选课门数。
   (4) 统计每个学生的修课总学分,列出学生学号和总学分(说明:考试成绩大于等于 60 分才可获得此门课程的学分)。

2. 利用第 1 题建立的视图,写出完成如下查询的 SQL 语句,并执行这些语句,查看执行结果。将查询语句和执行结果保存到一个文件中。
   (1) 查询考试成绩大于等于 90 分的学生的姓名、课程名和成绩。
   (2) 查询选课门数超过 3 门的学生的学号和选课门数。
   (3) 查询计算机系选课门数超过 3 门的学生的姓名和选课门数。
   (4) 查询修课总学分超过 10 分的学生的学号、姓名、所在系和修课总学分。
   (5) 查询年龄大于等于 20 岁的学生中,修课总学分超过 10 分的学生的姓名、年龄、所在系和修课总学分。

3. 修改第 1 题(4)定义的视图,使其查询每个学生的学号、总学分以及总的选课门数。

4. 写出实现下列操作的 SQL 语句,执行这些语句,并在 SSMS 工具中观察语句执行结果。
   (1) 在 Student 表的 Sdept 列上建立一个按降序排序的非聚集索引,索引名为 Idx_Sdept。

(2) 在 Student 表的 Sname 列上建立一个唯一的非聚集索引,索引名为 Idx_Sname。
(3) 在 Course 表上为 Cname 列建立一个非聚集索引,索引名为 Idx_Cname。
(4) 在 SC 表上为 Sno 和 Cno 建立一个组合的非聚集索引,索引名为 Idx_SnoCno。
(5) 删除在 Sname 列上建立的 Idx_Sname 索引。

模块 7　关系型数据库理论

7.1　函数依赖

数据的语义不仅表现为完整性约束,对关系模式的设计也提出了一定的要求。如何构造合适的关系模式,应构造几个关系模式,每个关系模式由哪些属性组成等,都是数据库设计问题,确切地讲是关系型数据库逻辑的设计问题。关系型数据库理论是进行数据库设计的理论指导,它可以帮助相关人员判断设计的数据库系统是否是一个"好"的数据库模式。

7.1.1　基本概念

对于数学中的函数 $Y=f(X)$,表示 X 和 Y 之间在数量上的对应关系,即给定一个 X 值,都会有一个 Y 值和它对应,也可以说 X 函数决定 Y,或 Y 函数依赖于 X。

例如,省=f(城市):当给出一个具体的城市名,它就会有相对应的省,如"成都市"在"四川省",这里"城市"是自变量 X,"省"是因变量或函数值 Y。

而在关系型数据库中讨论的函数注重的是语义上的关系,可以将函数依赖定义为:如果有一个关系模式 $R(A_1,A_2,\cdots,A_n)$,X 和 Y 为 $\{A_1,A_2,\cdots,A_n\}$ 的子集,那么对于关系 R 中的任意一个 X 值,都只有一个 Y 值与之对应,则称 X 函数决定 Y,或 Y 函数依赖于 X。记作 $X \rightarrow Y$。以 xkgl 数据库为例。

【例 7-1】　对学生关系模式:

Student(StudentID,StudentName,Sex,Birth,EntranceTime,HomeAddr,ClassID)

有以下依赖关系:

StudentID → StudentName,StudentID → Sex,StudentID → Birth,StudentID → EntranceTime,StudentID → HomeAddr,StudentID → ClassID

【例 7-2】 对班级关系模式:

Class(ClassID, ClassName, Monitor, StudentNum, DepartmentID)

有以下依赖关系:

ClassID → StudentName, ClassID → Monitor, ClassID → StudentNum, ClassID → DepartmentID

7.1.2 一些术语和符号

（1）若 $X \to Y$，但 Y 不包含于 X，则称 $X \to Y$ 是非平凡的函数依赖。

（2）若 $X \to Y$，但 Y 包含于 X，则称 $X \to Y$ 是平凡的函数依赖。

若无特别声明，本书讨论的都是非平凡的函数依赖。

（3）若 $X \to Y$，则 X 称为决定因子。

（4）若 $X \to Y$，并且 $Y \to X$，则记作 $X \leftrightarrow Y$。

（5）完全函数依赖和部分函数依赖：对于关系模式 $R(A_1, A_2, \cdots, A_n)$，X 和 Y 为 $\{A_1, A_2, \cdots, A_n\}$ 的子集，$X \to Y$，若对于 X 的任意一个真子集 X'，都有 X' 不能函数决定 Y，则称 X 和 Y 之间的函数依赖为完全函数依赖，记作 $X \xrightarrow{f} Y$；否则称为部分函数依赖，记作 $X \xrightarrow{p} Y$。

（6）传递函数依赖：对于关系模式 $R(A_1, A_2, \cdots, A_n)$，X，Y 和 Z 为 $\{A_1, A_2, \cdots, A_n\}$ 的子集，$X \to Y$，$Y \to Z$，且 Y 不能函数决定 X，$Z \not\subset Y$，则 Y 到 Z 之间存在函数依赖，称为传递函数依赖，记作 $X \xrightarrow{t} Y$。

【例 7-3】 假如有关系模式 SG(StudentID, StudentName, Cno, Credit, Grade)，主键为 (StudentID, Cno)，则函数依赖关系有:

$StudentID \xrightarrow{f} StudentName$，其中姓名完全函数依赖于学号；

$(StudentID, Cno) \xrightarrow{p} StudentName$，其中姓名部分函数依赖于学号和课程号；

$(StudentID, Cno) \xrightarrow{f} Grade$，其中成绩完全函数依赖于学号和课程号。

【例 7-4】 假如有关系模式 SC(StudentID, StudentName, ClassID, ClassName)，主键为 Sno，则函数依赖关系有:

$StudentID \xrightarrow{f} ClassID$，其中班号完全函数依赖于学号；

$ClassID \xrightarrow{f} ClassName$，其中班名完全函数依赖于班号；

因此，$StudentID \xrightarrow{t} ClassName$，其中班名传递函数依赖于学号。

7.1.3 函数依赖的推理规则

从已知的一些函数依赖，可以推导出另外一些函数依赖，这就需要一系列推理规则。函数依赖的推理规则最早出现在 1974 年阿姆斯特朗(W. W. Armstrong)的论文里，这些规则常被称为 Armstrong 公理。

通俗地说，Armstrong 公理是函数依赖基本推理规则的集合，又称为 Armstrong 推理规则。

设 U 是关系模式 R 的属性集，F 是 R 上成立的只涉及 U 中属性的函数依赖集。函数依赖的推理规则有以下三条。

自反律：若属性集 Y 包含于属性集 X，属性集 X 包含于属性集 U，则 $X \to Y$ 在 R 上成立（此处 $X \to Y$ 是平凡函数依赖）。

增广律：若 $X \to Y$ 在 R 上成立，且属性集 Z 包含于属性集 U，则 $XZ \to YZ$ 在 R 上成立。

传递律：若 $X \to Y$ 和 $Y \to Z$ 在 R 上成立，则 $X \to Z$ 在 R 上成立。

其他的所有函数依赖的推理规则都可以使用这三条规则推导出来。

7.1.4 为什么要讨论函数依赖

假定有以下关系模式：工资信息(职工、级别、工资)。假设职工姓名是唯一的，"职工"为主键，部分数据如表 7-1 所示。

表 7-1　　　　　　　　　　　工资信息

职工	级别	工资
赵明	4	400
钱广	5	500
孙志	6	600
李开	5	500
周祥	6	600

该关系模式存在以下问题。

（1）插入异常：若没有职工具有 8 级工资，则 8 级工资的工资数额就难以插入。

（2）删除异常：若仅有职工赵明具有 4 级工资，若将赵明删除，则有关 4 级工资的工资数额信息也随之删除。

（3）数据冗余：职工很多，工资级别有限，每一级别的工资数额反复存储多次。

（4）更新异常：若将 5 级工资的工资数额调为 620，则需要找到每个具有 5 级工资的职工并逐一修改。

如何改造这个关系模式并克服以上种种问题是关系规范化理论要解决的问题，也是讨论函数依赖的原因。

解决方法：模式分解，即把一个关系模式分解成两个或多个关系模式，在分解的过程中消除那些"不良"的函数依赖，从而获得良好的关系模式。分解后变成如下两个关系，如表 7-2、表 7-3 所示。

表 7-2　　　　分解后的关系 1

职工	级别
赵明	4
钱广	5
孙志	6
李开	5
周祥	6

表 7-3　　　　分解后的关系 2

级别	工资
4	400
5	500
6	600
7	700
8	800

7.2 关系规范化

关系规范化是指将有"不良"函数依赖的关系模式转换为良好的关系模式的理论。关系型数据库中的关系要满足一定的要求，满足不同程度要求的为不同的范式（Normal Form）。

范式的种类包括：第一范式（1NF）、第二范式（2NF）、第三范式（3NF）、BC 范式（BCNF）、第四范式（4NF）和第五范式（5NF）等。这些级范式一级比一级有更严格的要求，如图 7-1 所示。不同的范式表示关系模式遵守不同的规则。

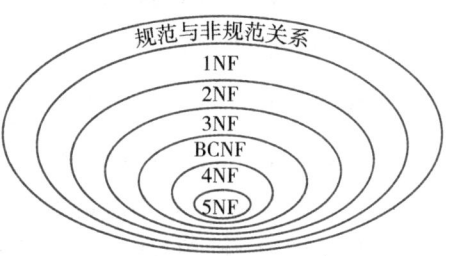

图 7-1　范式的种类与关系

在实际的数据库设计过程中，通常能达到第三范式就足够了。

7.2.1 第一范式（1NF）

第一范式是指二维表中的字段都不能再分解，即不包含非原子项的属性，这是关系型数据库的二维表必须要满足的要求。例如表 7-4 中包含可再分解的字段"高级职称人数"，若要满足第一范式的要求，则必须分解为如表 7-5 所示的状态。

表 7-4　　　　　　　　　　　　　原关系

系名称	高级职称人数	
	教授	副教授
计算机系	6	10
信息管理系	3	5
电子与通信系	4	8

表 7-5 分解后的关系

系名称	教授人数	副教授人数
计算机系	6	10
信息管理系	3	5
电子与通信系	4	8

7.2.2 第一范式（2NF）

若关系模式 R 符合第一范式，并且每一个非主键属性都完全依赖于 R 的主码，则 R 符合第二范式。

所谓完全依赖是指不能存在仅依赖主关键字一部分的属性。

【例 7-5】 关系模式 SG（StudentID，StudentName，Cno，Credit，Grade），其中 StudentID 为学号，StudentName 为姓名，Cno 为课程号，Grade 为成绩，Credit 为学分。主键为（StudentID，Cno），则函数依赖关系有：

（StudentID，Cno）$\xrightarrow{P}$ StudentName，其中姓名部分函数依赖于学号和课程号；

（StudentID，Cno）$\xrightarrow{P}$ Credit，其中学分部分函数依赖于学号和课程号。

因此，关系模式 SG 不满足第二范式，且会导致以下问题。

（1）数据冗余：假设同一门课有 100 个学生选修，学分就重复 100 次。

（2）更新异常：若调整了某课程的学分，相应的元组 Credit 值都要更新。

（3）插入异常：如计划开新课，由于没人选修，没有学号关键字，只能等有人选修才能把课程和学分存入。

（4）删除异常：若学生已经结业，从当前数据库删除选修记录，而某些课程新生尚未选修，则此门课程及学分记录无法保存。

解决办法：分成三个关系模式 SG1（StudentID，StudentName），SG2（Cno，Credit），SG3（StudentID，Cno，Grade）。

新关系包括三个关系模式，SG1 与 SG3 之间通过 StudentID 相联系，SG2 与 SG3 之间通过 Cno 相联系，需要时可以进行连接，就恢复了原来的关系。

7.2.3 第三范式（3NF）

若关系模式 R 符合第二范式，且所有非主属性对任何候选关键字都不存在传递信赖，则称关系 R 是属于第三范式的。

【例 7-6】 如 S1（Sno，Sname，Dno，Dname，Location）各属性分别代表学号，姓名，所在系，系名称，系地址。

主键为 Sno，决定各个属性。由于是单个关键字，没有部分依赖的问题，肯定是 2NF。

但该关系肯定有大量的冗余，有关学生所在地的几个属性（Dno，Dname，Location）将重复存储,插入、删除和修改时也将产生类似例 7-5 的情况。

原因:关系中存在传递依赖,即 Sno→Dno,而 Dno→ Sno 却不存在。Dno→ Location,因此关键字 Sno 对 Location 函数决定是通过传递依赖 Sno→ Location 实现的。也就是说,Sno 不直接决定非主属性 Location。

解决方法:分为两个关系 S(Sno,Sname,Dno),D(Dno,Dname,Location)通过分解,各关系模式中不再有传递依赖,且都满足 3NF,从而消除了数据冗余、插入、删除和修改等异常。

7.2.4 BC 范式

对于关系模式 R,若 R 为第一范式,且每个属性都不部分依赖于候选键,也不传递依赖于候选键,则称 R 是 BC 范式。

相对于第三范式,BC 范式的要求更加严格。第三范式只要求 R 为第二范式且非主属性不传递依赖于 R 的候选键,而 BC 范式则对 R 的每个属性都做要求。

【例 7-7】 关系模式 STJ(S,T,J)中,S 表示学生,T 表示教师,J 表示课程。每一个教师只教一门课。每门课有若干个教师,某一学生选定某门课,就对应一个固定的教师。由语义可得到如下函数依赖:

(S,J)→T;(S,T)→J;T→J。

(S,J),(S,T)都是候选键。

因为没有任何非主属性对键传递依赖或部分依赖,所以 STJ 是 3NF。但主属性 T 部分依赖于候选键(S,T),因此,STJ 不是 BC 范式。

7.2.5 关系规范化小结

如果从范式的角度解释规范化的过程,即一个低一级范式的关系模式,通过模式分解可以转换为若干个高一级范式的关系模式的集合,这种过程就叫作规范化。

关系型数据库的规范化理论是数据库设计的基础理论,目的是尽量消除插入、删除、更新异常,减少数据冗余,而其基本方法是逐步消除不合适的依赖关系。分解后的关系模式集合应当与原关系模式保持等价关系,即通过自然连接可以恢复原关系而不丢失信息,并保持属性间合理的联系。

实际上,并不一定要求全部模式都达到 BCNF。有时保留部分冗余可能更方便数据查询。尤其对于那些更新频度不高,查询频率极高的数据库系统更是如此。在实际应用中应结合实际情况考虑。

一个关系模式结合分解可以得到不同关系模式集合,也就是说分解方法不是唯一的。最小冗余的要求必须以分解后的数据库能够表达原来数据库所有信息为前提来实现。其目的是节省存储空间,避免数据不一致性,提高对关系的操作效率,同时满足应用需求。

知识小结

本模块阐述了关系型数据库的基本理论，包括函数依赖的基本概念和专业术语以及函数依赖的推理规则，并讨论了函数依赖的必要性。同时本模块对关系规范化理论进行了系统介绍，包括常用的范式及其定义和实际应用原则。

思考与操作

一、选择题

1. 对关系模式进行规范化的主要目的是(　　)。
   A. 提高数据操作效率　　　　　　　　B. 维护数据的一致性
   C. 加强数据的安全性　　　　　　　　D. 为用户提供更快捷的数据操作

2. 关系模式中的插入异常是指(　　)。
   A. 插入的数据违反了实体完整性约束　　B. 插入的数据违反了用户定义的完整性约束
   C. 插入了不该插入的数据　　　　　　D. 应该被插入的数据不能被插入

3. 若 X→Y 和 Y→Z 在关系模式 R 上成立，则 X→Z 在 R 上也成立。该推理规则称为(　　)。
   A. 自反规则　　　　B. 增广规则　　　　C. 传递规则　　　　D. 伪传递规则

4. 若关系模式 R 中属性 A 是 N 类属性，则 A(　　)。
   A. 一定不包含在 R 任何候选码中　　　B. 可能包含也可能不包含在 R 的候选码中
   C. 一定包含在 R 的某个候选码中　　　D. 一定包含在 R 的任何候选码中

5. 设 F 是某关系模式的极小函数依赖集。下列关于 F 的说法错误的是(　　)。
   A. F 中每个函数依赖的右部都必须是单个属性
   B. F 中每个函数依赖的左部都必须是单个属性
   C. F 中不能有冗余的函数依赖
   D. F 中每个函数依赖的左部不能有冗余属性

6. 有关系模式：学生(学号,姓名,所在系,系主任)，设一个系只有一个系主任，则该关系模式至少属于(　　)。
   A. 第一范式　　　　B. 第二范式　　　　C. 第三范式　　　　D. BC 范式

二、填空题

1. 若关系模式 R∈2NF，则 R 中一定不存在非主属性对主码的_____函数依赖。

2. 若关系模式 R∈3NF，则 R 中一定不存在非主属性对主码的_____函数依赖。

3. 设有关系模式 X(S,SN,D) 和 Y(D,DN,M)，X 的主码是 S，Y 的主码是 D，则 D 在关系模式 X 中被称为_____。

4. 关系规范化的过程是将关系模式从低范式规范化到高范式的过程，这个过程实际上是通过_____实现的。

5. 若关系模式 R 中所有的非主属性都完全函数依赖于主码，则 R 至少属于____范式。

模块 8　数据库设计

8.1　数据库设计概述

数据库设计是指根据用户的需求,在某一具体的数据库管理系统上,设计数据库的结构和建立数据库的过程。

数据库设计的任务主要是根据用户需求研制数据库结构,具体地说,是指对于一个给定的应用环境,构造最优的数据库模式,建立数据库及其应用系统,使之能有效地存储数据,满足用户的信息要求和处理要求。即把现实世界中的数据,根据各种应用处理的要求,加以合理地组织,满足硬件和操作系统的特性,利用已有的 DBMS 来建立能够实现系统目标的数据库。

8.1.1　数据库设计的特点

数据库设计是建立数据库及其应用系统的技术,是信息系统开发和建设中的核心技术。由于数据库应用系统的复杂性,数据库设计也变得异常复杂,所以最佳设计不可能一蹴而就,而只能是一种"反复探寻,逐步求精"的过程,也就是规划和结构化数据库中的数据对象以及这些数据对象之间关系的过程。

早期的数据库设计致力于数据模型和建模方法研究,忽视了对行为的设计,而现代的数据库设计则更注重以下特点。

1. 综合性

数据库设计涉及的范围很广,包含了计算机专业知识及业务系统的专业知识,同时它还要解决技术及非技术两方面的问题。

非技术问题包括组织机构的调整、经营方针的改变、管理体制的变更等。这些问题都不是设计人员所能解决的,但新的管理信息系统要求必须与非技术问题所导致的情况相适应。

由于同时具备数据库和业务两方面知识的人很少,所以,数据库设计者一般都需要花费相当多的时间去熟悉应用业务系统知识,这一过程有时很麻烦,可能会使设计人员产生厌烦情绪,从而对系统设计的完成情况造成影响。而且,由于承担部门和应用部门是一种委托雇佣关系,在客观上存在着一种对立的势态,所以经常出现在某些问题上意见不一致的情况,可能影响双方关系。这在管理信息系统(Management Information System,MIS)中尤为突出。

2. 结构设计与行为设计相分离

结构设计是指数据库的模式结构设计,包括概念结构、逻辑结构和存储结构;行为设计是指应用程序设计,包括功能组织、流程控制等方面的设计。在传统的软件工程中,更加注重处理过程的设计,而不太注重数据结构的设计。在一般的应用程序设计中只要条件允许就会尽量推迟数据结构的设计,这种方法不太适用于数据库设计。

数据库设计与传统的软件工程的做法正好相反。数据库设计的主要精力首先是放在数据结构的设计上,如数据库的表结构、视图等。

8.1.2 数据库设计方法概述

1. 直观设计法

直观设计法主要是指在数据库设计的初始阶段,数据库设计人员根据自己的经验和水平,运用一定的技巧进行数据库的设计。这种方法缺乏科学理论和工程方法的支持,很难保证设计的质量。

2. 规范设计法

为改变设计人员仅凭经验的做法,研究人员开始运用软件工程的思想来设计数据库,并提出了各种设计准则和规程,对数据库进行规范化设计。目前常用的规范设计法大多起源于"新奥尔良法"(1978年10月来自欧美国家的主要数据库专家在美国的新奥尔良市讨论数据库设计的问题,并提出了相应的工作规范,因此得名),将数据库设计分为需求分析、概念设计、逻辑设计和物理设计四个阶段。

3. 计算机辅助设计法

计算机辅助设计法是指在数据库设计的某些过程中模拟某一规范设计方法,通过人机交互实现部分设计,在这一过程中需要有相关知识和经验的人员的支持。

4. 自动化设计法

用来帮助设计数据库或数据库应用软件的工具称为自动化设计工具,例如OracleDesigner、PowerDesigner等,它可以自动并加速完成设计数据库系统的任务。用自动化设计工具完成设计数据库系统任务的方法称为自动化设计法。

8.1.3 数据库设计的基本步骤

一般来说,数据库设计分为需求分析、概念设计、逻辑设计、物理设计、数据库实施、数据库运行与维护六个阶段。

1. 需求分析

需求分析是整个数据库设计过程的基础,要收集数据库所有用户的信息内容和处理要求,并加以规格化和分析。这是费时且复杂的一步,但也是最重要的一步,相当于待构建的数据库"大厦"的"地基",它决定了以后各设计步骤的速度与质量。需求分析做得不好,可能会导致整个数据库设计返工重做。在分析用户需求时,要确保用户目标的一致性。

2. 概念设计

将需求分析得到的用户需求抽象为概念模型的过程就是概念设计。概念设计是把用户的信息要求统一到一个整体逻辑结构中,此结构能够表达用户的要求,是一个独立于任何 DBMS 软件和硬件的概念模型。

3. 逻辑设计

数据库概念设计的结果是得到一个与 DBMS 无关的概念模型。而逻辑设计则把在概念设计阶段得到的概念模型转换成具体 DBMS 所支持的数据模型。

4. 物理设计

数据库最终是要存储在物理设备上的。数据库的物理设计的内容是对给定的逻辑数据模型选取一个最适合应用环境的物理结构。数据库的物理结构是指数据库在物理设备上的存储结构与存储方法。

5. 数据库实施

数据库实施阶段是建立数据库的实质阶段。在此阶段,设计人员根据逻辑设计和物理设计的结果建立数据库,编写与调试应用程序,将数据录入数据库中,同时进行数据库系统的试运行。

6. 数据库运行与维护

数据库系统设计完成并试运行成功后,就可以正式投入运行了。数据库运行与维护阶段是整个数据库生存期中最长的阶段。在此阶段,设计人员需要收集和记录数据库的运行情况,并根据系统运行中产生的问题及用户的新需求不断完善系统功能和提高系统的性能。

设计一个完善的数据库应用系统是不可能一蹴而就的,数据库设计的过程往往是在上述几个阶段中不断反复。

8.2 数据库需求分析

需求分析是数据库开发的起点。这个阶段由系统分析员和用户双方共同收集数据库所需要的信息内容,调查和分析用户的业务活动和数据的使用情况。

8.2.1 需求分析的任务

需求分析的任务就是对现实世界要处理的对象进行详细调查和分析,收集支持系统目标的基础数据和处理方法;明确用户对数据库的具体要求,在此基础上进一步确定数据库系统的功能。

需求分析的任务不是确定系统如何完成它的工作,而是确定系统必须完成哪些工作,也就是对目标系统提出完整、准确、清晰、具体的要求。

8.2.2 需求分析的方法

在需求分析中,根据不同的问题和条件,可以通过多种调查方法获得用户需求。比较常见的调查方法包括:现场作业、开调查会、专人介绍、询问、问卷调查及查阅记录报表等。

1. 现场作业

现场作业是指通过亲身参加业务工作来了解业务活动的情况,这种方法可以比较准确地了解用户的需求,但比较耗时。

2. 开调查会

开调查会是指通过与用户座谈来了解业务活动的情况及用户需求。座谈时,参加者之间可以相互启发。

3. 专人介绍

专人介绍是指邀请业务骨干介绍各项业务的主要内容和各业务之间的关联。

4. 询问

询问是指对某些调查中的问题,可以找专人询问。

5. 问卷调查

问卷调查是通过向用户发放问卷来获取需求信息。如果调查表设计合理,这种方法是很有效的,也易于被用户接受。

6. 查阅记录报表

查阅记录报表是指查阅与原系统有关的数据记录,包括原始单据、账簿、报表等。

需求调查过程中,以上六种方法常常会混合使用。但无论采用何种调查方法,都需要用户的积极参与配合,并对设计工作的结果共同承担责任。

8.2.3 数据字典

数据字典(Data Dictionary,DD)是系统中各类数据描述的集合,是进行详细的数据收集和数据分析后所获得的主要成果。DD 以一种准确、简洁的方式对数据流图(Data Flow Diagram)中数据流、外部实体、数据存储作说明,与数据流图互为注释。

数据字典内容包括以下八个方面。

(1)数据库中所有模式对象的信息,如表、视图、簇、索引等。

(2)分配多少空间,当前使用了多少空间等。

(3)列的缺省值。

(4)约束信息的完整性。

(5)用户的名字。

(6)用户及角色被授予的权限。

（7）用户访问或使用的审计信息。
（8）其他产生的数据库信息。

数据库数据字典不仅是每个数据库的中心,而且对每个用户也是非常重要的信息。

8.3 数据库结构设计

数据库结构设计包括概念结构设计、逻辑结构设计、物理结构设计三个方面。接下来将分别对其方法和过程进行阐述。

8.3.1 概念结构设计

在早期的数据库设计中,需求分析之后,就进行逻辑设计。设计人员在进行逻辑设计时,既要考虑用户的信息,又要考虑具体 DBMS 的限制,设计过程复杂难以控制。为了改善这种状况,陈品山设计了基于 E-R 模型的数据库设计方法,即在需求分析和逻辑设计之间增加了概念结构设计阶段。在这个阶段,设计人员仅从用户角度看待数据及处理要求和约束,生成反映用户观点的概念模型,然后再把概念模型转换成逻辑模型。

1. 概念结构设计的任务

概念结构设计的任务就是将需求分析得到的用户需求抽象为信息结构,即概念模型。概念模型通常利用 E-R 图来表达。

2. E-R 模型

用来表述概念设计最常见的模型为实体关系模型,即 E-R 模型。E-R 模型提供了实体、属性和实体间关系的表示方法。

（1）矩形:表示实体。矩形内标明实体名称。

（2）椭圆:表示属性,可以是实体或者关系所具有的属性。椭圆内标明属性名称。如果某属性名称下带有下划线,表明此属性为唯一标识。用无向直线将属性与实体连接起来。E-R 模型中不能有孤立的属性。如图 8-1 所示,学生实体有学号、姓名、性别、出生日期、所在班级、家庭地址、身份证号及电话号码等属性,其中学号是唯一标识属性。

（3）菱形:表示关系。菱形内标明关系名称,用无向直线将关系与有关的实体连接起来,并在无向直线上标明关系的类型。如果关系有属性,还有无向直线将相关属性与关系连接起来,如图 8-1 所示,表

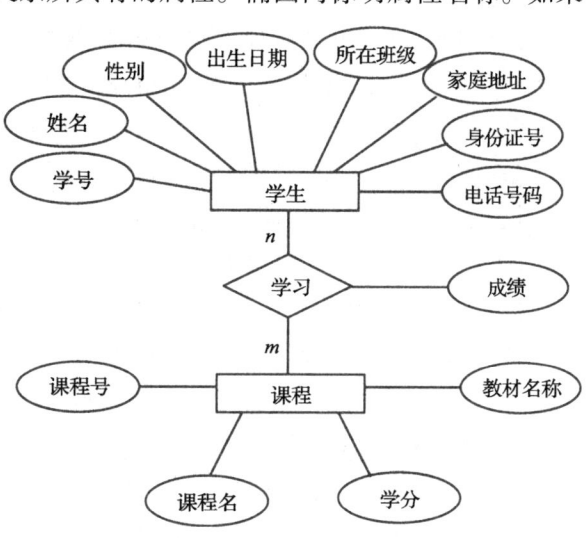

图 8-1 学生与课程之间多对多的关系

示了学生与课程之间多对多的关系。

3. 概念模型的设计步骤

采用 E-R 方法的概念结构设计可分为三步。

(1) 设计局部 E-R 图

设计局部的 E-R 图就是要确定局部 E-R 模型的范围、实体、关系以及它们的属性。一般来说,这些内容是从需求分析阶段产生的局部数据流图或数据字典中提炼而来。

(2) 合并局部 E-R 图

合并局部 E-R 图时,可以采用一次将所有的 E-R 图合并在一起,但合并局部 E-R 图会遇到冲突,因此可以用逐步合并、依次解决冲突的方式,一次合并少量局部 E-R 图,这样实现起来会更容易。

(3) 对全局 E-R 图进行优化

合并局部 E-R 图产生的仅仅是一个全局 E-R 模型草图,还需要在此基础上进行优化,消除不必要的冗余,生成基本的全局 E-R 图。

4. 选课管理数据库的概念结构设计

以对选课管理系统数据库进行概念结构设计为例,以下为具体设计步骤。

(1) 确定选课管理系统数据库的实体及其属性

① "学生"实体用于存储、维护每个学生的有关信息。每个学生用学号作为标识,规定不能有两个学生具有相同的学号,学生实体的其他属性有姓名、性别、出生日期、入学日期、家庭地址。

② "系"实体用于存储、维护每个系的有关信息。每个系用系号作为标识,规定不能有两个系具有相同的系号,系实体的其他属性有系名、系主任。

③ "教师"实体用于存储、维护每个教师的有关信息。每个教师用教师号作为标识,规定不能有两个系具有相同的教师号,教师实体的其他属性有教师姓名、性别、出生日期、职位、家庭住址、联系电话。

④ "班级"实体用于存储、维护每个班级的有关信息。每个班级用班级号作为标识,规定不能有两个班级具有相同的班级号,班级实体的其他属性有班级名称、班长姓名、学生人数。

⑤ "课程"实体用于存储、维护每个课程的有关信息。每个课程用课程号作为标识,规定不能有两个课程具有相同的课程号,课程实体的其他属性有课程名、教材名、学时、学分。

(2) 确定选课管理系统数据库的关系

① "系"与"班级"实体间存在"有"的 $1:n$ 关系。

② "班级"与"学生"实体间存在"有"的 $1:n$ 关系。

③ "学生"与"课程"实体间存在"学习"的 $n:m$ 关系。

④ "教师"与"课程"实体间存在"讲授"的 $n:m$ 关系。

(3) 绘制局部 E-R 图

① 一个班级可以有多个学生,但是一名学生只能属于一个班级,因此班级和学生之间的关系是 $1:n$ 的关系。根据各自的属性,画出班级与学生之间的 E-R 图,如图

8-2 所示。

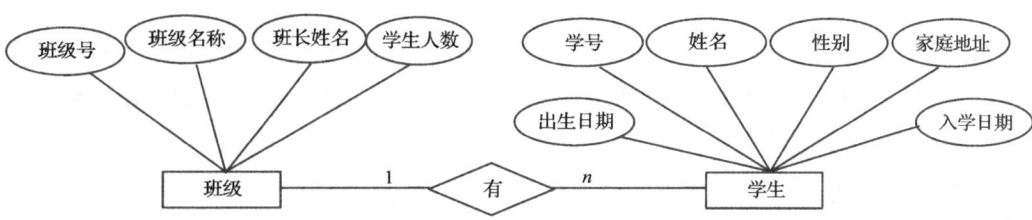

图 8-2 班级与学生之间的 E-R 图

② 一名学生可以学习多门课程,一门课程可以被多名学生学习,当学生学习课程时还要确定此学生哪个学年、哪个学期学了这门课、成绩是多少。因此"学习"关系带有"成绩""学年""学期"三个属性,画出学生与课程之间的 E-R 图,如图 8-3 所示。

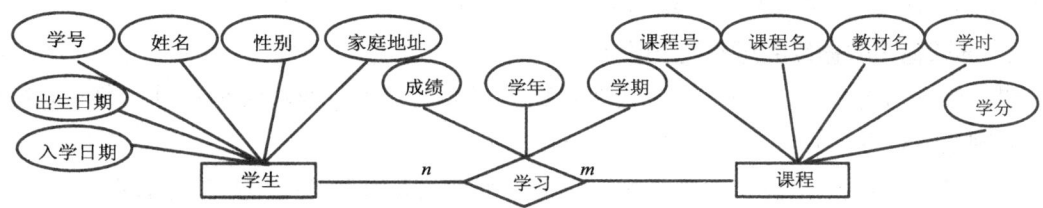

图 8-3 学生与课程之间的 E-R 图

③ 选课管理系统中还有很多其他实体和关系,考虑篇幅的原因,不再介绍其他局部 E-R 图,请读者自行绘制。

(4) 合并局部 E-R 图并绘制选课管理系统的完整 E-R 图

由于版面的限制,下面绘制的完整 E-R 图中省略了实体的属性,但包含了实体、关系及关系的属性,选课管理系统的完整 E-R 图,如图 8-4 所示。

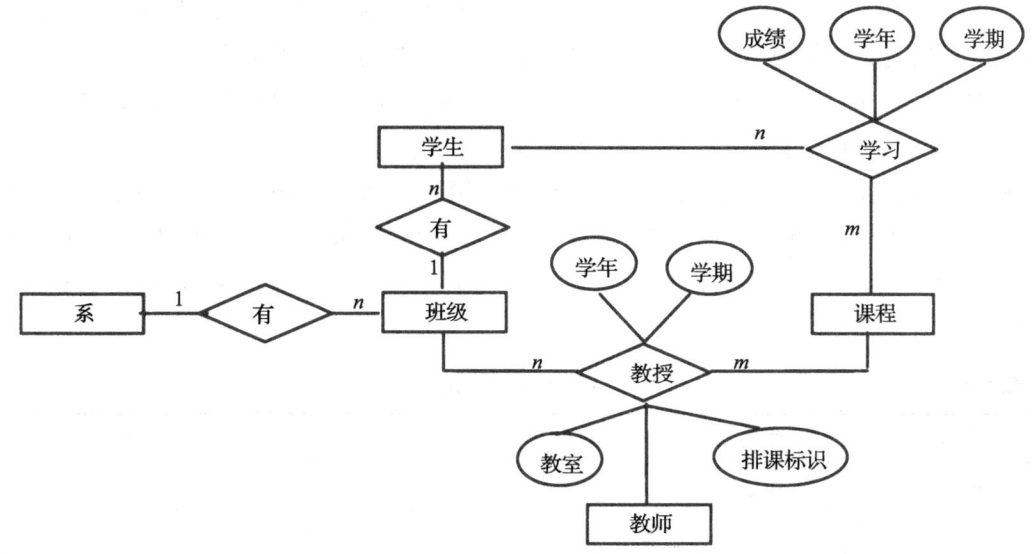

图 8-4 选课管理系统的完整 E-R 图

8.3.2 逻辑结构设计

数据库概念结构设计的结果是得到一个与具体的 DBMS 无关的概念模型。而逻辑结构设计则把在概念结构设计阶段得到的概念模型转换成具体 DBMS 所支持的数据模型。

1. 逻辑结构设计的任务

逻辑结构设计的任务就是将概念结构设计的结构(概念模型)转换为数据模型。由于概念结构设计的结果概念模型与具体的数据库管理系统无关,为了能实现用户的系统需求,需要将概念模型转换成某种数据库管理系统支持的数据模型。当前主流数据库都是关系型数据库,因采用关系模型而得名。

2. 概念模型到关系模型的转换

当概念模型转换成数据模型(此处指关系模型)时,模型转换成了表结构,其中实体变成了表,实例变成了行,属性变成了列,唯一标识变成了主键。

3. 选课管理数据库的逻辑结构设计

以在概念结构设计的基础上,对选课管理系统数据库进行逻辑结构设计为例。在确定选课管理系统数据库表结构时,需要注意以下五点。

(1) 确定表名、列名及列的数据类型。由于表可能运用在不同的数据库管理系统,所以表名和列名等数据库对象名应尽量使用英文名称。

(2) 确定哪些列允许空值(NULL)。NULL 表示空值,代表不确定,而不是"空白"、空格或"0"。在 SQL Server 中,列的默认属性为"NULL"。

(3) 确定主键。主键(PK)是唯一地标识关系表中各行的一个列或一组列。每个表都应有一个主键,并且主键必须是唯一的。主键的任何部分都不能为空。

(4) 确定外键。外键(FK)是一个表中的一个列或一组列,用于引用同一个表或另一个表中的主键或唯一键。

(5) 定义列时确定是否要包含约束、默认值或规则。约束、默认值和规则用于保证数据的完整性。在进行数据更新时,只有满足规定的约束和规则时才能成功。

按照实体转换为表,属性转换为列,唯一标识转换为主键,关系转换为外键等转换原则及以上注意事项可以将班级学生 E-R 图转换成下面两张表。

班级实体转换成 Class(班级)表(表 8-1),"班级号""班级名称""班长姓名""学生人数"四个属性转换成表中"ClassID""ClassName""Monitor""StudentNum"四列,其中唯一标识"班级号"转换为主键"ClassID"。注意:"DepartmentID"外键是由系别和班级之间的关系产生的,在 E-R 图中没有体现。

表 8-1　　　　　　　　　　　　Class(班级)表

列名	中文名	数据类型	精度	说明
ClassID	班级号	Char	8	主键
ClassName	班级名称	varChar	20	非空

(续表)

列名	中文名	数据类型	精度	说明
Monitor	班长姓名	Char	8	
StudentNum	学生人数	Int		大于等于 0
DepartmentID	系别号	Char	4	外键,引用系别表的系别号

学生实体转换成 Student(学生)表(表 8-2),"学号""学生姓名""性别""出生日期""家庭住址""入学日期"六个属性转换成表中"StudentID""StudentName""Sex""Birth""HomeAddr""EntranceTime"六列,其中唯一标识"学号"转换为主键"StudentID",表中"ClassID"外键是由班级和学生之间的关系转换而来。

表 8-2　　　　　　　　　　　　Student(学生)表

列名	中文名	数据类型	精度	说明
StudentID	学号	Char	12	主键
StudentName	学生姓名	Char	8	非空
Sex	性别	Char	2	非空,取值为"男"或"女"
Birth	出生日期	Date		非空
HomeAddr	家庭住址	varchar	80	
EntranceTime	入学日期	Date		默认系统时间
ClassID	班级号	Char	8	外键,引用班级表的班级号

注意:在本案例中,所有的表名和列名均为英文,读者可以根据自己的需要,为本案例取英文或中文表名和列名。

将学生课程 E-R 图转换为三个关系表。将学生实体转换成表 8-2,课程实体转换为表 8-3 Course(课程)表,其中"课程号""课程名""教材名""学时""学分"五个属性转换成"CourseID""CourseName""BookName""Period""Credit"五列,其中唯一标识"课程号"转换为主键"CourseID"。

表 8-3　　　　　　　　　　　　Course(课程)表

列名	中文名	数据类型	精度	说明
CourseID	课程号	Char	8	主键
CourseName	课程名	varChar	60	非空
BookName	教材名	varChar	80	非空
Period	学时	Int		非空
Credit	学分	Int		非空

E-R 图中的关系转换成外键或关系表。当关系存在属性时,关系要转换成关系表。学生与课程之间的"学习"关系,拥有"学期""学年""成绩"三个属性,"学习"关系转换成 Grade(成绩)表(表 8-4),三个属性转换成"Semester""SchoolYear""Grade"三列。CourseID 为外键,体现与课程实体的关系;StudentID 为外键,体现与学生实体的关系。CourseID 与 StudentID 两个列共同成为 Grade 的主键。

表 8-4　　　　　　　　　　　　　　Grade(成绩)表

列名	中文名	数据类型	精度	说明
CourseID	课程号	Char	8	主键,外键参照课程表课程号
StudentID	学号	Char	12	主键,外键参照学生表学号
Semester	学期	Int		非空
SchoolYear	学年	Int		
Grade	成绩	Numeric	5,1	大于等于 0

确定其他的表结构。根据选课管理数据库全局 E-R 图与局部 E-R 图,确定其他表结构(表 8-5 至表 8-7)。由于篇幅所限,这里不再赘述转换过程。

表 8-5　　　　　　　　　　　　　　Department(系别)表

列名	中文名	数据类型	精度	说明
DepartmentID	系别号	Char	4	主键
DepartmentName	系名称	varChar	20	非空,唯一
DepartmentHeader	系主任	varChar	8	非空

表 8-6　　　　　　　　　　　　　　Teacher(教师)表

列名	中文名	数据类型	精度	说明
TeacherID	教师号	Char	8	主键
TeacherName	教师姓名	Char	8	非空
Sex	性别	Char	2	非空,取值为"男"或"女"
Birth	出生日期	Date		
Profession	职位	Char	8	取值为"教授""副教授""讲师"或"助教"
Telephone	联系电话	varChar	20	
HomeAddr	家庭地址	varChar	50	
DepartmentID	系别号	Char	4	外键参照系别表系别号

表 8-7　　　　　　　　　　　　　　Schedule(排课)表

列名	中文名	数据类型	精度	说明
TeacherID	教师号	Char	8	主键,外键参照教师表教师号
CourseID	课程号	Char	8	主键,外键参照课程表课程号
ClassID	班级号	Char	8	主键,外键参照班级表班级号
Semester	学期	Int		非空
SchoolYear	学年	Int		非空
ScheduleIdent	排课标识	varChar	40	非空
Classroom	上课教室	varChar	20	非空

注意：Schedule 表的主键由 TeacherID、CourseID、ClassID 共同构成。

8.3.3　物理结构设计

数据库最终是要存储在物理设备上的。数据库的物理设计的内容是对给定的逻辑数据模型选取一个最适合应用环境的物理结构。数据库的物理结构指的是数据库在物理设备上的存储结构与存储方法。

1. 物理结构设计的任务

物理结构设计阶段的任务是把逻辑结构设计阶段得到的逻辑数据模型在物理上加以实现。该阶段的主要内容是根据 DBMS 提供的各种手段和技术,设计数据的存储形式和存储路径,如文件结构、索引设计等,最终获得一个高效的、可实现的物理数据库结构。

2. 物理结构设计方法

不同的 DBMS 提供的硬件环境和存储结构、存取方法以及提供数据库设计者的系统参数以及变化范围有所不同,因此,物理结构设计还没有一个通用的准则。本书所提供的方法仅供参考。

数据库物理结构设计通常分为三步：确定数据库存储结构；确定数据库存取方法；对物理结构进行评价,评价的重点为时间效率和空间效率。

(1) 确定数据库存储结构

确定数据库存储结构时要综合考虑存取时间、存储空间利用率和维护代价三个方面。这三个方面常常是相互矛盾的,例如消除一切冗余数据虽然能够节约存储空间,但往往会导致检索时间和维护代价的增加,因此必须进行权衡,选择一个最优方案。常用的存储方式有顺序存储、散列存储和聚簇存储。

关于数据的存储位置,程序设计人员不关心数据在磁盘的存放位置,具体的存储位置由 DBMS 管理。但是,有时为了提高存取效率,数据库管理员(DBA)可以指定数据的存储位置。当服务器有多个 CPU、多块硬盘时,把数据分布到各个磁盘上存储,可以大大地提高存取效率。各种 DBMS 指定存取路径的方法不同,在这里就不赘述了。

(2) 确定数据库存取方法

为了提高数据的存取效率,可以建立合适的索引。

用户通常可以通过建立索引来改变数据的存储方式以及存取方法。但在其他情况下，数据选择采用顺序存储、散列存储或其他存储方式，由系统根据数据的具体情况来决定。通常系统都会为数据选择一种最合适的存储方式。

针对特定的 DBMS，DBA 还可以通过修改特定的系统参数来提高数据的存取效率。

（3）物理结构设计的评价

评价物理数据库的方法完全依赖于所选用的 DBMS，主要从定量估算各种方案的存储空间、存取时间和维护代价着手，对估算结果进行权衡、比较，选择出一个较优的、合理的物理结构。若该结构不符合用户需求，则需要修改设计。

关于数据库的物理结构设计，读者要明确一点，即使不进行物理结构设计，数据库系统照样能够正常运行，设计物理结构的主要目的是进一步提高数据的存取效率。如果项目的规模不大、数据量不多，可以不进行物理结构设计。

3. 学生选课管理数据库的物理结构设计

以在选课管理系统关系表结构的基础上，对选课管理系统数据库进行物理结构设计为例。以下为具体设计步骤。

（1）确定存储结构

表 8-1～表 8-7 严格意义上是在物理结构设计阶段形成的存储结构。在逻辑结构设计阶段仅仅形成关系模式（一般在应用时，常常在逻辑结构设计阶段就形成关系表）。

（2）确定存储位置

选课管理数据库仅有 7 张表，而且表中的数据也不多，可以考虑将数据库存放在计算机的数据盘上。

（3）确定索引

选课管理数据库数据表中的索引按照"为主键和外键创建索引，为经常作为查询条件的列创建索引"的原则设置，为每张表中的列名创建索引的命令如下：

> Department(DepartmentID, DepartmentName, DepartmentHeader, TeacherNum)
> Class(ClassID, ClassName, Monitor, StudentNum, DepartmentID)
> Student(StudentID, StudentName, Sex, Birth, HomeAddr, EntranceTime, ClassID)
> Teacher(TeacherID, TeacherName, Sex, Birth, Profession, Telephone, HomeAddr, DepartmentID)
> Course(CourseID, CourseName, BookName, Period, Credit)
> Grade(CourseID, StudentID, Semester, SchoolYear, Grade)
> Schedule(TeacherID, CourseID, ClassID, Semester, SchoolYear, ScheduleIdent, Classroom)

知识小结

本模块介绍数据库设计的全部过程，包括概念结构设计、逻辑结构设计、物理结构设计三个阶段。并介绍了各个阶段的设计方法。数据库的设计在实际的项目实施过程中也可能会更简洁、更高效,但系统的数据库设计方法有助于有效解决后期检查出的问题,从而设计出更合理的数据库。

思考与操作

一、选择题

1. 在进行数据库逻辑结构设计时,下列不属于逻辑设计应遵守的原则是(　　)。
   A. 尽可能避免插入异常　　　　　　　　B. 尽可能避免删除异常
   C. 尽可能避免数据冗余　　　　　　　　D. 尽可能避免多表连接操作
2. 在进行数据库逻辑结构设计时,判断设计是否合理的常用依据是(　　)。
   A. 规范化理论　　　B. 概念模型　　　C. 数据字典　　　D. 数据流图
3. 数据流图是从"数据"和"处理"两方面来表达数据处理的一种图形化表示方法,该方法主要用在数据库设计的(　　)。
   A. 需求分析阶段　　　　　　　　　　　B. 概念结构设计阶段
   C. 逻辑结构设计阶段　　　　　　　　　D. 物理结构设计阶段
4. 在将局部 E-R 图合并为全局 E-R 图时,可能会产生一些冲突。下列冲突中不属于合并 E-R 图冲突的是(　　)。
   A. 结构冲突　　　B. 语法冲突　　　C. 属性冲突　　　D. 命名冲突
5. 一个银行营业所可以有多个客户,一个客户也可以在多个营业所进行存取款业务,则客户和银行营业所之间的联系是(　　)。
   A. 一对一　　　B. 一对多　　　C. 多对一　　　D. 多对多
6. 在关系数据库中,二维表结构是(　　)。
   A. 关系型数据库采用的概念层数据模型　　B. 关系型数据库采用的组织层数据模型
   C. 数据库文件的组织方式　　　　　　　　D. 内模式采用的数据组织方式

二、填空题

1. 一般将数据库设计分为_____、_____、_____、_____、_____、_____六个阶段。
2. 数据库结构设计包括_____、_____、_____三个过程。
3. 将局部 E-R 图合并为全局 E-R 图时,可能遇到的冲突有_____、_____和_____。

模块 9 事务与并发控制

9.1 事务

事务与并发控制属于数据库保护的知识范畴,数据库保护同时还包括安全管理、数据库备份与恢复等部分。本模块介绍事务与并发控制的概念,模块 12 介绍安全管理,模块 13 介绍数据库备份和恢复机制。

9.1.1 事务的基本概念

数据库中的数据是共享的资源,因此,允许多个用户同时访问相同的数据。当多个用户同时对同一段数据进行增加、删除、修改等操作时,若不采取任何措施,则会造成数据异常。事务就是为防止这种情况发生而产生的概念。

事务(transaction)是数据库系统中执行的一个工作单位,它是由用户定义的一组操作序列。一个事务可以是一条 SQL 语句、一组 SQL 语句或整个程序,一个程序可以包括多个事务。当一个事务内的所有语句作为一个整体时,要么所有语句都执行,要么所有语句都不执行。例如,A 账户转账给 B 账户 R 元钱,这个活动包含以下两个动作。

① 第一个动作:A 账户 -R。
② 第二个动作:B 账户 +R。

可以设想,假设第一个动作成功了,但第二个动作由于某种原因没有成功(比如突然停电等),那么在系统恢复正常运行后,A 账户的金额是减 R 之前的值还是减 R 之后的值呢?若 B 账户的金额没有变化(没有加上 R),则正确的情况是 A 账户的金额应该是没有做减 R 操作之前的值(若 A 账户是减 R 之后的值,则 A 账户中的金额和 B 账户中的金额就对不上了,这显然是不正确的)。怎样保证在系统恢复之后,A 账户中的金额是减 R 之前的值呢?这就需要用到事务的概念。事务可以保证在一个事务中的全部操作要么全部成功,要么全部失败。也就是说,当第二个动作没有成功完成时,系统将自动撤销第一个动作。这样当系统恢复正常时,A 账户和 B 账户中的数值依然正确。

在实际操作时,必须明确地告诉数据库管理系统哪几个动作属于一个事务,这可以通过标记事务的开始与结束来实现。不同的事务处理模型中,事务的开始标记不完全一样(将在 9.1.3 小节介绍事务处理模型),但不管是哪种事务处理模型,事务的结束标记都是一样的。事务的结束标记有两个:一个是正常结束,用 COMMIT(提交)表示,即将事务中所有对数据库的更新写回到磁盘上的物理数据库中,此时事务正常结束;一个是异常结束,用 ROLLBACK(回滚)表示,即在事务运行的过程中发生了某种故障,事务不能继续执行,系统将事务中对数据库的所有已完成的更新操作全部撤销,再回滚到事务开始时的状态。事务中的操作一般是对数据的更新操作。

9.1.2 事务的特征

事务具有四个特点,即原子性(atomicity)、一致性(consistency)、隔离性(isolation)和持久性(durability)。这四个特征也简称为事务的 ACID 特征。

1. 原子性

事务的原子性是指事务是数据库的逻辑工作单位,一个事务是一个不可分割的工作单位,事务在执行时,应该遵守"要么都做,要么都不做"的原则,即不允许只完成部分的事务。即使因为故障而使事务未能完成,它执行过的部分也要被取消。

2. 一致性

事务的一致性是指事务执行的结果必须是使数据库从一个一致性状态转到另一个一致性状态。所谓数据库的一致性状态是指数据库中的数据满足完整性约束。如前所述的转账事务,"从账户 A 转移资金额 R 到账户 B"是一个典型的事务,这个事务包括两个操作,从账户 A 中减去资金额 R 和在账户 B 中增加资金额 R,若只执行其中一个操作,则数据库处于不一致的状态,账务会出现问题。也就是说,两个操作要么全做,要么全不做,否则就不能成为事务。因此,事务中的操作如果有一部分成功,一部分失败,那么为避免数据库产生不一致状态,系统会自动将事务中已完成的操作撤销,使数据库回到事务开始前的状态。由此可见事务的一致性和原子性是密切相关的。

3. 隔离性

事务的隔离性是指数据库中一个事务的执行不能被其他事务干扰。即一个事务内部的操作及使用的数据对其他事务是隔离的,并发执行的各个事务不能相互干扰。并发控制就是为了保证事务间的隔离性。

4. 持久性

事务的持久性也称为永久性(permanence),指事务一旦提交,则其对数据库中数据的改变就是永久的,以后的操作或故障不会对事务的操作结果产生任何影响。

事务是数据库并发控制和恢复的基本单位。

保证事务的 ACID 特性是事务处理的重要任务。当出现以下两种情况时,事务的 ACID

特性可能遭到破坏。

（1）多个事务并行运行时，不同事务的操作有交叉情况。

（2）事务在运行过程中被强迫终止。

在情况（1）下，数据库管理系统必须保证多个事务在交叉运行时不影响这些事务的原子性。在情况（2）下，数据库管理系统必须保证被强迫终止的事务对数据库和其他事务没有任何影响。

以上这些工作都由数据库管理系统中的恢复和并发控制机制完成的。

9.1.3 事务处理模型

事务有两种类型：显式事务和隐式事务。显式事务是有显式的开始和结束标记的事务，隐式事务是指每一条数据操作语句都自动地成为一个事务。对于显式事务，SQL Server 采用的处理模型是显式开始和显式结束，即每个事务都有显式的开始和结束标记。事务的开始标记是 BEGIN TRANSACTION（TRANSACTION 可简写为 TRAN），事务的结束标记有以下两种。

COMMIT [TRANSACTION | TRAN]　　　　　正常结束

ROLLBACK [TRANSACTION | TRAN]　　　　异常结束

例如，9.1.1 中转账案例的事务命令如下：

```
BEGIN TRANSACTION
UPDATE 支付表 SET 账户总额=账户总额-R
WHERE 账户名='A'
UPDATE 支付表 SET 账户总额=账户总额+R
WHERE 账户名='B'
COMMIT
```

9.2 并发控制与封锁

数据库系统的显著特点是多个用户共享数据库资源，尤其是多用户可以同时存取相同数据。例如，飞机订票系统的数据库、银行系统的数据库等都是典型的多用户共享的数据库。在这样的系统中，同一时刻同时运行的事务可达数百个甚至更多。若对多用户的并发操作不加控制，就会造成数据存取的错误，破坏数据的一致性和完整性。

若事务是顺序执行的，即一个事务完成之后，再开始另一个事务，则称这种执行方式为串行执行，串行执行的情况如图 9-1(a) 所示（图中的 T_1、T_2 和 T_3 分别表示不同的事务）。若数据库管理系统可以同时接受多个事务，并且这些事务在时间上可以重叠执行，则称这种执行方式为并发执行。在单 CPU 系统中，同一时间只能有一个事务占据 CPU，各个事务交叉地使用 CPU,这种并发方式称为交叉并发,交叉并发执行的情况如图 9-1(b)所示。在多 CPU 系统中,多个事务可以同时占用 CPU,这种并发方式称为同时并发。本模块主要讨论单 CPU 中的交叉并发的情况。

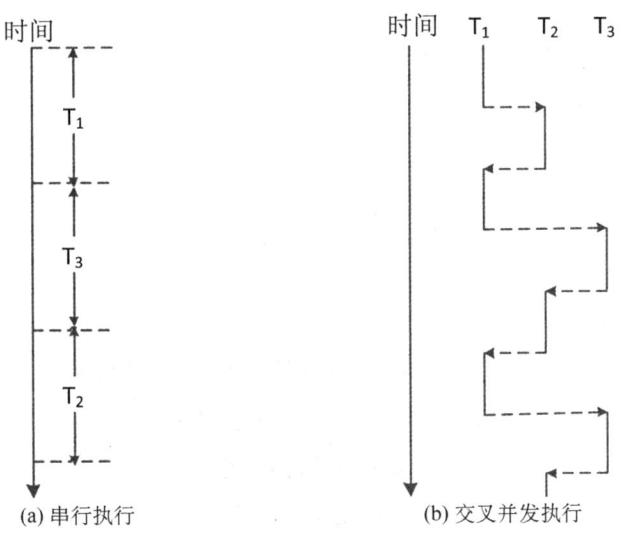

图 9-1　多个事务的执行情况

9.2.1　并发控制概述

　　数据库中的数据是可以共享的资源,因此会有很多用户同时使用数据库中的数据,也就是说,在多用户系统中,可能同时运行着多个事务,而事务的运行需要时间,并且事务中的操作需要在一定的数据上完成。当系统中同时有多个事务运行时,特别是当这些事务使用同一段数据时,彼此之间就有可能产生相互干扰的情况。

　　9.1.2 节中提到,事务是并发控制的基本单位,保证事务的 ACID 特性是事务处理的重要任务,而事务的 ACID 特性会因多个事务对数据的并发操作而遭到破坏。为保证事务之间的隔离性和一致性,数据库管理系统会对并发操作进行正确的调度。

　　下面介绍并发事务之间可能会出现的相互干扰情况。

　　【例 9-1】　(并发订票操作)假设有两个飞机订票点 A 和 B,如果 A、B 两个订票点恰巧同时办理同一架航班的飞机订票业务。A 事务 T_1 订走 4 张票,B 事务 T_2 订走 5 张票,如果正常操作,即 A 事务 T_1 执行完毕再执行 B 事务 T_2,余票张数更新后应该是 1 张。但是若按照以下的顺序操作,则会有不同的结果。

　　① A 事务 T_1 订票点(事务 A)读出航班目前的机票余额数,假设为 R=10 张。

　　② B 事务 T_2 订票点(事务 B)读出航班目前的机票余额数,假设也为 R=10 张。

　　③ A 事务 T_1 订票点订出 4 张机票,修改机票余额为 R=R-4=10-4=6,并将 6 写回到数据库中。

　　④ B 事务 T_2 订票点订出 5 张机票,修改机票余额为 R=R-5=10-5=5,并将 5 写回到数

据库中。

结果是两个事务共订出 9 张票,而数据库中却只少了 5 张。得到这种错误的结果是 A、B 两个事务并发操作引起的。这两个事务不能反映出飞机售票的真实情况,而且 B 事务还覆盖了 A 事务对数据的修改,使数据库中的数据不正确。这种情况就称为数据不一致,这种不一致是由并发操作引起的。在并发操作情况下,产生数据不一致是因为系统对 A、B 两个事务的操作序列的调度是随机的。这种情况在现实当中是不允许发生的,因此,数据库管理系统必须想办法避免出现这种情况,这就是数据库管理系统在并发控制中要解决的核心问题。

并发操作所带来的数据不一致情况大致可以概括为三种:丢失数据修改、读"脏"数据和不可重读,下面分别介绍。

1. 丢失数据修改

丢失数据修改是指两个事务 T_1 和 T_2 读入同一数据并进行修改,T_2 提交的结果破坏了 T_1 提交的结果,导致 T_1 的修改被 T_2 覆盖掉了。上述飞机订票系统就属于这种情况。丢失数据修改的情况如表 9-1 所示。数据库中 R 的初始值是 10,事务 T_1 包含三个操作:读入 R 初始值(FIND R);计算余票数(R=R-4);更新 R(UPDATE R)。事务 T_2 也包含三个操作:读入 R 初始值(FIND R);计算余票数(R=R-5);更新 R(UPDATE R)。如果事务 T_1 和 T_2 顺序执行,则更新后,R 的值是 1,但是如果 T_1 和 T_2 按照表 9-1 所示的并发执行,R 的值是 5,得到错误结果,原因在于在 t_7 时刻丢失了对 T_1 对数据库的更新操作。因此,这个并发操作不正确。

表 9-1　　　　　　　　　　　　　丢失更新问题

时间	事务 T_1	数据库中 R 的值	事务 T_2
t_0		10	
t_1	FIND R		
t_2			FIND R
t_3	R=R-4		
t_4			R=R-5
t_5	UPDATE R		
t_6		6	UPDATE R
t_7		5	

2. 读"脏"数据

读"脏"数据是指一个事务读了某个失败事务运行过程中的数据。即事务 T_1 修改了某一数据,并将修改结果写回到磁盘,然后事务 T_2 读取了同一数据(是 T_1 修改后的结果),但

后来由于某种原因 T_1 撤销了它所做的操作,这样被 T_1 修改过的数据又恢复为原来的值,那么 T_2 读到的值就与数据库中实际的数据值不一致了。这些未提交且随后又被撤销的更新数据称为"脏"数据。读"脏"数据的情况如表 9-2 所示。事务 T_1 把 R 值改为 6,但此时尚未做 COMMIT 操作,事务 T_2 将修改过的值 6 读出来,之后事务 T_1 执行 ROLLBACK 操作,R 的值恢复为 10,而事务 T_1 仍在使用已被撤销了的 R 的值 6。原因在于,在 t_4 时刻事务 T_2 读取了 T_1 未提交的更新操作结果,这种值是不稳定的,在事务 T_1 结束前随时可能执行 ROLLBACK 操作。此处事务 T_2 在 t_4 时刻读取的就是"脏"数据。

表 9-2　　　　　　　　　　　读"脏"数据问题

时间	事务 T_1	数据库中 R 的值	事务 T_2
t_0		10	
t_1	FIND R		
t_2	R=R−4		
t_3	UPDATE R		
t_4		6	FIND R
t_5	ROLLBACK		
t_6		10	

3. 不可重读

不可重读是指事务 T_1 读取数据后,事务 T_2 执行了更新操作,修改了 T_1 读取的数据,T_1 操作完数据后,又重新读取了同样的数据,但这次读完之后,当 T_1 再对这些数据进行相同操作时,得到的结果与前一次不一样。不可重读的情况如表 9-3 所示。在 t_1 时刻,事务 T_1 读取 R 值为 10,但事务 T_2 在 t_4 时刻将 R 的值更新为 5,T_1 所使用的值已经与开始不一致了。

表 9-3　　　　　　　　　　　不可重读问题

时间	事务 T_1	数据库中 R 的值	事务 T_2
t_0		10	
t_1	FIND R		
t_2			FIND R
t_3			R=R−5
t_4			UPDATE R
t_5		5	

产生上述三种数据不一致现象的主要原因是并发操作破坏了事务的隔离性。并发控制就是要用正确的方法来调度并发操作,使一个事务的执行不受其他事务的干扰,以避免造成数据不一致的情况,保证数据库的完整性。

9.2.2 并发控制措施

在数据库环境下,进行并发控制的主要方式是使用封锁机制,即加锁(locking)。加锁是一种并行控制技术,用来调整对共享目标(如数据库中共享记录)的并行存取。事务通过向封锁管理程序的系统组成部分发出请求而对记录加锁。

所谓加锁就是事务 T 在对某个数据操作之前,先向系统发出请求,封锁其所要使用的数据。加锁后事务 T 对其要操作的数据具有了一定的控制权,在事务 T 释放它对数据的封锁之前,其他事务不能操作这些数据。

以飞机订票系统为例,当事务 T 要修改订票数时,在读取订票数之前先封锁该数据,然后再对数据进行读取和修改操作。这时其他事务就不能读取和修改订票数,直到事务 T 修改完成后将数据写回到数据库中,并解除对该数据的封锁之后才能由其他事务使用这些数据。

具体的控制权由锁的类型决定。基本的锁类型有两种:排他锁(exclusive lock,也称为 X 锁或写锁)和共享锁(share lock,也称 S 锁或读锁)。

(1)排他锁:排他锁采用的原理是禁止并发操作。若事务 T 给数据对象 A 加了 X 锁,则允许 T 读取和修改 A,但不允许其他事务再给 A 加任何类型的锁和进行任何操作。即一旦一个事务获得了对某一数据的排他锁,则任何其他事务均不能对该数据添加任何封锁,其他事务只能进入等待状态,直到第一个事务撤销了对该数据的封锁。

(2)共享锁:共享锁采用的原理是允许其他用户对同一数据对象进行查询,但不能对该数据对象进行修改。当事务 T 给数据对象 A 加了 S 锁,则事务 T 可以读 A,但不能修改 A,其他事务可以再给 A 加 S 锁,但不能加 X 锁,直到 T 释放了 A 上的 S 锁为止。即对于读操作(检索)来说,可以有多个事务同时获得共享锁,但阻止其他事务对已获得共享锁的数据进行排他封锁。

共享锁的操作基于这样的事实:查询操作并不改变数据库中的数据,而更新操作(插入、删除和修改)才会真正使数据库中的数据发生变化。加锁的真正目的在于防止更新操作带来的数据不一致问题,而对查询操作则可放心地并行进行。

排他锁和共享锁的控制方式可以用如表 9-4 所示的相容矩阵来表示。

在表 9-4 的加锁类型相容矩阵中,最左边一列表示事务 T_1 在已经获得的数据对象上添加的锁类型,最上面一行表示另一个事务 T_2 对同一数据对象发出的加锁请求。T_2 的加锁请求能否被满足在矩阵中分别用"是"和"否"表示,"是"表示事务 T_2 的加锁请求与 T_1 已有的锁兼容,加锁请求可以满足;"否"表示事务 T_2 的加锁请求与 T_1 已有的锁冲突,加锁请求不能满足。

表 9-4　　　　　　　　　　　　加锁类型的相容矩阵

T_1 T_2	X	S	无锁
X	否	否	是
S	否	是	是
无锁	是	是	是

9.2.3 封锁协议

封锁可以保证合理地进行并发控制,保证数据的一致性。实际上,锁是一个控制块,其中包括被加锁记录的标识符及持有锁的事务的标识符等。在封锁时,要考虑一定的封锁规则,例如,何时开始封锁、封锁多长时间、何时释放等,这些封锁规则称为封锁协议。对封锁方式规定不同的规则,就形成了各种不同的封锁协议。封锁协议在不同程度上对正确控制并发操作提供了一定的保证。上面讲述过的并发操作所带来的丢失数据修改、读"脏"数据和不可重读等数据不一致性问题,可以通过级封锁协议在不同程度上给予解决,下面介绍三个级别的封锁协议。

1. 一级封锁协议

一级封锁协议的内容是事务 T 在修改数据对象之前必须对其加 X 锁,直到事务结束。具体地说,就是任何企图更新记录 R 的事务必须先执行"XLOCK R"(即对记录 R 进行 X 封锁)操作,以获得对该记录进行寻址的能力并使它取得 X 封锁。如果未获准 X 封锁,那么这个事务进入等待状态,直到获准 X 封锁,该事务才继续执行。该封锁协议规定事务在更新记录 R 时必须获得排他性封锁,使得两个同时要求更新 R 的并行事务之一必须在一个事务更新操作执行完成之后才能获得 X 封锁,这样就避免两个事务读到同一个 R 值而先后更新时所发生的数据丢失更新问题。

利用一级封锁协议可以解决表 9-1 中的数据丢失更新问题,如表 9-5 所示。事务 T_1 先对 R 进行 X 封锁,事务 T_2 执行"XLOCK R"操作,未获准 X 封锁,则进入等待状态,直到事务 T_1 更新 R 值以后,解除 X 封锁操作。此后事务 T_2 再执行"XLOCK R"操作,获准 X 封锁,并对 R 值进行更新(此时 R 已是事务 T_1 更新过的值,R=6)。这样就能得出正确的结果。

表 9-5　　　　　　　　　　　　无丢失更新问题

时间	事务 T_1	数据库中 R 的值	事务 T_2
t_0	XLOCK R	10	
t_1	FIND R		
t_2			XLOCK R
t_3	R=R-4		WAIT

（续表）

时间	事务 T_1	数据库中 R 的值	事务 T_2
t_4	UPDATE R		WAIT
t_5	UNLOCK X	6	WAIT
t_6			XLOCK R
t_7			R=R−5
t_8			UPDATE R
t_9		1	UNLOCK X

一级封锁协议只有修改数据时才能进行加锁，若只是读取数据则并不能加锁，因此它不能避免读"脏"数据和"不可重读"数据。

2. 二级封锁协议

二级封锁协议的内容是在一级封锁协议的基础上，另外加上事务 T 在读取数据 R 之前必须先对其加 S 锁，读完后释放 S 锁。因此二级封锁协议不但可以解决更新时所发生的数据丢失问题，还可以进一步防止读"脏"数据。

利用二级封锁协议可以解决表 9-2 中的读"脏"数据问题，如表 9-6 所示。事务 T_1 先对 R 进行 X 封锁，把 R 的值改为 6，但尚未提交。这时事务 T_2 请求对数据 R 加 S 锁，因为 T_1 已对 R 加了 X 锁，T_2 只能等待，直到事务 T_1 释放 X 锁。之后事务 T_1 因某种原因被撤销，数据 R 恢复原值 10，并释放 R 上的 X 锁。事务 T_2 可对数据 R 加 S 锁，读取 R=10，得到了正确的结果，从而避免了事务 T_2 读取"脏"数据。

表 9-6   无读"脏"数据问题

时间	事务 T_1	数据库中 R 的值	事务 T_2
t_0	XLOCK R	10	
t_1	FIND R		
t_2	R=R−4		
t_3	UPDATE R		
t_4		6	SLOCK R
t_5	ROLLBACK		WAIT
t_6	UNLOCK R	10	SLOCK R
t_7			FIND R
t_8			UNLOCK S

二级封锁协议在读取数据之后，立即释放 S 锁，因此它仍然不能避免不可重读数据。

3. 三级封锁协议

三级封锁协议的内容是在一级封锁协议的基础上,另外加上事务 T 在读取数据 R 之前必须先对其加 S 锁,读完后并不释放 S 锁,而直到事务 T 结束才释放。所以三级封锁协议除了可以避免更新丢失问题和读"脏"数据外,还可进一步避免不可重读数据,彻底解决了并发操作所带来的三个不一致性问题。

利用三级封锁协议可以解决表 9-3 中的不可重读数据问题,如表 9-7 所示。在表 9-7 中,事务 T_1 读取 R 的值之前先对其加 S 锁,这样其他事务只能对 R 加 S 锁,而不能加 X 锁,即其他事务只能读取 R,而不能对 R 进行修改。所以当事务 T_2 在 t_3 时刻申请对 R 加 X 锁时被拒绝,使其无法执行修改操作,只能等待事务 T_1 释放 R 上的 S 锁,这时事务 T_1 再读取数据 R 进行核对,得到的值仍是 10,与开始所读取的数据是一致的,即可重读。在事务 T_1 释放 S 锁后,事务 T_2 可以对 R 加 X 锁,进行更新操作,这样便保证了数据的一致性。

表 9-7　　可重读问题

时间	事务 T_1	数据库中 R 的值	事务 T_2
t_0		10	
t_1	SLOCK R		
t_2	FIND R		
t_3			XLOCK R
t_4	COMMIT		WAIT
t_5	UNLOCK S		WAIT
t_6			XLOCK R
t_7			FIND R
t_8			R=R−5
t_9			UPDATE R
t_{10}			UNLOCK X

三个封锁协议的主要区别在于哪些操作需要申请锁以及何时释放锁。三个级别的封锁协议如表 9-8 所示。

表 9-8　　三个级别的封锁协议

封锁协议	X 锁(对更改的数据)	S 锁(对只读数据)	不丢失数据修改	不读"脏"数据	可重读
一级	事务全程加锁	不加	√		
二级	事务全程加锁	事务开始加锁 读完即释放锁	√	√	
三级	事务全程加锁	事务全程加锁	√	√	√

9.2.4 活锁和死锁

封锁技术可有效解决并行操作的一致性问题,但也可能产生活锁和死锁问题。

1. 活锁

当某个事务请求对某一数据进行排他性封锁时,由于其他事务对该数据的操作而使这个事务处于永久等待状态,这种状态称为活锁。

例如,事务 T_1 在对数据 R 封锁后,事务 T_2 又请求封锁 R,于是 T_2 等待。T_3 也请求封锁 R。当 T_1 释放了 R 上的封锁后首先批准了 T_3 的请求,T_2 继续等待。然后又有 T_4 请求封锁 R,T_3 释放了 R 上的封锁后又批准了 T_4 的请求,……,T_2 可能永远处于等待状态,从而产生活锁,如表 9-9 所示。

表 9-9 活锁

时间	事务 T_1	事务 T_2	事务 T_3	事务 T_4
t_0	LOCK R			
t_1		LOCR R		
t_2		WAIT	LOCK R	
t_3	UNLOCK	WAIT	WAIT	LOCK R
t_4		WAIT	LOCK R	WAIT
t_5		WAIT		WAIT
t_6		WAIT	UNLOCK	WAIT
t_7		WAIT		LOCK R
t_8		WAIT		

避免活锁的简单方法是采用"先来先服务"的策略,按照请求封锁的次序对事务排队,一旦记录上的锁释放,就使申请队列中的第一个事务获得锁,有关活锁的问题不再详细讨论,因为活锁的问题较为常见,这里主要讨论有关死锁的问题。

2. 死锁

在同时处于等待状态的两个或多个事务中,其中每一个事务在能够进行之前,都等待着某个数据,而这个数据已被它们中的某个事务所封锁,这种状态称为死锁。

例如,事务 T_1 在对数据 R_1 封锁后,又要求对数据 R_2 封锁,而事务 T_2 已获得对数据 R_2 的封锁,又要求对数据 R_1 封锁,这样两个事务由于都不能得到封锁而处于等待状态,从而产生了死锁,如表 9-10 所示。

表 9-10		死锁	
时间	事务 T_1		事务 T_2
t_0	LOCK R_1		
t_1			LOCR R_2
t_2			
t_3	LOCR R_2		
t_4	WAIT		
t_5	WAIT		LOCK R_1
t_6	WAIT		WAIT
t_7	WAIT		WAIT

（1）死锁产生的条件

① 互斥条件：一个数据对象一次只能被一个事务所使用，即对数据的封锁采用排他式。

② 不可抢占条件：一个数据对象只能被占有它的事务所释放，而不能被别的事务强行抢占。

③ 部分分配条件：一个事务已经封锁分给它的数据对象，但仍然要求封锁其他数据。

④ 循环等待条件：允许等待其他事务释放数据对象，系统处于加锁请求相互等待的状态。

（2）死锁的预防

死锁一旦发生，系统效率将会大大下降，因而要尽量避免死锁的发生。在操作系统的多道程序运行中，由于多个进程的并行执行需要分别占用不同资源，所以也会产生死锁。要想预防死锁的产生，就得改变形成死锁的条件。同操作系统预防死锁的方法类似，在数据库环境下，预防死锁常用的方法有以下两种。

① 一次加锁法是每个事务必须将所有要使用的数据对象全部依次加锁，并要求加锁成功，只要一个加锁不成功，就表示本次加锁失败，此时应该立即释放所有加锁成功的数据对象，然后重新开始加锁。一次加锁法的程序框图如图 9-2 所示。

如表 9-10 发生死锁的例子，可以通过一次加锁法加以预防。事务 T_1 启动后，立即对数据 R_1 和 R_2 依次加锁，加锁成功后，执行 T_1，而事务 T_2 等待。直到 T_1 执行完后释放 R_1 和 R_2 上的锁，T_2 继续执行。这样就不会产生死锁。

一次加锁法虽然可以有效地预防死锁的发生，但也存在一些问题。首先，对某一事务所要使用的全部数据一次性加锁，扩大了封锁的范围，从而降低了系统的并发度。其次，由于数据库中的数据是不断变化的，原来不要求封锁的数据，在执行过程中可能会变成封锁对象，所以很难事先精确地确定每个事务所要封锁的数据对象，这样只能在开始时扩大封锁范围，将可能要封锁的数据全部加锁，从而进一步降低了并发度，影响系统的运行效率。

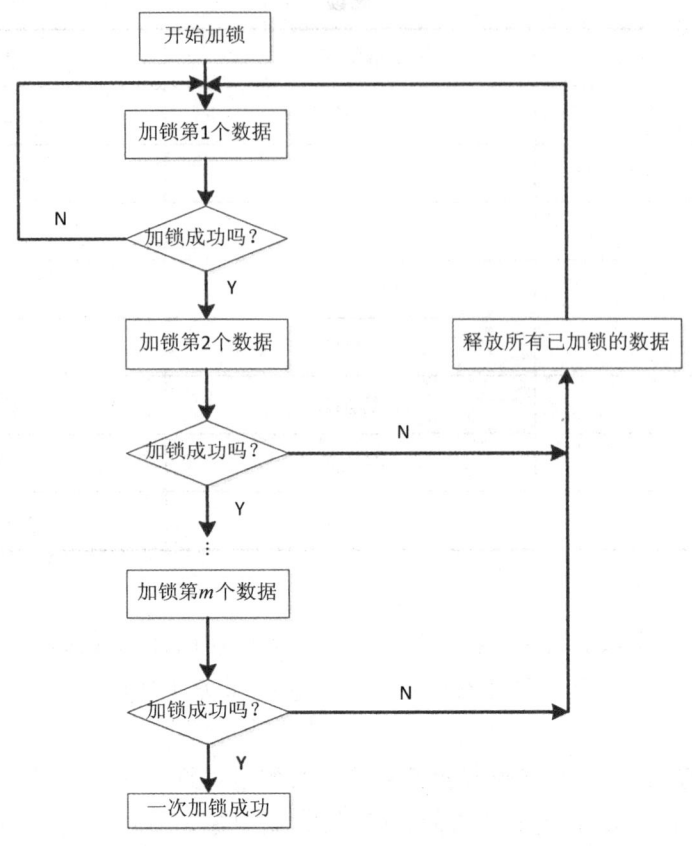

图 9-2 一次加锁法程序框图

② 顺序加锁法是预先对所有可加锁的数据对象规定一个加锁顺序,每个事务都需要按此顺序加锁,在释放时,按逆序进行。

例如对于表 9-10 发生的死锁,可以规定封锁顺序为 R_1、R_2,事务 T_1 和 T_2 都需要按此顺序加锁。T_1 先封锁 R_1,再封锁 R_2,当 T_2 再请求封锁 R_1 时,因为 T_1 已经对 R_1 加锁,T_2 只能等待。待 T_1 释放 R_1 后,T_2 再封锁 R_1,则不会产生死锁。

顺序加锁法同一次加锁法一样,也存在一些问题,因为事务的封锁请求可以随着事务的执行而动态地决定,所以很难事先确定封锁对象,从而更难确定封锁顺序。即使确定了封锁顺序,随着数据操作的不断变化,维护这些数据的封锁顺序需要很大的系统开销。

在数据库系统中,可加锁的目标集合不但很大,而且是动态变化的;可加锁的目标常常不是按名寻址,而是按内容寻址,预防死锁常要付出很高的代价,因而上述两种在操作系统中广泛使用的预防死锁的方法并不太适合数据库的特点。一般情况下,在数据库系统中,可以允许产生死锁,在死锁产生后系统可以自动诊断并解除死锁。

(3)死锁的诊断和解除

数据库管理系统中诊断死锁的方法与操作系统类似,一般使用超时法和事务等待图法。

① 超时法。若一个事务的等待时间超过了规定的时限,则认为产生了死锁。超时法的

优点是实现起来比较简单,但不足之处也很明显。一是可能产生误判的情况,例如,若事务因某些原因造成等待时间比较长,超过了规定的等待时限,则系统会误认为产生了死锁。二是若时限设置得比较长,则不能对发生的死锁进行及时的处理。

② 事务等待图法。事务等待图是一个有向图 G=(T,U)。T 为结点的集合,每个结点表示正在运行的事务;U 为边的集合,每条边表示事务等待的情况。若 T_1 等待 T_2,则 T_1 和 T_2 之间画一条有向边,从 T_1 指向 T_2,如图 9-3 所示。

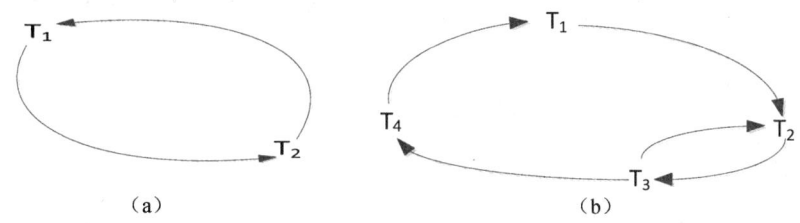

图 9-3 事务等待图法

图 9-3(a)表示事务 T_1 等待 T_2,T_2 等待 T_1,因此产生了死锁。图 9-3(b)表示事务 T_1 等待 T_2,T_2 等待 T_3,T_3 等待 T_4,T_4 又等待 T_1,因此也产生了死锁。

事务等待图动态地反映了所有事务的等待情况。数据库管理系统中的并发控制子系统周期性地(比如每隔几秒)生成事务的等待图,并进行检测。若发现图中存在回路,则表示系统中出现了死锁。

数据库管理系统的并发控制子系统一旦检测到系统中产生了死锁,就要设法解除。通常采用的方法是选择一个处理死锁代价最小的事务,将其撤销,释放此事务所持有的全部锁,使其他事务可以继续运行,且对撤销事务所执行的数据修改操作必须加以恢复。

9.2.5 并发调度的可串行性

数据库管理系统对并发事务中操作的调度是随机的,而不同的调度会产生不同的结果,那么,哪个结果是正确的,哪个结果是不正确的? 直观地说,如果多个事务在某个调度下的执行结果与这些事务在某个串行调度下的执行结果相同,那么这个调度就一定是正确的。因为所有事务的串行调度策略一定是正确的调度策略。虽然以不同的顺序串行执行事务可能会产生不同的结果,但都不会将数据库置于不一致的状态,因此都是正确的。

多个事务的并发执行是正确的,当且仅当其结果与按某一顺序的串行执行的结果相同,满足这种要求的并发调度称为可串行化调度。可串行性是并发事务正确性的准则,根据这个准则可知,一个给定的并发调度,当且仅当是可串行化调度时,才是正确的调度。

例如,假设有两个事务,分别包含以下操作。

① 事务 T_1:读 B;A=B+1;写回 A。

② 事务 T_2:读 A;B=A+1;写回 B。

假设 A、B 的初值均为 4,若按 $T_1 \rightarrow T_2$ 的顺序执行,其结果为 A=5,B=6;若按 $T_2 \rightarrow T_1$ 的顺序执行,则其结果为 A=6,B=5。当并发调度时,只要执行的结果是这二者之一,就可认为该调度是正确的。

表 9-11 给出了针对这两个事务的几种不同调度策略。

为了保证并发操作的正确性,数据库管理系统的并发控制机制必须提供一定的手段来保证调度是可串行化的。

从理论上讲,若在某一事务执行过程中禁止执行其他事务,则这种调度策略一定是可串行化的,但这种方法实际上是不可取的,因为这样不能让用户充分共享数据库资源,降低了事务的并发度。目前的数据库管理系统普遍采用封锁方法来实现并发操作的可串行性,从而保证调度的正确性。

表 9-11　　　　　　　　　　　　并发事务的不同调度

时间	串行调度(1)		串行调度(2)		不可串行化调度		可串行化调度	
	事务 T_1	事务 T_2	事务 T_1	事务 T_2	事务 T_1	事务 T_2	事务 T_1	事务 T_2
t_0	SLOCK B			SLOCK A	SLOCK B		SLOCK B	
t_1	Y=B=4			X=A=4	Y=B=4		Y=B=4	
t_2	UNLOCK B			UNLOCK A		SLOCK A	UNLOCK B	
t_3	XLOCK A			XLOCK B		X=A=4	XLOCK A	
t_4	A=Y+1			B=X+1	UNLOCK B			SLOCK A
t_5	WRITE (A=5)			WRITE (B=5)		UNLOCK A	A=Y+1	WAIT
t_6	UNLOCK A			UNLOCK B	XLOCK A		WRITE (A=5)	WAIT
t_7		SLOCK A	SLOCK B		A=Y+1		UNLOCK A	WAIT
t_8		X=A=5	Y=B=5		WRITE (A=5)			X=A=5
t_9		UNLOCK A	UNLOCK B			XLOCK B		UNLOCK A
t_{10}		XLOCK B	XLOCK A			B=X+1		XLOCK B
t_{11}		B=X+1	A=Y+1			WRITE (B=6)		B=X+1
t_{12}		WRITE (B=6)	WRITE (A=6)		UNLOCK A			WRITE (B=6)
t_{13}		UNLOCK B	UNLOCK A			UNLOCK B		UNLOCK B

两段锁(Two-Phase Locking,2PL)协议是保证并发调度可串行性的封锁协议。除此之外还有一些其他的方法(比如乐观方法等)来保证调度的正确性。本书只介绍两段锁协议。

9.2.6　两段锁协议

两段锁协议是指所有的事务必须分为两个阶段对数据进行加锁和解锁,具体内容包括:
① 在对任何数据进行读写操作之前,首先要获得对该数据的封锁。
② 在释放一个封锁之后,事务不再申请和获得任何其他封锁。

两段锁协议是实现可串行化调度的充分条件。

两段锁可以将每个事务分成两个时期:申请封锁期(开始对数据操作之前)和释放封锁期(结束对数据操作之后),申请期申请要加的所有封锁,释放期释放所有封锁。在申请期不允许释放任何锁,在释放期不允许申请任何锁,这就是两段式封锁。

若某事务遵守两段锁协议,则其封锁序列如图 9-4 所示。

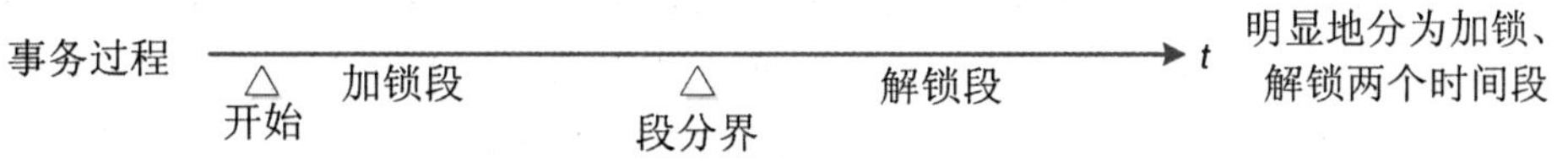

事务过程 △ 加锁段 △ 解锁段 t 明显地分为加锁、
　　　　 开始　　　　　段分界　　　　　　　　解锁两个时间段

图 9-4 两段锁协议

可以证明,若并发执行的所有事务都遵守两段锁协议,则这些事务的任何并发调度策略都是可串行化的。

事务遵守两段锁协议是可串行化调度的充分非必要条件。也就是说,若并发事务都遵守两段锁协议,则对这些事务的任何并发调度策略都是可串行化的。但若并发事务的某个调度是可串行化的,并不意味着这些事务都遵守两段锁协议,如表 9-12 所示。在表 9-12 中,体现了遵守了两段锁协议和没有遵守两段锁协议的事务,这两种情况都是可串行化调度的。

表 9-12　　　　　　　　　　　并发事务的不同调度

时间	遵守两段锁协议		不遵守两段锁协议	
	事务 T_1	事务 T_2	事务 T_1	事务 T_2
t_0	SLOCK B		SLOCK B	
t_1	Y=B=4		Y=B=4	
t_2		SLOCK A	UNLOCK B	
t_3		WAIT	XLOCK A	
t_4	XLOCK A	WAIT		SLOCK A
t_5	A=Y+1	WAIT	A=Y+1	WAIT
t_6	WRITE(A=5)	WAIT	WRITE(A=5)	WAIT
t_7	UNLOCK B	WAIT	UNLOCK A	WAIT
t_8	UNLOCK A	WAIT		X=A=5
t_9		SLOCK A		UNLOCK A
t_{10}		X=A=5		XLOCK B
t_{11}		SLOCK B		B=X+1
t_{12}		B=X+1		WRITE(B=6)
t_{13}		WRITE(B=6)		UNLOCK B
		UNLOCK A		
		UNLOCK B		

知识小结

本模块介绍事务和并发控制的概念。事务在数据库中是非常重要的概念,它是保证数据并发控制的基础。事务的特点是事务中的操作是一个完整的工作单元,这些操作要么全部成功,要么全部不成功。并发控制指当同时执行多个事务时,为了保证一个事务的执行不受其他事务的干扰所采取的措施。并发控制的主要方法是加锁,根据对数据操作的不同,锁分为共享锁和排他锁两种,当只对数据做读取(查询)操作时,加共享锁,当需要对数据进行更新(增、删、改)操作时,需要加排他锁。在一个数据对象上可以同时存在多个共享锁,但只能同时存在一个排他锁。为了保证并发执行的事务是正确的,一般要求事务遵守两段锁协议,即在一个事务中明显地分为锁申请期和释放期,它是保证并发事务可串行化执行的充分条件。

对操作相同数据对象的事务来说,一个事务的执行会影响到其他事务的执行(一般是等待),因此,为尽可能保证数据操作的效率,尤其保证并发操作的效率,事务中包含的操作应该尽可能地少,而且最好只包含更新数据的操作,而将查询数据的操作放置在事务之外。需要说明的是,事务所包含的操作是由用户的业务需求决定的,而不是由数据库设计人员随便设置的。

思考与操作

一、选择题

1. 若事务 T 获得了数据项 A 上的排他锁,则其他事务对 A(   )。

   A. 只能读不能写　　　B. 只能写不能读　　　C. 可以写也可以读　　　D. 不能读也不能写

2. 设事务 T_1 和 T_2 执行如表 9-13 所示的并发操作,这种并发操作存在的问题是(   )。

   表 9-13　　　　　　　　　　　　　　并发操作

时间	事务 T_1	事务 T_2
①	读 A = 100, B = 10	
②	否	读 A = 100 A = A * 2 = 200 写回 A = 200
③	计算 A+B	
④	读 A = 100, B = 10 验证 A+B	

   A. 丢失数据　　　B. 不可重读　　　C. 读"脏"数据　　　D. 以上都不对

3. 下列关于数据库死锁的说法,正确的是(   )。

   A. 死锁是数据库中不可判断的一种现象

   B. 在数据库中防止死锁的方法是禁止多个用户同时操作数据库

   C. 只有允许并发操作时,才有可能出现死锁

   D. 当两个或多个用户竞争相同资源时就会产生死锁

4. 下列不属于事务特征的是(   )。

   A. 完整性　　　B. 一致性　　　C. 隔离性　　　D. 原子性

5. 若事务 T 对数据项 D 已加了 S 锁,则其他事务对数据项 D(   )。

   A. 可以加 S 锁,但不能加 X 锁

   B. 可以加 X 锁,但不能加 S 锁

   C. 可以加 S 锁,也可以加 X 锁

   D. 不能加任何锁

6. 在数据库管理系统的三级封锁协议中,二级封锁协议的加锁要求是( )。
   A. 对读数据不加锁,对写数据在事务开始时加 X 锁,事务完成后释放 X 锁
   B. 读数据时加 S 锁,读完即释放 S 锁;写数据时加 X 锁,写完即释放 X 锁
   C. 读数据时加 S 锁,读完即释放 S 锁;对写数据是在事务开始时加 X 锁,事务完成后释放 X 锁
   D. 在事务开始时即对要读、写的数据加锁,等事务结束后再释放全部锁
7. 在数据库管理系统的三级封锁协议中,一级封锁协议能够解决的问题是( )。
   A. 丢失修改　　　　B. 不可重读　　　　C. 读"脏"数据　　　　D. 死锁
8. 若系统中存在 4 个等待事务 T_0、T_1、T_2 和 T_3,其中 T_0 正等待被 T_1 锁住的数据项 A_1,T_1 正等待被 T_2 锁住的数据项 A_2,T_2 正等待被 T_3 锁住的数据项 A_3,T_3 正等待被 T_0 锁住的数据项 A_0。则此时系统所处的状态是( )。
   A. 活锁　　　　　　B. 死锁　　　　　　C. 封锁　　　　　　D. 正常
9. 事务一提交,其对数据库中数据的修改就是永久的,以后的操作或故障不会对事务的操作结果产生任何影响。这个特性是事务的( )。
   A. 原子性　　　　　B. 一致性　　　　　C. 隔离性　　　　　D. 持久性
10. 在多个事务并发执行时,如果事务 T_1 对数据项 A 的修改覆盖了事务 T_2 对数据项 A 的修改,这种现象称为( )。
    A. 丢失修改　　　　B. 读"脏"数据　　　C. 不可重读　　　　D. 数据不一致
11. 在多个事务并发执行时,若并发控制措施不好,则可能会造成事务 T_1 读了事务 T_2 的"脏"数据。这里的"脏"数据是指( )。
    A. T_1 回滚前的数据　　　　　　　　　　B. T_1 回滚后的数据
    C. T_2 回滚前的数据　　　　　　　　　　D. T_2 回滚后的数据
12. 在判断为死锁的事务等待图中,若等待图中出现了环路,则说明系统( )。
    A. 存在活锁　　　　B. 存在死锁　　　　C. 事务执行成功　　D. 事务执行失败

二、填空题

1. 为防止并发操作的事务产生相互干扰情况,数据库管理系统采用加锁机制来避免这种情况,锁的类型包括_____和_____。
2. 一个事务可通过执行_____句来取消其已完成的数据修改操作。
3. 事务应对要读取的数据加_____锁,对要修改的数据加_____锁。
4. 要求事务在读数据项之前必须先对数据项加 S 锁,直到事务结束才释放该锁的封锁协议是_____级封锁协议。
5. 假设有两个事务 T_1 和 T_2,它们要读入同一数据并进行修改,如果 T_2 提交的结果覆盖了 T_1 提交的结果,导致 T_1 修改的结果无效。这种现象称为_____。
6. 在数据库环境下,进行并发控制的主要方式是_____。
7. 如果总是将事务分为两个阶段,一个是加锁期,另一个是解锁期,在加锁期不允许解锁,在解锁期不允许加锁,则将该规定称为_____。
8. 若并发执行的所有事务都遵守两段锁协议,则这些事务的任何并发调度一定是_____。
9. 一个事务只要执行了_____语句,其对数据库的操作就是永久的。
10. 在单 CPU 系统中,若存在多个事务,则这些事务只能交叉地使用 CPU,将这种并发方式称为_____。

三、简答题

1. 试说明事务的概念及4个特征。
2. 事务处理模型有哪些？SQL Server 采用的是哪种模型？
3. 事务的提交和回滚的含义分别是什么？
4. 数据库中并发操作所带来的数据不一致情况主要有几种？每种的含义是什么？
5. 设有三个事务：$T_1:B=A+1$；$T_2:B=B*2$；$T_3:A=B+1$，那么

    (1) 设 A 的初值为 2，B 的初值为 1，若这 3 个事务并发执行，则可能正确的执行结果有哪些？

    (2) 给出一种遵守两段锁协议的并发调度策略。

6. 设有如表 9-14 所示的两个事务的调度过程，根据此图完成下列各题。

    表 9-14　　　　　　　　　　事务调度

时间	事务 T_1	事务 T_2
t_0	B 加 S 锁	
t_1	读 B = 100	
t_2	A 加 X 锁	
t_3		A 加 S 锁
t_4	A = B + 20 = 120	等待
t_5	写回 A = 15	等待
t_6	B 释放 S 锁	
t_7	A 释放 X 锁	等待
t_8		读 A = 120
t_9		B 加 X 锁
t_{10}		B = A + 30 = 150
t_{11}		写回 A = 150
t_{12}		B 释放 X 锁
t_{13}		A 释放 S 锁

    (1) 写出事务 T_1 和 T_2 包含的操作。

    (2) 事务 T_1、T_2 开始之前 B 的初值是多少？

    (3) 设 A 的初值为 20，则这两个事务所有可能的正确执行结果有哪些？

    (4) 该调度方式是否遵守两段锁协议？

7. 什么是死锁？预防死锁的常用方法是什么？如何诊断系统中出现了死锁？
8. 两段锁协议的含义是什么？

模块 10　Transact-SQL 程序设计

10.1　Transact-SQL 概述

10.1.1　Transact-SQL 语言

SQL 是关系型数据库的标准语言,所有应用程序必须使用 SQL 语言才能访问关系数据库。SQL 语言是面向过程的,SQL 语句只能一条一条地执行,而不能像高级语言那样进行批量运行,也不能进行流程控制。这使得在编程开发中存在诸多不便。于是,SQL Server 对 SQL 语言进行了扩充,主要是在 SQL 语言的基础上添加了流程控制语句,从而得到一种具有结构化的程序设计语言——Transact-SQL(简称 T-SQL)。

用户可以使用 T-SQL 语言定义过程、编写程序、管理 SQL Server 数据库。

10.1.2　Transact-SQL 语法格式约定

表 10-1 列出了 T-SQL 语法格式的约定,并对其进行了说明。

表 10-1　　　　　　　　　　T-SQL 语句格式的约定

约定	说明
大写	T-SQL 关键字
斜体	用户提供的 T-SQL 语法的参数
下划线	指示当语句中省略了包含带下划线的值的子句时应用的默认值
|(竖线)	分隔括号或大括号中的语法项。只能使用其中一项
[ ](方括号)	可选语法项。不要键入方括号

(续表)

约定	说明
{ }（大括号）	必选语法项。不要键入大括号
[,...n]	指示前面的项可以重复 n 次。各项之间以逗号分隔
[...n]	指示前面的项可以重复 n 次。各项之间以空格分隔
;	T-SQL 语句终止符。虽然在此版本的 SQL Server 中大部分语句不需要分号，但将来的版本中需要分号
<标签>::=	语法块的名称。此约定用于对可在语句中的多个位置使用的过长语法段或语法单元进行分组和标记

10.1.3 Transact-SQL 元素

1. 标识符

在数据库中，要访问任何一个逻辑对象都需要通过其名称来完成。在 T-SQL 程序设计中，对变量、过程、触发器等的定义和引用等也都需要通过标识符来实现。标识符实际上就是给某一个对象起的名称，本质上是一个字符串。对象标识符是在定义对象时创建的，以备今后引用。

标识符有两种类型：常规标识符和分隔标识符。

在使用常规标识符时无须将其分隔开，要符合标识符的格式规则：标识符中的首字符必须是英文字母、数字、下划线、@ 和#；首字符后面可以是字母、数字、下划线、@ 和 $ 等字符。标识符一般不能与 SQL Server 的关键字重复，也不应以@@开头（因为系统全局变量的标识符是以@@开头的），不允许嵌入空格或其他特殊字符。

分隔标识符是指包含在两个单引号（' '）或者方括号（[ ]）内的字符串，这些字符串中可以包含空格。

2. 数据类型

与其他编程语言一样，T-SQL 语言也有自己的数据类型。数据类型在定义数据对象（如列、变量和参数等）时是必需的。关于 T-SQL 语言的数据类型，已经在模块 4 中进行了说明，此处不再赘述。

3. 函数

SQL Server 2014 内置了大量的函数，如时间函数、统计函数、游标函数等，极大地方便了程序员的使用。

4. 表达式

表达式是由表示常量、变量、函数等的标识符通过运算符连接而成的、具有实际计算意义的合法字符串。有的表达式没有运算符，实际上单个的常量、变量等都可以视为一个表达式，它们往往不含有运算符。

5. 注释

脚本文件中除了 T-SQL 语句外,还可以包含对 T-SQL 语句进行说明的注释。注释是不能执行的文本字符串或暂时禁用的部分语句。为程序加上注释不仅能使程序易懂,更有助于日后的管理和维护。注释通常用于记录程序名、作者姓名和主要代码更改日期,也可用于描述复杂的计算或解释编程的方法。

6. 关键字

关键字也称为保留字,是 SQL Server 为专门用途预留的一类标识符。例如,ADD、EXCEPT、PERCENT 等都是关键字。用户定义的标识符不能与关键字重复。

7. 批处理

批处理是一个 SQL 语句集,这些语句一起提交并作为一个整体来执行。批处理结束的符号是"GO"。由于批处理中的多个语句是一起提交给 SQL Server 的,所以可以节省系统开销。

【例 10-1】 查询学生表中信息及学生人数。

分析:使用 T-SQL 语句执行两个批处理,用来显示学生表中的信息及学生人数。在 SQL 编辑器中执行两个批处理。命令如下:

```
USE xkgl
GO
PRINT ' 学生信息如下:'
SELECT * FROM Student
PRINT ' 学生人数为:'
SELECT COUNT(*) 学生人数 FROM Student
GO
```

该任务中包含两个批处理,前一个批处理仅包含一条语句,后一个批处理包含四条语句,说明这四条语句是一起提交并执行的。

注意:一些 SQL 语句不可以放在一个批处理中进行处理,它们遵循以下规则。

① 大多数带 CREATE 关键字的语句不能在批处理中与其他语句组合使用,但 CREATE TABLE、CREATE DATABASE 和 CREATE INDEX 例外。

② 调用存储过程时,如果它不是批处理中的第一个语句,那么在其前面必须加上 EXEC。

③ 不能把规则和默认值绑定到表的列或用户自定义数据类型上之后,在同一个批处理中使用它们。

④ 不能在给表中列定义一个 CHECK 约束后,在同一个批处理中使用该约束。

⑤ 不能在修改表的列名后,在同一个批处理中引用该列名。

8. 脚本

脚本是批处理的存在方式,将一个或多个批处理组织到一起就是一个脚本,本书前面在

SQL 编辑器中写的语句都可以视为脚本。将脚本保存为磁盘文件就称为脚本文件,一般脚本文件的扩展名为.sql。使用脚本文件有利于重复操作或在几台计算机之间交换 SQL 语句。例 10-1 对应的脚本文件如图 10-1 所示。

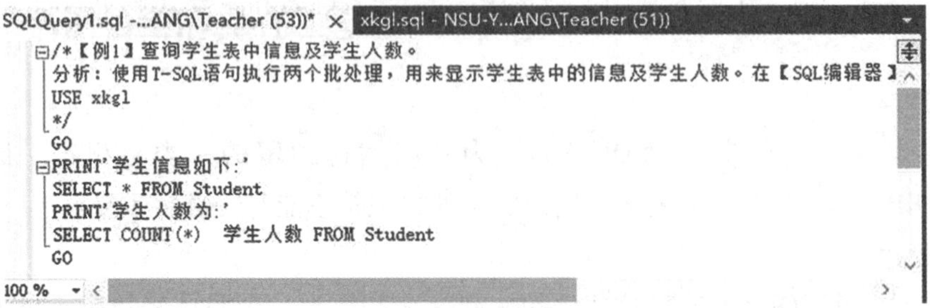

图 10-1 脚本文件

10.2 Transact-SQL 的变量和常量

在程序运行过程中值保持不变的标识符称为常量,而在程序运行过程中值可以发生变化的标识符称为变量。变量通常用来保存程序运行过程中的录入数据、中间结果和最终结果。在 T-SQL 中有两种类型的变量,一种是全局变量,另一种是局部变量。全局变量是由 SQL Server 预先定义并负责维护的一类变量,它们主要用于保存 SQL Server 系统的某些参数值和性能统计数据,使用范围覆盖整个程序,用户只能引用全局变量而不能修改或定义它。局部变量是由用户根据需要定义的、使用范围只局限于某一个批语句或过程体内的一类变量。局部变量主要用于保存临时数据或由存储过程返回的结果。

10.2.1 Transact-SQL 变量的定义和使用

1. 全局变量

在 SQL Server 中,全局变量是以@@开头,后跟相应的字符串,如@@VERSION 等。可以用 SELECT 语句查看全局变量的值。

【例 10-2】 查看当前数据库的版本信息。

分析:SQL Server 中有很多全局变量,用于记录服务器活动状态的数据,其中@@VERSION 全局变量就是记录 SQL Server 当前安装的日期、版本和处理器类型。在 SQL 编辑器中执行查看当前数据库的版本信息的命令如下:

```
PRINT @@VERSION
```

结果如图 10-2 所示,在消息栏中显示当前数据库的详细信息。

表 10-2 列出了 SQL Server 2014 用到的部分常用全局变量,供读者使用。

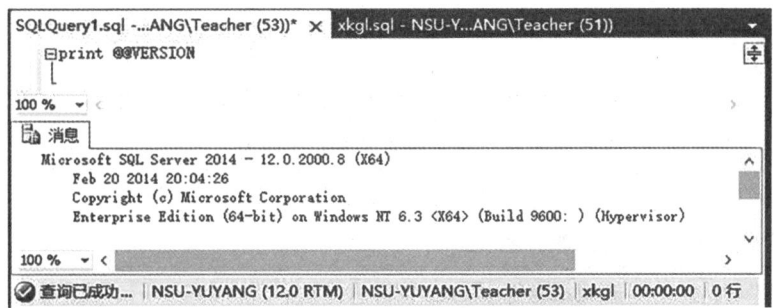

图 10-2　查看当前数据库的版本信息

表 10-2　　　　　　　　　　　SQL Server 2014 的全局变量

全局变量名	说明
@@CONNECTIONS	存储自上次启动 SQL Server 以来连接或试图进行连接的次数
@@CPU_BUSY	存储最近一次启动以来 CPU 的工作时间,单位为毫秒
@@CURSOR_ROWS	存储最后连接上并打开的游标中当前存在的合格行的数量
@@DATEFIRST	存储 DATEFIRST 参数值,该参数由 SET DATEFIRST 命令来设置(SET DATEFIRST 命令用来指定每周的第一天是星期几)
@@DBTS	存储当前数据库的时间戳值
@@ERROR	存储最近执行语句的错误代码
@@FETCH_STATUS	存储上一次 FETCH 语句的状态值
@@IDENTITY	存储最后插入行的标识列的列值
@@IDLE	存储自 SQL Server 最近一次启动以来 CPU 空闲的时间,单位为毫秒
@@IO_BUSY	存储自 SQL Server 最近一次启动以来 CPU 用于执行输入/输出操作的时间,单位为毫秒
@@LANGID	存储当前语言的 ID 值
@@LANGUAGE	存储当前语言名称,如"简体中文"等
@@LOCK_TIMEOUT	存储当前会话等待锁的时间,单位为毫秒
@@MAX_CONNECTIONS	存储可以连接到 SQL Server 的最大连接数目
@@MAX_PRECISION	存储 decimal 和 numeric 数据类型的精确度
@@NESTLEVE	存储存储过程或触发器的嵌套层
@@OPTIONS	存储当前 SET 选项的信息
@@PACK_RECEIVED	存储输入包的数目
@@PACK_SENT	存储输出包的数目
@@PACKET_ERRORS	存储错误包的数目
@@PROCID	存储存储过程的 ID 值

（续表）

全局变量名	说明
@@REMSERVER	存储远程 SQL Server 服务器名，NULL 表示没有远程服务器
@@ROWCOUNT	存储最近执行语句所影响的行的数目
@@SERVERNAME	存储 SQL Server 本地服务器名和实例名
@@SERVICENAME	存储服务名
@@SPID	存储服务器 ID 值
@@TEXTSIZE	存储 TEXTSIZE 选项值
@@TIMETICKS	存储每一时钟的微秒数
@@TOTAL_ERRORS	存储磁盘的读写错误数
@@TOTAL_READ	存储磁盘读操作的数目
@@TOTAL_WRITE	存储磁盘写操作的数目
@@TRANCOUNT	存储处于激活状态的事务数目
@@VERSION	存储有关版本的信息，如版本号、处理器类型等

2．局部变量

（1）定义局部变量

局部变量是由用户定义的。定义局部变量的语法格式如下：

```
DECLARE {@变量名 数据类型[(长度)]}[,…n]
```

数据类型是 SQL Server 支持的除了 TEXT、NTEXT、IMAGE 外的各种数据类型，也可以是用户定义数据类型。

【例 10-3】 定义一个用于存储姓名的局部变量。

```
DECLARE @sname varchar(20);
```

【例 10-4】 同时定义三个分别用于存储学号、姓名和平均成绩的局部变量。

```
DECLARE @sno varchar(12),@sname char(8),@avggrade numeric(3,1);
```

（2）使用 SET 对局部变量赋初值

使用上述方法定义局部变量以后，变量自动被赋以空值（NULL）。如果需要对已经定义的局部变量赋一个初值，可用 SET 语句来实现，其语法格式如下：

```
SET @局部变量名=表达式
```

【例 10-5】 对上例定义的三个变量 @sno、@sname 和 @avggrade 分别赋初值 '2017010121'、'张三' 和 910.3。

这个赋值操作可以通过以下三个 SET 语句来完成：

```
SET @ sno ='2017010121';
SET @ sname ='张三';
SET @ avggrade = 910.3;
```

但需要注意的是,不能同时对多个变量进行赋值,这与同时对多个变量进行定义的情况不同。例如,下列的 SET 语句是错误的:

```
SET @ sno ='2017010121', @ sname ='张三', @ avggrade = 910.3;   -- 错误
```

（3）使用 SELECT 对局部变量赋初值

SELECT 是查询语句,利用该语句可以将查询的结果赋给相应的局部变量。如果查询返回的结果包含多个值,则将最后一个值赋给局部变量。

使用 SELECT 对局部变量赋初值的语法格式如下:

```
SELECT{@局部变量名=表达式}[,...n]
[FROM …]
```

【例 10-6】 查询表 Student,将姓名为"张宏"的学生的学号、姓名分别赋给局部变量 @ sno 和 @ sname。

该赋值操作用 SELECT 语句来实现则非常方便,命令如下:

```
SELECT @ sno = StudentID, @ sname = StudentName
FROM Student
WHERE StudentName = '张宏';
```

局部变量在定义并赋值以后就可以当作一个常量值使用了。下面是一个使用局部变量的例子。

【例 10-7】 先定义局部变量 @ sno 和 @ sname,然后对其赋值,最后利用这两个变量修改数据表 Student 的相关信息。

```
USE xkgl
GO
--定义局部变量
DECLARE @ sno varchar(12), @ sname char(8);
--对局部变量赋值
SET @ sno ='St0109010001';
SET @ sname =' 张红';
--使用局部变量
UPDATE Student
SET StudentName = @ sname
WHERE StudentID = @ sno;
```

10.2.2　Transact-SQL 常量

常量，也称为文字值或标量值，它是表示一个特定数据值的符号。常量的格式取决于它所表示的数据值的数据类型。按照数据值类型的不同，常量可以分为字符串常量、整型常量、日期时间常量等，以下将对八种常量进行说明。

1. 字符串常量

与其他编程语言一样，字符串常量是最常用的常量之一。

字符串常量是由两个单引号来定义的，是包含在两个单引号内的字符序列。这些字符包括字母、数字字符（a-z、A-Z 和 0-9）以及特殊字符，如感叹号（!）、at 符（@）和数字号（#）等。默认情况下，SQL Server 为字符串常量分配当前数据库的默认排序规则，但也可以用 COLLATE 子句为其指定排序规则。

例如，下列都是合法字符串常量：

```
'China'
'中华人民共和国'
```

如果字符串中包含一个嵌入的单引号，则需要在该单引号前再加上一个单引号，表示转义，这样才能定义包含单引号的字符串。

例如，下列包含单引号的字符串都是合法的：

```
'AbC''Dd!'          -- 表示字符串"AbC'Dd!"
'xx:20%y%.'
```

有许多程序员习惯用双引号来定义字符串常量。但在默认情况下，SQL Server 不允许使用这样的定义方式。然而，如果将 QUOTED_IDENTIFIER 选项设置为 OFF，则 SQL Server 同时支持运用双引号和单引号来定义字符串。

设置 QUOTED_IDENTIFIER 的方法的命令如下：

```
SET QUOTED_IDENTIFIER OFF;
```

在执行该语句后，QUOTED_IDENTIFIER 被设置为 OFF。这时除了单引号以外，还可以用双引号来定义字符串。例如，下列定义的字符串都是合法的：

```
'China'
'中华人民共和国'
'AbC''Dd!'          -- 表示字符串"AbC'Dd!"
'xx:20%y%.'
"China"
"中华人民共和国"
"AbC''Dd!"          -- 表示字符串"AbC''Dd!"
"xx:20%y%."
```

注意:当用双引号定义字符串时,如果该字符串中包含单引号,则不能在单引号前再加上另一个单引号,否则将得到另外的一种字符串。例如,'AbC''Dd!'定义的是字符串"AbC'Dd!",而"AbC''Dd!"定义则是字符串"AbC''Dd!"。

SQL Server 将空字符串解释为单个空格。

如果不需要用双引号来定义字符串,则只要将 QUOTED_IDENTIFIER 恢复为默认值 ON 即可。命令如下:

```
SET QUOTED_IDENTIFIER ON;
```

SQL Server 支持 Unicode 字符串。Unicode 字符串是指按照 Unicode 标准来存储的字符串。但在形式上与普通字符串相似,不同的是它前面有一个 N 标识符(N 代表 SQL-92 标准中的区域语言),且前缀 N 必须是大写字母。例如,'China' 是普通的字符串常量,而 N'China' 则是 Unicode 字符串常量。

2. 整型常量

整型常量的使用频率很高,它是不用引号括起来且不包含小数点的数字字符串。例如,2007、-14 等都是整型常量。

3. 日期时间常量

日期时间常量是用单引号括起来且使用特定格式表示的字符日期值。例如:

```
'April 15, 1998'
'15 April, 1998'
'980415'
'04/15/98'
'14:30:24'
'04:24 PM'
```

4. 二进制常量

二进制常量是具有前缀 0x 并且是十六进制数字的字符串,但这些字符串不需要使用单引号括起来。例如:

```
0xAE
0x12Ef
0x69048AEFDD010E
0x    (空值的二进制常量)
```

5. 数值型常量

数值型常量包括三种类型:decimal 型常量、float 型常量和 real 型常量。

decimal 型常量是包含小数点的数字字符串,但这些字符串不需要用单引号括起来。例如:

```
3.14159
1.0
```

float 型常量和 real 型常量都使用科学记数法来表示。例如：

```
101.5E5
0.5E-2
```

以上表示的是正数的数值常量（当然，也可以在数值前加上符号"+"，以表示正数）。如果要表示负数的数值型常量，则只需对数值加前缀"-"即可。例如：

```
0.5E-2    --正数常量
+0.5E-2   --正数常量
-0.5E-2   --负数常量
-1.0      --负数常量
```

6. 位常量

位常量使用数字 0 或 1 来表示，并且不用单引号括起来。如果使用一个大于 1 的数字，则该数字将转换为 1。

7. 货币常量

货币常量是前缀为可选的小数点和可选的货币符号的数字字符串，且不用单引号括起来。SQL Server 不强制采用任何种类的分组规则，例如：

```
$20000.2   -- 而$20,000.2是错误的货币常量
$200
```

8. 唯一标识常量

这是指 uniqueidentifier 类型的常量，它使用字符或二进制字符串格式来指定。例如：

```
'6F9619FF-8B86-D011-B42D-00C04FC964FF'
0xff19966f868b11d0b42d00c04fc964ff
```

以上介绍了八种类型的常量。它们主要运用于对变量和列赋值、构造表达式、构造子句等。下文将进一步介绍它们的使用方法。

10.3 Transact-SQL 运算符

运算符是用来指定要在一个或多个表达式中执行操作的一种符号。在 SQL Server 中，使用的运算符包括算术运算符、逻辑运算符、赋值运算符、字符串连接运算符、位运算符和比较运算符等。

1. 算术运算符

算术运算符可以在两个表达式上执行数学运算,这两个表达式可以是数字数据类型分类的任何数据类型。算术运算符包括加(+)、减(-)、乘(*)、除(/)和取模(%)。加(+)和减(-)运算符还可以用于对日期时间类型值的算术运算。

2. 逻辑运算符

逻辑运算符可以把多个逻辑表达式连接起来,用于对某些条件进行测试,并返回带有 TRUE 或 FALSE 值的布尔数据类型。逻辑运算符包括 AND、BETWEEN、EXISTS、IN、LIKE、NOT、OR、ANY、ALL、SOME 等,其含义说明如表 10-3 所示。

表 10-3 逻辑运算符及其含义

逻辑运算符	含义
AND	对两个表达式进行逻辑与运算,即如果两个表达式的返回值均为 TRUE,则运算结果返回 TRUE,否则返回 FALSE
BETWEEN	测试操作数是否在 BETWEEN 指定的范围之内,如果在则返回 TRUE,否则返回 FALSE
EXISTS	测试查询结果是否包含某些行,如果包含则返回 TRUE,否则返回 FALSE
IN	测试操作数是否在 IN 后面的表达式列表中,如果在则返回 TRUE,否则返回 FALSE
LIKE	测试操作数是否与 LIKE 后面指定的模式相匹配,如果匹配返回 TRUE,否则返回 FALSE
NOT	对表达式的逻辑值取反
OR	对两个表达式进行逻辑与或运算,即如果两个表达式的返回值均为 FALSE,则运算结果返回 FALSE,否则返回 TRUE
ANY	在一组的比较中只要有一个 TRUE,则运算结果返回 TRUE,否则返回 FALSE
ALL	在一组的比较中只有所有的比较都返回 TRUE,则运算结果返回 TRUE,否则返回 FALSE
SOME	在一组的比较中只要有部分比较都返回 TRUE,则运算结果返回 TRUE,否则返回 FALSE

3. 赋值运算符

T-SQL 中只有一个赋值运算符,即等号(=)。赋值运算符使我们能够将数据值指派给特定的对象。另外,还可以使用赋值运算符在列标题和为列定义值的表达式之间建立关系。

4. 字符串连接运算符

在 SQL Server 中,字符串连接运算符为加号"+",表示要将两个字符串连接起来而形成一个新的字符串。该运算符可以操作的字符串类型包括 char、varchar、text 以及 nchar、nvarchar、ntext 等。例如:

```
'中国'+'人民' -- 结果为'中国人民'
'中国' + ' ' + '人民' -- 结果为'中国人民'(默认),当兼容级别设置为 65 时结果为'abc def'
```

对字符串的操作有很多种,如取子串等。但在 SQL Server 中仅有字符串连接操作由运算符"+"来完成,而其他所有字符串操作都使用字符串函数来进行处理。

5. 位运算符

位运算符使我们能够在整型数据或者二进制数据(image 数据类型除外)之间执行位操作。此外,在位运算符左右两侧的操作数不能同时是二进制数据。表 10-4 列出了位运算符及其含义。

表 10-4   位运算符及其含义

位运算符	含义	位运算符	含义
&	对两个操作数按位逻辑与	^	对两个操作数按位逻辑异或
|	对两个操作数按位逻辑或	~	对一个操作数按位逻辑取非

6. 比较运算符

比较运算符用于比较两个表达式的大小是否相同,其比较的结果是布尔值,即 TRUE(表示表达式的结果为真)、FALSE(表示表达式的结果为假)以及 UNKNOWN。除了 text、ntext 或 image 数据类型的表达式外,比较运算符可以用于所有的表达式。表 10-5 列出了 T-SQL 支持的比较运算符。

表 10-5   比较运算符

运算符	含义	运算符	含义
=	等于	<>	不等于
>	大于	! =	不等于
<	小于	! <	不小于
>=	大于等于	! >	不大于
<=	小于等于		

7. 运算符的优先级

当一个复杂的表达式有多个运算符时,由运算符优先级决定运算的先后顺序。运算符的优先级如表 10-6 所示。

表 10-6   运算符优先级

级别	运算符
1	~(位非)
2	*(乘),/(除),%(取模)
3	+(正),-(负),+(加),-(减),&(位与)
4	=,>,<,>=,<=,<>,! =,! >,! <(比较运算符)
5	^(位异或),|(位或)

(续表)

级别	运算符
6	NOT
7	AND
8	BETWEEN,IN,LIKE,OR,ALL,ANY,SOME
9	=(赋值)

10.4 Transact-SQL 流程控制

10.4.1 注释和语句块

1. 注释

注释是 T-SQL 程序代码中不执行的文本部分,其作用是说明程序各模块的功能和设计思想,以方便程序的修改和维护。

注释有两种方法,一种是用"--"(紧连的两个减号)来注释,另一种是用"/＊＊/"来注释,它们都称为注释符。

(1) --:"--"用于注释一行代码,被注释的部分是从注释符"--"开始一直到其所在行末尾的部分。

(2) /＊＊/:用于注释多行代码,被注释的部分包含在两个星号的中间。

```
USE xkgl;    --使用数据库 xkgl
GO
/*
该程序用于查询学生信息,包括学生姓名、性别、家庭地址。
程序编写者:xxx
程序编写时间:2017 年 5 月 1 日
*/
SELECT StudentName, Sex, HomeAddr    --姓名、性别、家庭地址
FROM Student                          --在 Student 表中查询
GO
```

显然,除了起说明作用外,注释在程序调试过程中也有非常重要的应用。

2. 语句块

语句块是程序中一个相对独立的执行单元,它是由关键字 BEGIN...END 括起来而形成的。其中,BEGIN 用于标识语句块的开始,END 用于标识语句块的结束。语句块可以嵌套定义。

语句块通常与 IF、WHILE 等控制语句一起使用,以界定这些控制语句的作用范围。这

在下文介绍控制语句的部分会涉及。

10.4.2 IF 语句

在程序中,有的语句块的执行是有条件的,有时候则需要在多个语句或语句块之间的执行作出选择。这时需要一些判断控制语句才能完成,IF 语句就是最基本、用得最多的一种判断控制语句。

SQL Server 支持两种形式的 IF 语句:IF... 和 IF... ELSE... 句型。

1. IF... 句型

IF... 句型的语法格式如下:

```
IF 条件表达式
    {命令行或语句块1}
```

注意:条件表达式返回 TRUE 或 FALSE。如果布尔表达式中含有 SELECT 语句,必须用圆括号将 SELECT 语句括起来。如果条件表达式的返回值为 TRUE,那么执行 IF 后面的语句或语句块,否则什么都不执行。IF... 句型的结构流程如图 10-3 所示。

【例 10-8】 查询学号为"St0109010001"的学生,如果该学生成绩及格则将其学号和成绩打印出来。

该查询要求可用局部变量和 IF... 句型来实现,在 SQL 编辑器中执行命令如下:

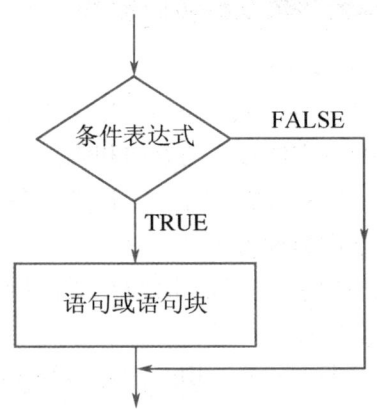

图 10-3 IF... 句型的结构流程

```
USE xkgl
GO
DECLARE @sno char(12), @avggrade numeric(3,1)
SET @sno = 'St0109010001'
SELECT @avggrade = AVG(Grade)
FROM Grade
WHERE StudentID = @sno;
IF @avggrade>=60.0
BEGIN
    PRINT @sno
    PRINT @avggrade
END
GO
```

执行结果如图 10-4 所示。

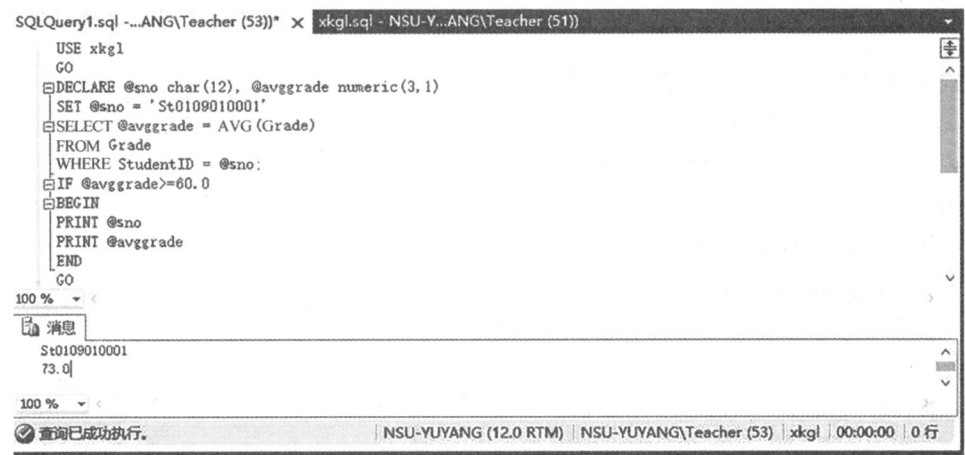

图 10-4　IF 语句示例

2. IF…ELSE…句型

有时候在作出判断以后,对不满足条件表达式的情况也要进行相应的操作,那么这时可以选用 IF…ELSE…句型。其语法格式如下:

```
IF 条件表达式
    {命令行或语句块 1}
ELSE
    {命令行或语句块 2}
```

IF…ELSE…句型的结构流程如图 10-5 所示。

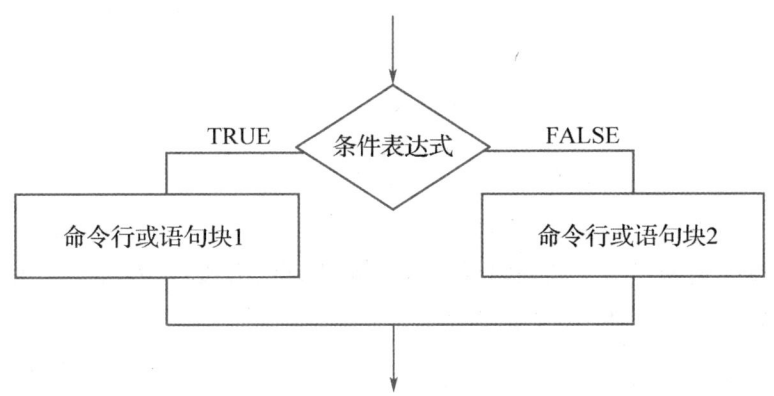

图 10-5　IF…ELSE…句型的结构流程

【例 10-9】　查询给定的学号,如果平均成绩不及格的则打印学号和平均成绩,否则打印学号即可。

在 SQL 编辑器中执行命令如下:

```
USE xkgl
GO
DECLARE @sno char(12), @avggrade numeric(3,1)
SET @sno = 'St0109010001'
SELECT @avggrade = AVG(Grade)
FROM Grade
WHERE StudentID = @sno;
IF @avggrade<60.0
BEGIN
PRINT @sno
PRINT @avggrade
END
ELSE
PRINT @sno
GO
```

执行结果如图 10-6 所示,因为该学生平均成绩为 73 分,故只输出学号。

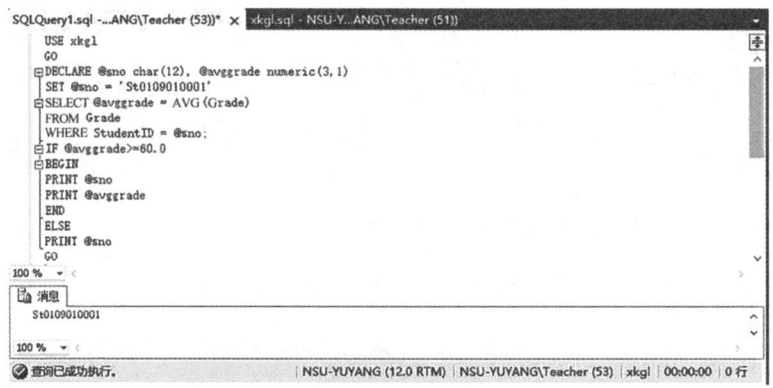

图 10-6　IF…ELSE…句型示例

3. IF… ELSE IF … ELSE …句型

当需要做两次或两次以上的判断并根据判断结果作出执行选择时,一般要使用 IF … ELSE IF … ELSE …句型。其语法格式如下:

```
IF 条件表达式 1
    {命令行或语句块 1}
ELSE  IF 条件表达式 2
    {命令行或语句块 2}
```

[ELSE IF
　{命令行或语句块 3}
…]
ELSE
　{命令行或语句块 N}

IF... ELSE IF... ELSE...句型的结构流程如图 10-7 所示。

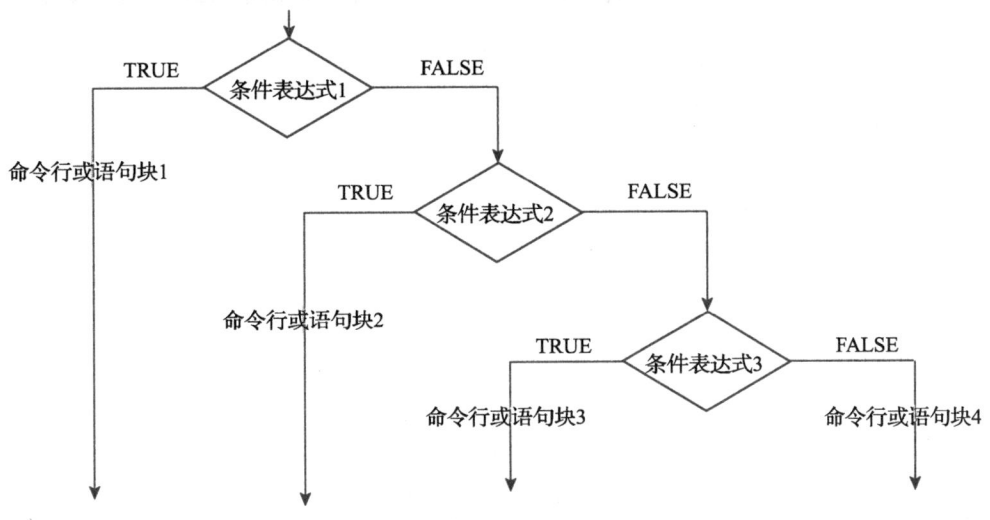

图 10-7　IF... ELSE IF... ELSE...句型的结构流程

【例 10-10】　运用多分支的 IF 句型来查询并实现分等级打印学生成绩,在 SQL 编辑器中执行命令如下:

```
USE xkgl
GO
DECLARE @sno char(12), @avggrade numeric(3,1)
SET @sno = 'St0109010001'
SELECT @avggrade = AVG(Grade)
FROM Grade
WHERE StudentID = @sno;
IF @avggrade>=90.0
    PRINT '优秀'
ELSE IF @avggrade>=80.0
    PRINT '良好'
ELSE IF @avggrade>=70.0
    PRINT '中等'
ELSE IF @avggrade>=60.0
```

```
    PRINT '及格'
ELSE
    PRINT '不及格'
GO
```

执行结果如图 10-8 所示,因为该学生平均成绩为 73 分,故只输出中等。

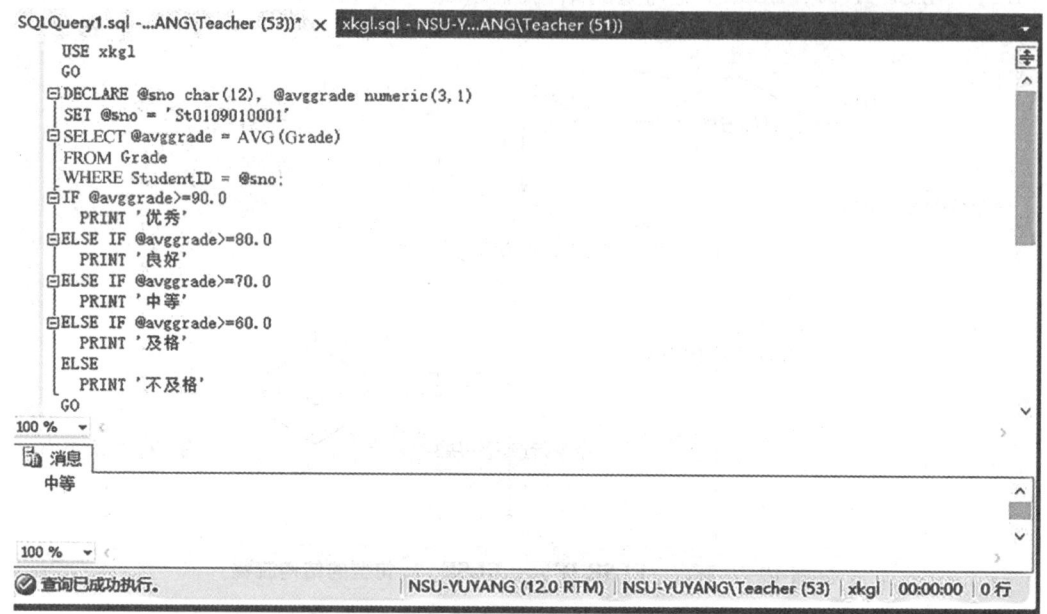

图 10-8 IF... ELSE IF ... ELSE ... 句型示例

【例 10-11】 判断课程"数据库原理与应用"平均成绩的等级,如果平均成绩大于等于 80 分,等级为优秀;平均成绩在 60 到 85(不包含 85 分)之间,等级为合格;平均成绩小于 60 分,等级为不合格。

分析:使用 SELECT 语句查询出课程"数据库原理与应用"平均成绩,然后使用 IF... ELSE ... 语句判断平均成绩的等级。在 SQL 编辑器中执行命令如下:

```
DECLARE @avggrade int    --定义局部变量@avggrade
SELECT @avggrade=AVG(Grade)    --将'数据库原理与应用'平均成绩赋给变量@avggrade
FROM Grade
WHERE CourseID=(SELECT CourseID FROM Course WHERE CourseName ='数据库原理与应用')
IF(@avggrade>=80) --判断平均成绩是否大于 80 分
PRINT '数据库原理与应用平均成绩的等级为优秀'
ELSE
IF(@avggrade>=60) --在小于 80 分的前提下,判断平均成绩是否大于 60 分
PRINT '数据库原理与应用平均成绩的等级为合格'
```

ELSE
PRINT'数据库原理与应用平均成绩的等级为不合格'

执行结果如图 10-9 所示。"数据库原理与应用"平均成绩为 69 分,所以提示数据库原理与应用平均成绩的等级为合格。

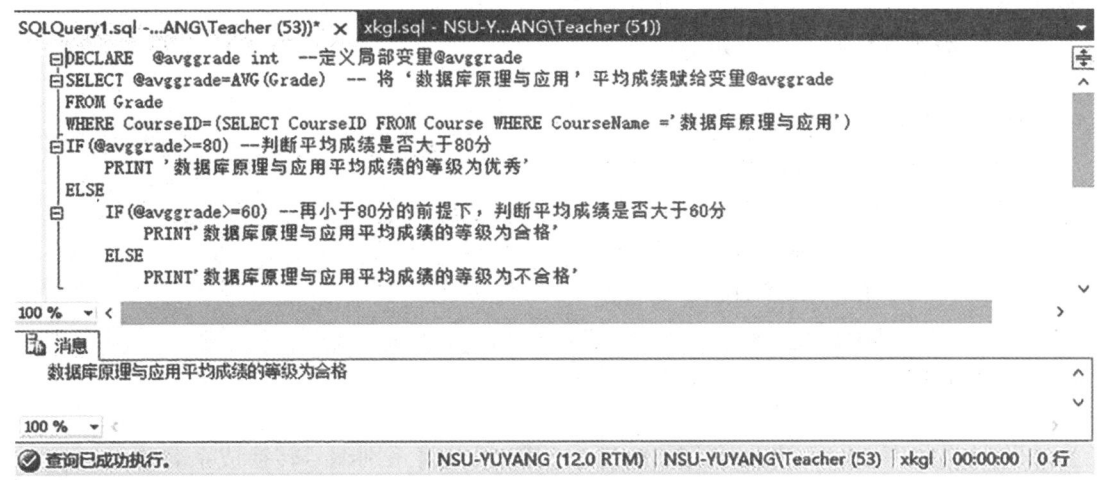

图 10-9　使用 IF…ELSE…语句嵌套语句示例

10.4.3　CASE 函数

CASE…END 语句用于实现程序的分支结构,即根据不同的条件返回不同的值。虽然使用 IF…ELSE…语句也能够实现多分支结构,但是使用 CASE…END 语句可以避免复杂的 IF…ELSE…语句嵌套,轻松实现多分支判断。CASE…END 语句有两种格式。

1. 简单 CASE…END 语句

计算条件列表并返回多个可能结果表达式之一。其语法格式如下:

```
CASE<输入表达式>
    WHEN 常量值 1 THEN 结果表达式 1
    WHEN 常量值 2 THEN 结果表达式 2
    […n]
    [ELSE 其他结果表达式]
END
```

CASE…END 语句执行过程如下:

(1)先获取输入表达式的值,然后再将其值依次与 WHEN 语句指定的各个常量值进行比较。

(2)一旦找到第一个相等的常量值,则整个 CASE 表达式取相应 THEN 语句指定的结果表达式的值,然后跳出整个 CASE...END 语句。

(3)如果找不到相等的常量值,则选取 ELSE 指定的结果表达式的值。

(4)如果没有使用 ELSE,且找不到相等的常量值,则返回 NULL。

【例 10-12】 查询班级信息,显示班级名称、班长、人数及所在系的名称。

分析:"Dp01"代表"计算机系""Dp02"代表"信管系""Dp03"代表"英语系",按照这个原则显示每个班的所在系的名称。利用 CASE...END 语句用于实现程序的分支结构。

在 SQL 编辑器中执行命令如下:

```
SELECT ClassName,Monitor,StudentNum,
    DepartmentName=CASE DepartmentID
        WHEN 'Dp01' THEN '计算机系'
        WHEN 'Dp02' THEN '信管系'
        WHEN 'Dp03' THEN '英语系'
        END
    FROM Class;
```

查询结果如图 10-10 所示,利用 CASE...END 语句将系别编号转换成系名称。

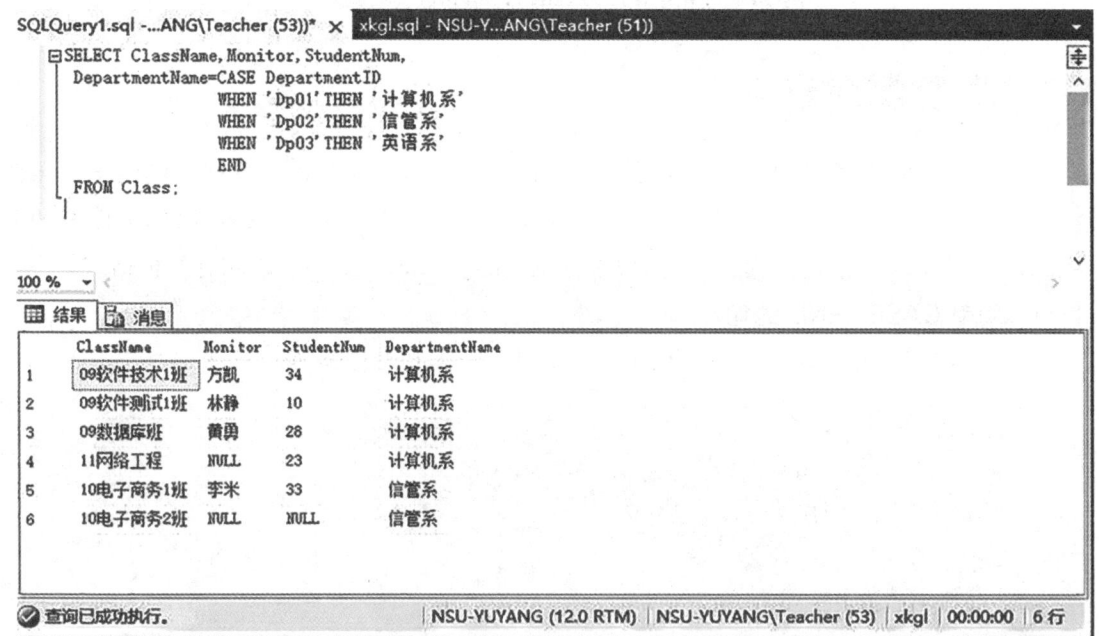

图 10-10 简单 CASE...END 语句

注意:很多初学者常常忘记书写 CASE 语句后面的 END 关键字,这样会导致图 10-11 中的错误。

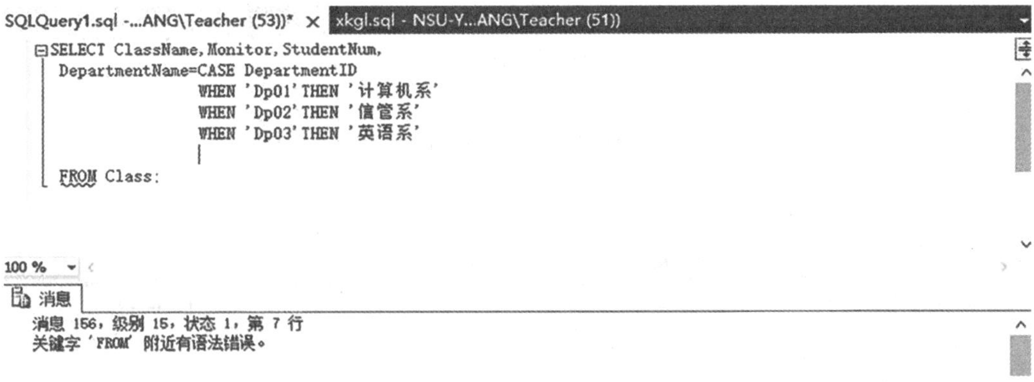

```
SQLQuery1.sql -...ANG\Teacher (53))*  ×   xkgl.sql - NSU-Y...ANG\Teacher (51))
  SELECT ClassName,Monitor,StudentNum,
      DepartmentName=CASE DepartmentID
                 WHEN 'Dp01' THEN '计算机系'
                 WHEN 'Dp02' THEN '信管系'
                 WHEN 'Dp03' THEN '英语系'

      FROM Class;
```

消息 156，级别 15，状态 1，第 7 行
关键字 'FROM' 附近有语法错误。

图 10-11　END 关键字缺失

2. 搜索 CASE...END 语句

搜索 CASE...END 的语法格式如下：

```
CASE
    WHEN 逻辑表达式 1 THEN 结果表达式 1
    WHEN 逻辑表达式 2 THEN 结果表达式 2
    […n]
    [ELSE 其他结果表达式]
END
```

搜索 CASE...END 语句与简单 CASE...END 语句的区别是 CASE 后面没有输入表达式，WHEN 指定的不是常量值而是逻辑表达式。

其执行过程与简单 CASE...END 语句类似，顺序判断 WHEN 后面逻辑表达式，遇到第一个为真的逻辑表达式，则取值对应 THEN 指定的结果表达式的值，然后跳出整个 CASE...END 语句。

【例 10-13】　判断课程"数据库原理与应用"平均成绩的等级，如果平均成绩大于等于 80 分，等级为优秀；平均成绩在 60~85 分（不包含 85 分）之间，等级为合格；平均成绩小于 60 分，等级为不合格。

分析：本任务可以嵌套使用 IF...ELSE 语句完成。也可以使用搜索 CASE...END 语句完成。在 SQL 编辑器中执行命令如下：

```
DECLARE @ avggrade int; --定义局部变量@ avggrade
SELECT @ avggrade = AVG（Grade）--将'数据库原理与应用'课程的平均成绩赋给局部变量
@ avggrade
  FROM Grade
  WHERE CourseID=（SELECT CourseID FROM Course WHERE CourseName ='数据库原理与应用'）;
SELECT CourseName,平均成绩等级 =CASE
                     WHEN @ avggrade>=80 THEN' 优秀'
```

　　　　　　　　　　　　　　　WHEN @avggrade>=60 THEN '合格'
　　　　　　　　　　　　　　　ELSE '不合格'
　　　　　　　　　　END
FROM Course WHERE CourseName ='数据库原理与应用';

执行结果如图 10-12 所示。

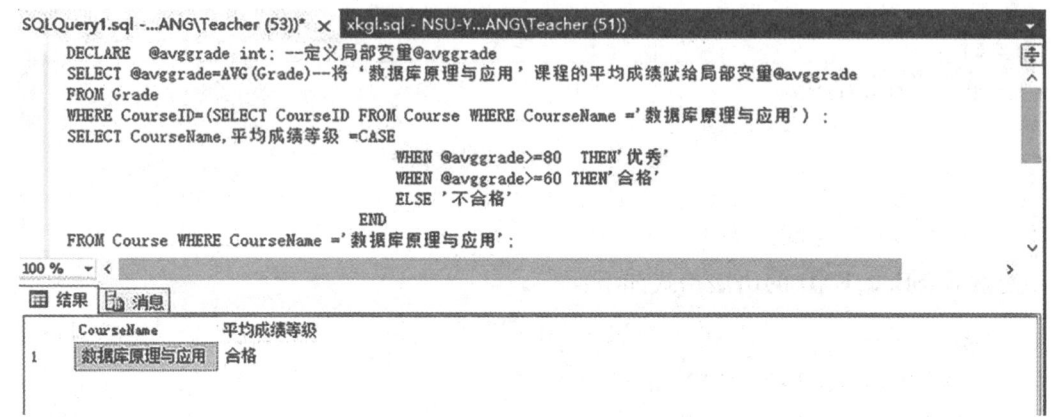

图 10-12　搜索 CASE...END 语句

10.4.4　WHILE 语句

WHILE 语句是典型的循环控制语句，其语法格式如下：

```
WHILE <条件表达式>
BEGIN
    {sql 语句/语句块 1}
[BREAK]
[CONTINUE]
    {sql 语句/语句块 2}
END
```

WHILE...CONTINUE...BREAK 语句执行过程如下。

(1) 先判断条件表达式的值，如果是真，则执行 BEGIN...END 之间的语句，执行结束后再次判断条件表达式的值。

(2) 先判断条件表达式的值，如果是假，则不执行 BEGIN...END 之间的语句。

(3) 执行过程中，BREAK 语句使程序完全跳出 WHILE 语句，即执行 BEGIN...END 之后的语句。

(4) 执行过程中，CONTINUE 语句是结束本次循环，返回到 WHILE 再次判断条件表达式的值。

WHILE 语句的结构流程如图 10-13 所示。

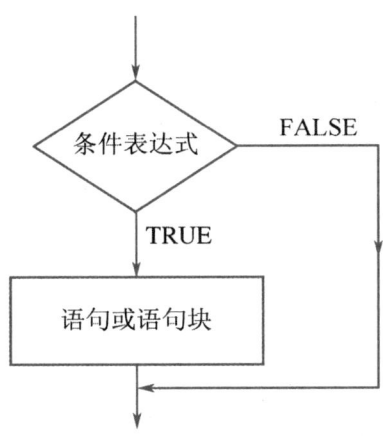

图 10-13　WHILE 语句的结构流程

【例 10-14】　如果学生成绩的平均值低于 85 分,则循环执行对每个学生的成绩增加 0.5%。在循环过程中,如果发现最高成绩超过 95 分,则退出循环;在加分过程中,当成绩的平均值大于等于 80 分时,打印出当前成绩的平均值。

在 SQL 编辑器中执行命令如下:

```
USE xkgl;
GO
DECLARE @avggrade numeric(5,1),@maxgrade numeric(5,1);
SET @avggrade = (SELECT AVG(grade) FROM Grade)
WHILE @avggrade < 85
BEGIN
    UPDATE Grade
      SET Grade = Grade + Grade * 0.005
    SET @avggrade = (SELECT AVG(grade) FROM Grade)
    SET @maxgrade = (SELECT MAX(grade) FROM Grade)
    IF @maxgrade >95
        BREAK--退出循环
     IF @avggrade < 80
        CONTINUE--结束本次循环
    PRINT  @avggrade
END
```

执行结果如图 10-14 所示。

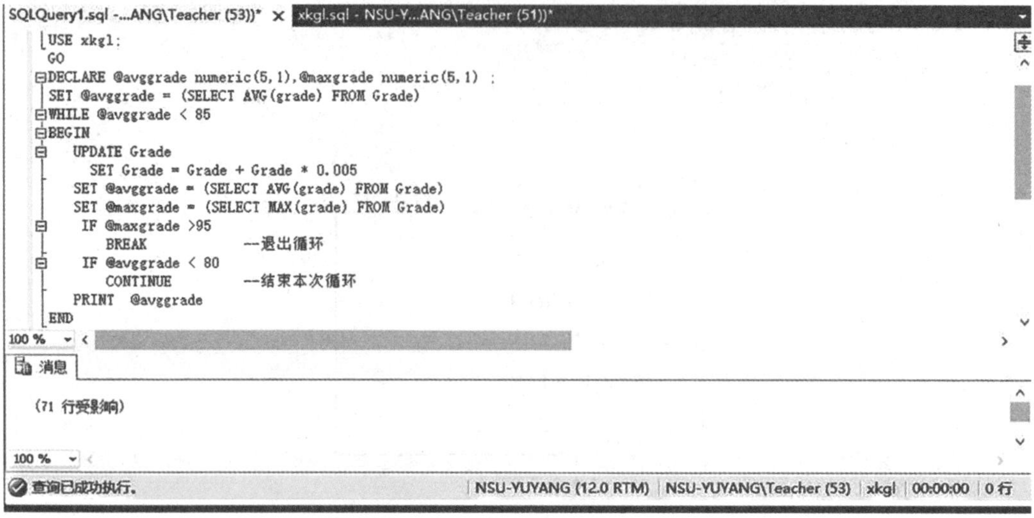

图 10-14 WHILE 语句示例

【例 10-15】 计算 1 到 100 的累加,即 1+2+3+…+100 的结果。

分析:利用 WHILE 语句进行循环,完成任务,在 SQL 编辑器中执行命令如下:

```
DECLARE @i int,@sum int;
SET @i=1;
SET @sum=0;
WHILE @i<=100
    BEGIN
        SET @sum=@sum+@i;
        SET @i =@i+1;
    END;
PRINT' 1+2+3+…+100 的和是:';
PRINT @sum;
```

执行结果如图 10-15 所示。

图 10-15 WHILE 语句示例 2

10.4.5 GOTO 语句

GOTO 语句是一种无条件转移语句,可以实现程序的执行流程从一个地方转移到另外的任意一个地方。与 IF 语句结合,GOTO 语句也可以实现 WHILE 语句的循环功能。但是使用 GOTO 语句会降低程序的可读性,所以在一般情况下不提倡在程序中使用 GOTO 语句。

使用 GOTO 语句时,首先要定义标签,然后才能使用 GOTO 语句。其语法格式如下:

```
{sql 语句/语句块 1}
[IF…] GOTO 标签;
```

其中,标签是 GOTO 语句转向的依据。标签必须符合标识符命名规则。无论是否使用 GOTO 语句,标签均可作为注释方法使用。当执行到语句"GOTO 标签"时,执行流程将无条件转到标签所指向的地址,并从该地址起依次往下执行所遇到的语句。

【例 10-16】 使用了 GOTO 语句来实现 1~100 的累加,结果放在局部变量 @sum 中,最后将结果打印出来。在 SQL 编辑器中执行命令如下:

```
DECLARE @s int, @sum int
SET @s = 0
SET @sum = 0
label1:
SET @s = @s + 1
SET @sum = @sum + @s
IF @s <> 100 GOTO label1
PRINT @sum
```

执行结果如图 10-16 所示。

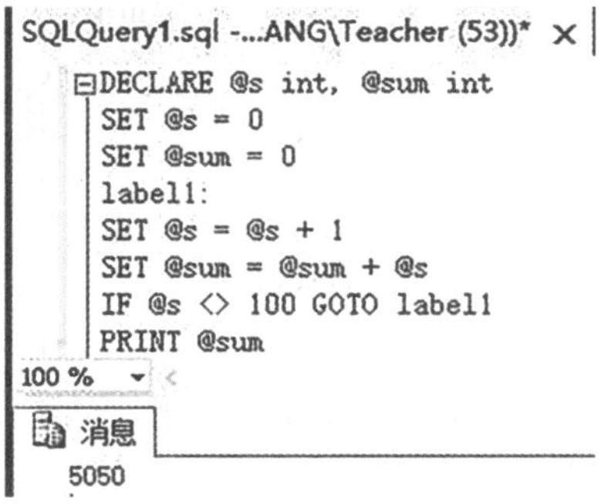

图 10-16 GOTO 语句示例

10.4.6 TRY...CATCH 语句

类似于其他高级语言，T-SQL 也有异常的捕获和处理语句——TRY...CATCH 语句。其语法格式如下：

```
BEGIN TRY
    {SQL 语句/语句块 1}
END TRY
BEGIN CATCH
    {SQL 语句/语句块 1}
END CATCH[ ; ]
```

当 TRY 块内的语句产生错误时，则会将控制传递给 CATCH 块的第一个语句；当 TRY 块所包含的代码中没有错误时，则在 TRY 块中最后一个语句完成后将控制传递给紧跟在 END CATCH 语句之后的语句。

【例 10-17】 下例中第二条插入语句有错误，因此在执行到该语句时程序将转入到 CATCH 块中执行打印语句。这时第一条插入语句已经成功执行，而第三条插入语句则未能执行到，所以相应的数据也没有被写到数据库中。

```
USE xkgl;
GO
BEGIN TRY
INSERT INTO Student
    Values('St0109010021','张三','男','1995-10-8','北京','2017-10-9','Cs010901')
--下面语句中，时间常量'1996-12-33'格式错误
INSERT INTO Student
    Values('St0109010022','王智高','男','1996-12-33','北京','2017-10-9','Cs010901')
END TRY
BEGIN CATCH
    PRINT N'插入操作有错误。'
END CATCH;
```

执行结果如图 10-17 所示。

TRY...CATCH 语句不能捕获以下类型的错误：

（1）严重级别为 10 或更低的错误。

（2）严重级别为 20 或更高且终止会话的数据库引擎任务处理的错误。

（3）客户端中断请求或客户端连接中断而引起的错误。

（4）使用 KILL 语句终止会话而引起的警告。

（5）编译错误。

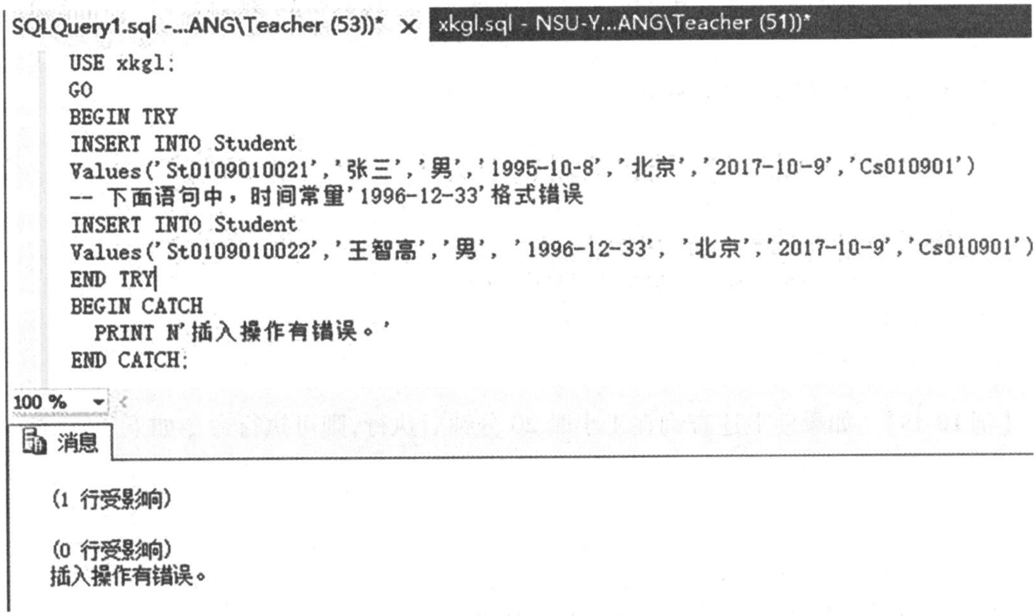

```
SQLQuery1.sql -...ANG\Teacher (53))*  ×  xkgl.sql - NSU-Y...ANG\Teacher (51))*
    USE xkgl;
    GO
    BEGIN TRY
    INSERT INTO Student
    Values('St0109010021','张三','男','1995-10-8','北京','2017-10-9','Cs010901')
    -- 下面语句中，时间常量'1996-12-33'格式错误
    INSERT INTO Student
    Values('St0109010022','王智高','男', '1996-12-33', '北京','2017-10-9','Cs010901')
    END TRY
    BEGIN CATCH
       PRINT N'插入操作有错误。'
    END CATCH;
```

消息

(1 行受影响)

(0 行受影响)
插入操作有错误。

图 10-17　TRY...CATCH 语句示例

（6）语句级重新编译过程中出现的错误。

另外，不能在用户定义函数内使用 TRY...CATCH 语句。

10.4.7　RETURN 语句

RETURN 语句用于从过程、批处理或语句块中无条件退出，RETURN 之后的语句不被执行。其语法格式如下：

RETURN [integer_expression]

RETURN 可以后跟整型表达式，当执行到 RETURN 语句时先计算该表达式的值，然后返回该值。如果将 RETURN 语句嵌入存储过程，该语句不能返回空值。如果某个过程试图返回空值，则将生成警告消息并返回 0 值。

10.4.8　WAITFOR 语句

WAITFOR 语句用于实现语句延缓一段时间或延迟到某个特定的时间执行的功能。其语法格式如下：

WAITFOR{DELAY<'时间'>|TIME<'时间'>}

【参数说明】

① DELAY：用来设定等待的时间间隔，最多可达 24 小时。

② TIME：用来设定等待结束的时间点。

③ <'时间'>:时间必须为 datetime 类型数据,延迟时间和时刻均采用"HH:MM:SS"格式。

【例 10-18】 在 17:30 执行指定语句。

```
USE xkgl;
GO
WAITFOR TIME '17:30';
SELECT 学号 = StudentID, 平均成绩 = AVG(Grade)
FROM Grade
group by StudentID
```

【例 10-19】 如果使上述查询在 1 小时 20 分钟后执行,则可执行命令如下:

```
USE xkgl;
GO
WAITFOR DELAY '01:20';
SELECT 学号 = StudentID, 平均成绩 = AVG(Grade)
FROM Grade
group by StudentID
```

WAITFOR 语句要等待的时间长短以及等待的时间终结时刻也可以使用局部变量来指定,这将使得 WAITFOR 语句的应用变得更为灵活。

10.5 Transact-SQL 函数

T-SQL 函数分为两类,一类是系统内置的函数,一类是用户定义的函数。这两类函数都可以在程序中以数值表达式的方式引用。本节先介绍常用的一些系统内置函数,然后介绍在 T-SQL 程序中如何定义函数。

10.5.1 系统内置函数

在 T-SQL 程序中常用的系统内置函数可以分为四种类型:字符串处理函数、聚合函数、日期时间函数和数学函数。

1. 字符串处理函数

字符串处理函数有很多种,在此仅介绍一些常用的函数,其他函数的使用方法可以参考表 10-6。

（1）ASCII 函数

ASCII 函数的语法格式如下:

ASCII（字符串表达式）

其中,字符串表达式的作用是以 int 类型返回字符串表达式中第一个字符的 ASCII 值。例如,ASCII('Abcd')返回 65,ASCII('abcd')返回 97('A'和'a'的 ASCII 值分别为 65 和 97)。

(2) SUBSTRING 函数

SUBSTRING 函数的语法格式如下:

SUBSTRING(expression , start , length)

SUBSTRING 函数的作用是返回给定字符 expression 中的一个子串,该子串是从位置 start 开始、长度为 length 的字符串。其中,expression 可以是字符串、二进制字符串、文本、图像、列或包含列的表达式,但不能使用包含聚合函数的表达式,start,length 都是整型数据。

例如,SUBSTRING('abcdef',2,4)返回'bcde',SUBSTRING('abcdef',2,1)返回'b'等。

(3) LEFT 函数

LEFT 函数的语法格式如下:

LEFT(character_expression , integer_expression)

其作用是返回字符串 character_expression 中从左边开始的 integer_expression 个字符。例如,打印学生的姓氏,可以用下列的语句来实现(不考虑复姓):

SELECT LEFT(studentname , 1)
FROM Student

(4) REPLACE 函数

REPLACE 函数的语法格式如下:

REPLACE(string_expression1 , string_expression2 , string_expression3)

其作用是用第三个表达式 string_expression3 替换第一个字符串表达式 string_expression1 中出现的所有第二个指定字符串表达式 string_expression2 的匹配项,并返回替换后的字符串表达式。例如,REPLACE('abcdefghicde','cd','China')将返回'abChinaefghiChinae'。

由于篇幅有限,就不一一列举所有字符串函数详细的使用方法,但可以参考表 10-7 的简要说明。

表 10-7　　　　　　　　　　　字符串处理函数

函数语法	功能描述	举例
ASCII（character_expression）	返回字符串表达式中第一个字符的 ASCII 值(int 型)	ASCII('abcd')返回 97
CHAR（integer_expression）	将 ASCII 值转换为相应的字符,并返回该字符	CHAR(65)返回'A',CHAR(97)返回'a'

（续表）

函数语法	功能描述	举例
CHARINDEX（expression1，expression2[，start_location]）	返回字符串中指定表达式的开始位置。如果指定 start_location，则表示从位置 start_location 开始查找指定的字符串以返回其开始位置。如果没有匹配则返回 0	CHARINDEX（'be'，'aabecdefbeghi'）返回 3，CHARINDEX（'be'，'aabecdefbeghi'，4）返回 9
LEFT（character_expression，integer_expression）	返回字符串 character_expression 中从左边开始的 integer_expression 个字符	LEFT（'abcdef'，3）返回'abc'
LEN（string_expression）	返回指定字符串表达式的字符（而不是字节）个数，其中不包含尾随空格	LEN（'a bcdefg'）返回 8
LOWER（character_expression）	将大写字符数据转换为小写字符数据后返回字符表达式	LOWER（'AbCdEfG'）返回'abcdefg'
LTRIM（character_expression）	返回删除起始空格之后的字符表达式	LTRIM（' abcdef'）返回'abcdef'
NCHAR（integer_expression）	根据 Unicode 标准的定义，返回具有指定的整数代码的 Unicode 字符	NCHAR（197）返回'Å'
PATINDEX（'%pattern%'，expression）	返回指定表达式中某模式第一次出现的起始位置。如果在全部有效的文本和字符数据类型中没有找到该模式，则返回零。可以使用通配符	PATINDEX（'%defg%'，'abcdefghidefg'）返回 4
QUOTENAME（'character_string'[，'quote_character']）	返回带有分隔符的 Unicode 字符串	QUOTENAME（'abcdef'，''''）返回'abcdef'，QUOTENAME（'abcdef'，'（'）返回（abcdef）
REPLACE（str_expression1，str_expression2，str_expression3）	用第三个表达式 str_expression3 替换第一个字符串表达式 str_expression1 中出现的所有第二个指定字符串表达式 str_expression2 的匹配项，并返回替换后的字符串表达式。	REPLACE（'abcdefghicde'，'cd'，'China'）返回'abChinaefghiChinae'。
REVERSE（character_expression）	将字符表达式中的字符首尾反转，然后返回反转后的字符串	REVERSE（'abcdefg'）返回'gfedcba'
RIGHT（character_expression，integer_expression）	返回字符串 character_expression 中从右边开始的 integer_expression 个字符	RIGHT（'abcdef'，3）返回'def'
RTRIM（character_expression）	返回删除尾随空格之后的字符表达式	RTRIM（' abcdef'）返回' abcdef'

(续表)

函数语法	功能描述	举例
SPACE(integer_expression)	返回由 integer_expression 个空格组成的字符串	'a'+SPACE(4)+'b' 返回 'a b'
STR(float_expression[,length[,]])	返回由数字数据转换来的字符数据	STR(123.4588,10,4) 返回 '123.4588'
STUFF(character_expression, start, length, character_expression)	在字符串 character_expression 中从位置 start 开始删除 start, length 个字符,然后又从该位置插入字符串 character_expression,最后返回处理后的字符串	STUFF('abcdefgh',2,3,'xyz') 返回 'axyzefgh'
SUBSTRING(expression, start, length)	返回给定字符 expression 中的一个子串,该子串是从位置 start 开始、长度为 length 的字符串	SUBSTRING('abcdef',2,4) 返回 'bcde'
UNICODE('ncharacter_expression')	按照 Unicode 标准的定义,返回输入表达式的第一个字符的整数值	UNICODE(N'Åkergatan 24') 返回 197
UPPER(character_expression)	返回小写字符数据转换为大写的字符表达式	UPPER('AbCdEfG') 返回 'ABCDEFG'

【例 10-20】 统计出从每个城市的招生人数。

分析:在学生表中家庭住址一列中记录了学生来源的城市,家庭地址内容是城市名+具体地址,通过字符串函数可以将城市名提取出来,然后再进行统计。在 SQL 编辑器中执行命令如下:

```
SELECT LEFT(HomeAddr,CHARINDEX('市',HomeAddr)) 城市,COUNT(*) 人数
FROM Student
WHERE HomeAddr IS NOT NULL
GROUP BY LEFT(HomeAddr,CHARINDEX('市',HomeAddr))
```

执行结果如图 10-18 所示。由于城市的名称长度不一定相同,所以必须先通过 CHARINDEX('市',HomeAddr)函数计算出此城市名称字符串长度,然后再通过 LEFT(HomeAddr,CHARINDEX('市',HomeAddr))函数求出城市名称。

2. 聚合函数

(1) COUNT 函数

COUNT 函数用于返回组中的项数,其语法格式如下:

```
COUNT({[[ALL|DISTINCT] expression]|*})
```

可见,该函数有三种调用形式。

① COUNT(*):返回组中的项数,包括 NULL 值和重复项。

② COUNT(ALL expression):对组中的每一行都计算 expression 并返回非 NULL 值的个

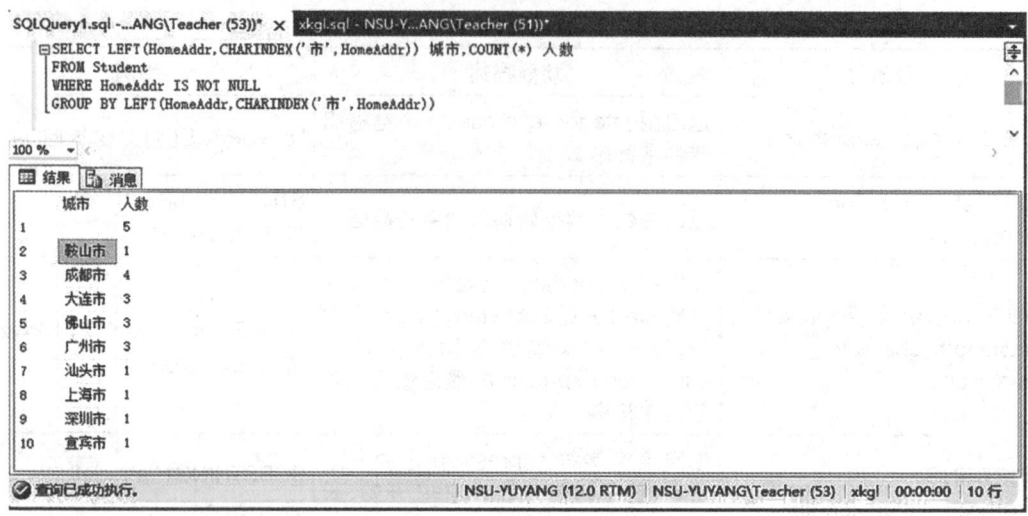

图 10-18 字符串函数的使用

数,式中的 ALL 可以省略。

③ COUNT(DISTINCT expression):对组中的每一行都计算 expression 并返回唯一非空值的个数。

【例 10-21】 求女生的人数,可执行命令如下:

```
SELECT count( * )
FROM Student
WHERE Sex = '女'
```

(2) AVG 函数

AVG 函数返回组中各值的平均值,NULL 被忽略。其语法格式如下:

```
AVG( [ ALL | DISTINCT ] expression )
```

【例 10-22】 求女学生的平均成绩,可执行命令如下:

```
SELECT AVG(Grade)
FROM Student JOIN Grade ON Student.StudentID = Grade.StudentID
WHERE Sex = '女'
```

(3) MAX 函数

MAX 函数的语法格式如下:

```
MAX( [ ALL | DISTINCT ] expression )
```

它返回表达式的最大值。

【例 10-23】 求张宏的最高成绩,可执行命令如下:

SELECTMAX(Grade)
FROM Student JOIN Grade ON Student.StudentID=Grade.StudentID
WHERE StudentName='张宏'

(4) MIN 函数

MIN 函数的语法格式如下:

MIN([ALL | DISTINCT] expression)

它返回表达式的最小值。

【例 10-24】 求张宏的最低成绩,可执行命令如下:

SELECTMIN(Grade)
FROM Student JOIN Grade ON Student.StudentID=Grade.StudentID
WHERE StudentName='张宏'

(5) SUM 函数

SUM 函数的语法格式如下:

SUM([ALL | DISTINCT] expression)

当选择 ALL(默认)时,它返回表达式 expression 中所有值的和;当选择 DISTINCT 时,它返回仅非重复值的和。NULL 值被忽略。

【例 10-25】 求张宏的总成绩,可执行命令如下:

SELECTSUM(Grade)
FROM Student JOIN Grade ON Student.StudentID=Grade.StudentID
WHERE StudentName='张宏'

3. 日期时间函数

常用的日期时间函数说明如表 10-8 所示。

表 10-8　　　　　　　　　　　日期时间函数

函数语法	功能描述	举例
DATEADD (datepart, number, date)	返回给定指定日期加上一个时间间隔后的新 datetime 值	DATEADD(year,18,'07 18 2006') 返回'07 18 2024 12:00AM', DATEADD(day,18,'07 18 2006')返回'08 5 2006 12:00AM'
DATEDIFF (datepart, startdate, enddate)	返回跨两个指定日期的日期边界数和时间边界数	DATEDIFF(year,'07 18 2006','07 18 2010')返回 4,DATEDIFF(month,'07 18 2006','07 18 2010')返回 48

(续表)

函数语法	功能描述	举例
DATENAME (datepart,date)	返回表示指定日期的指定日期部分的字符串	DATENAME(day,'07 18 2006')返回'18',DATENAME(month,'07 18 2006')返回'07'
DATEPART (datepart,date)	返回表示指定日期的指定日期部分的整数	DATEPART(day,'07 18 2006')返回18,DATENAME(month,'07 18 2006')返回07
DAY(date)	返回表示指定日期的天的整数	DAY('07/18/2006')返回18
GETDATE()	返回当前系统日期和时间	GETDATE()返回'07 18 2006 10:42PM'
GETUTCDATE()	返回表示当前的UTC时间(通用协调时间或格林尼治标准时间)的datetime值	如GETUTCDATE()可以返回'07 18 2006 3:09PM'(此时GETDATE()返回'07 18 2006 11:09PM')
MONTH(date)	返回表示指定日期的月份的整数	MONTH('07/18/2006')返回7,MONTH('12/18/2006')返回12
YEAR(date)	返回表示指定日期的年份的整数	YEAR('07/18/2006')返回2006,YEAR('12/18/2010')返回2010

【例10-26】 输出所有学生的姓名与年龄。

在 SQL 编辑器中执行命令如下：

```
SELECT StudentName 姓名,year(getdate())-year(Birth) 年龄
FROM Student
```

执行结果如图 10-19 所示。

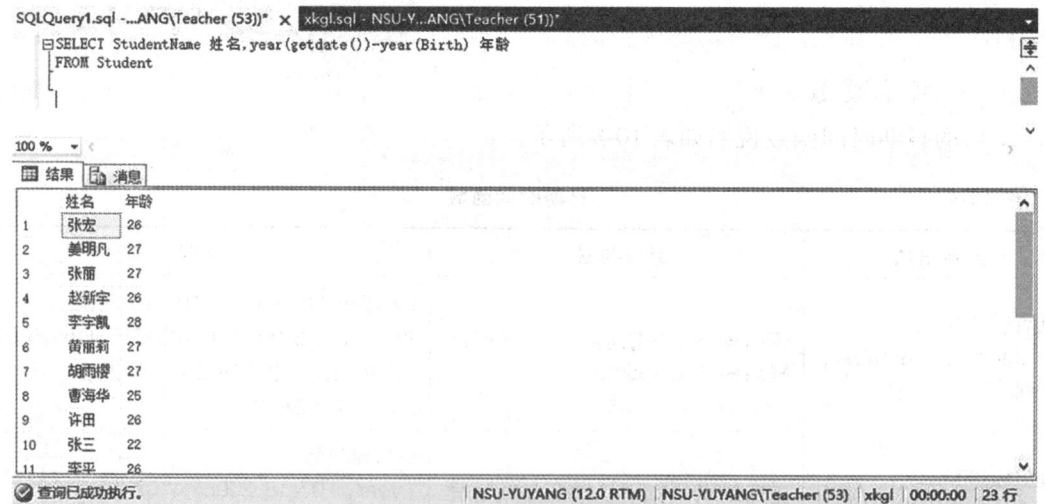

图 10-19 日期函数的使用

4. 数学函数

数学函数用于对数值型字段和表达式进行处理，常用的数字函数如表 10-9 所示。

表 10-9　　　　　　　　　　数学函数

函数语法	功能描述	举例
ABS(x)	返回 x 的绝对值，x 为 float 类型数据	ABS(−1.23)返回−1.23
ACOS(x)	返回 x 的反余弦值 $\cos^{-1}(x)$，$x \in [0,1]$	ACOS(−1.0)返回 3.14159
ASIN(x)	返回 x 的反正弦值 $\sin^{-1}(x)$，$x \in [0,1]$	ASIN(−1.0)返回 −1.5708
ATAN(x)	返回 x 的反正切值 $\tan^{-1}(x)$，x 为 float 类型数据	ATAN(−0.40)返回 −0.380506
ATN2(x, y)	返回 x/y 的反正切值 $\tan^{-1}(x/y)$，x,y 为 float 类型数据	ATN2(1.6,4)返回 0.380506
CEILING(x)	返回大于等于 x 的最小整数，x 为 float 类型数据	CEILING(3.9)返回 4
COS(x)	返回 x 的三角余弦值，x 是以 float 类型表示的弧度值	COS(3.14159)返回 1.0
COT(x)	返回 x 的三角余切值，x 是以 float 类型表示的弧度值	COT(0.5)返回 1.83049
DEGREES(x)	将角度的弧度值 x 转化为角度的度数值并返回该度数值	DEGREES(3.14)返回 1710.9
EXP(x)	返回 x 的指数值 e^x，x 为 float 类型数据	EXP(1.0)返回 2.71828
FLOOR(x)	返回小于等于 x 的最大整数，x 为 float 类型数据	FLOOR(3.9)返回 3
LOG(x)	返回 x 的自然对数，x 为 float 类型数据	LOG(10.0)返回 2.30259
LOG10(x)	返回 x 的以 10 为底的对数，x 为 float 类型数据	LOG(10.0)返回 1.0
PI()	返回圆周率的常量值	PI()返回 3.14159265358979
POWER(x, y)	返回 x 的 y 次幂的值 x^y	POWER(2,3)返回 8
RADIANS(x)	将角度的度数值 x 转化为角度的弧度值并返回该弧度值	RADIANS(1710.9)返回 3.13984732
RAND([seed])	返回从 0 到 1 之间的随机 float 值	RAND()返回 0.588327 等
ROUND(x,length)	按照指定精度对 x 进行四舍五入，length 为精确的位数	ROUND(748.58678,4)返回 748.58680，ROUND(748.58678，−2)返回 700.00000 等
SIGN(x)	返回 x 的正号（+1）、零（0）或负号（−1），x 为 float 类型数据	SIGN(100)返回 1,SIGN(−100)返回 −1,SIGN(0)返回 0 等
SIN(x)	返回 x 的三角正弦值，x 是以 float 类型表示的弧度值	SIN(3.14159/2)返回 1.0

(续表)

函数语法	功能描述	举例
SQRT(x)	返回 x 的平方根,x 为非负的 float 类型数据	SQRT(9)返回 3
SQUARE(x)	返回 x 的平方,x 为 float 类型数据	SQUARE(3)返回 9
TAN(x)	返回 x 的正切值,x 为 float 类型数据	TAN(3.14159)返回 0.0
VARP([ALL|DISTINCT] expression)	返回表达式 expression(通常是列)中所有值的总体方差	SELECT VARP(s_avggrade) FROM student 返回学生成绩的总体方差

5. 其他系统函数

除了上面介绍的函数,SQL Server 还提供了其他系统函数,表 10-10 介绍了数据类型转换函数和数据检测函数。

表 10-10　　　　　　　　　　其他系统函数

类型	函数名	功能
数据类型转换函数	CAST(表达式 AS 数据类型)	将表达式显式转换为另一种数据类型
	CONVERT(数据类型[(长度)],表达式,[日期样式])	将表达式显式转换为另一种数据类型,CAST 与 CONVERT 提供相似的功能
数据检测函数	ISDATE(表达式)	表达式为有效日期格式时返回 1,否则返回 0
	ISNULL(表达式,替换值)	表达式值为 NULL 时,用指定的替代值替代
	ISNUMERIC(表达式)	表达式为数值类型时返回 1,否则返回 0

表中的 CONVERT 函数的日期样式的取值如表 10-11 所示。

表 10-11　　　　　　　　　　日期样式表

Style ID	Style 格式	Style ID	Style 格式
100 或 0	mon dd yyyy hh:miAM(或 PM)	110	mm-dd-yy
101	mm/dd/yy	111	yy/mm/dd
102	yy.mm.dd	112	yymmdd
103	Dd/mm/yy	113 或 13	dd mon yyyy hh:mm:ss:mmm(24h)
104	dd.mm.yy	114	hh:mi:ss:mmm(24h)
105	dd-mm-yy	120 或 20	yyyy-mm-dd hh:mi:ss(24h)
106	Dd mon yy	121 或 21	yyyy-mm-dd hh:mi:ss.mmm(24h)
107	Mon dd, yy	126	yyyy-mm-ddThh:mm:ss.mmm
108	Hh:mm:ss	130	dd mon yyyy hh:mi:ss:mmmAM
109 或 9	mon dd yyyy hh:mi:ss:mmmAM(或 PM)	131	dd/mm/yy hh:mi:ss:mmmAM

模块 10　Transact-SQL 程序设计

【例 10-27】　使用 CAST 函数将数值转换为字符,显示出每个学生的平均成绩。

分析:计算出学生平均分后需要将学生学号和成绩连接显示,如果直接连接各种类型的数据会发生如图 10-20 所示的错误,因为只有字符串类型的数据才能连接显示,所以必须通过 CAST 函数先将 AVG( )计算出来的数值转换为字符串再进行连接。如图 10-21 所示。

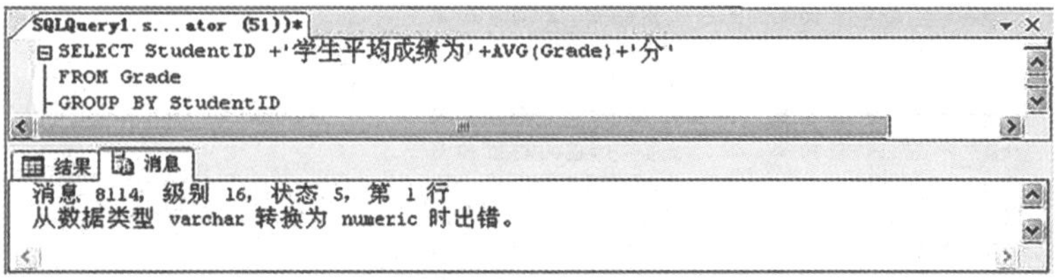

图 10-20　非字符串类型数据不能连接

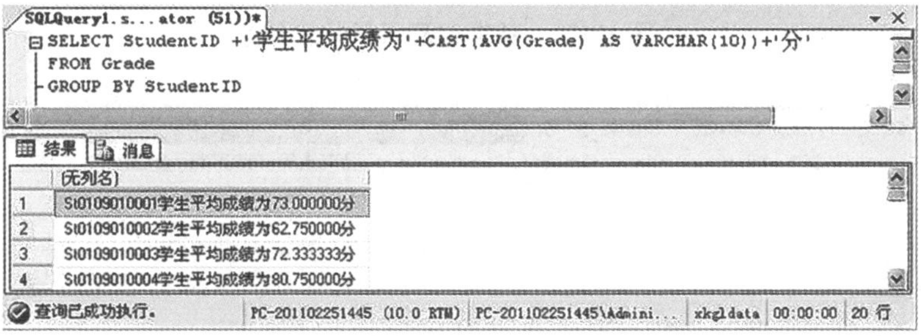

图 10-21　数据类型转换函数的使用

在 SQL 编辑器中执行命令如下:

SELECT StudentID +' 学生平均成绩为' +CAST(AVG(Grade) AS VARCHAR(10))+' 分'
FROM Grade
GROUP BY StudentID

【例 10-28】　查询出学生的姓名及家庭地址,若地址为空则显示"未填写家庭地址"。

分析:有些学生记录的家庭地址为 NULL 值,可读性不好,可以利用 ISNULL( )函数将 NULL 值显示为"未填写家庭地址"。在 SQL 编辑器中执行命令如下:

SELECT StudentName,HomeAddr,ISNULL(HomeAddr,'未填写家庭地址')家庭住址
FROM Student

执行结果如图 10-22 所示。

注意:ISNULL(表达式,替换值)函数中替换值的数据类型要与表达式的数据类型一致,否则会发生图 10-23 中语句的错误。

此时,将命令改为如下语句即可:

SELECT　DepartmentName ,IS NULL(TeacherNum ,0) FROM Department
SQL Server

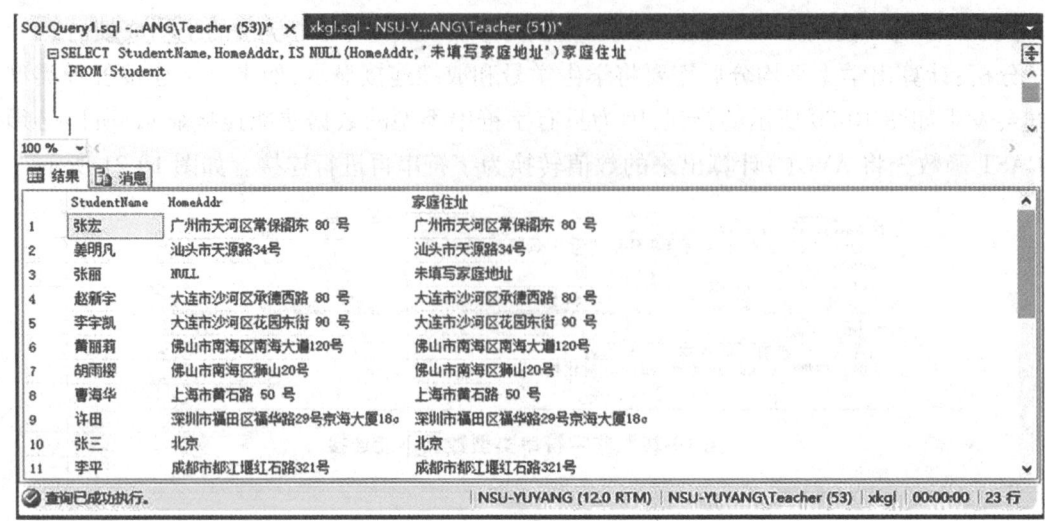

图 10-22 数据检测函数的使用

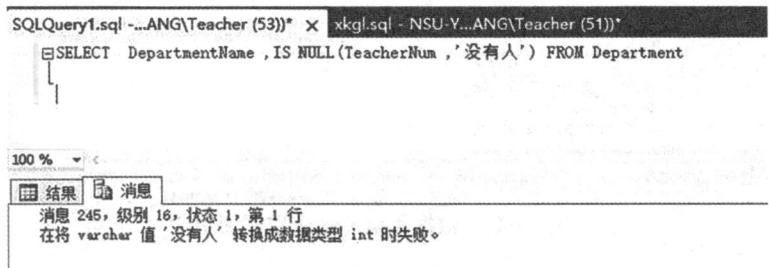

图 10-23 ISNULL(表达式,替换值)函数中两个参数的数据类型不一致

除了上文介绍的数据类型转换函数和数据检测函数外,还有很多系统内置函数,感兴趣的读者请自行学习。

10.5.2 用户自定义函数

SQL Server 不但提供了系统内置函数,还允许用户创建自定义函数。SQL Server 中,用户自定义函数由 CREATE FUNCTION 语句来定义,可分为三种类型:标量函数、内联表值函数和多语句表值函数。

1. 标量函数

标量函数是指返回值为标量值的函数。其语法格式如下:

```
CREATE FUNCTION[所有者名称.]函数名称
    [({|@参数名称[AS]标量数据类型=[默认值]}[...n])]
RETURNS 标量数据类型
[AS]
BEGIN
    函数体
```

        RETURN 标量表达式
    END

说明:

(1) 自定义函数必须在当前数据库中定义。

(2) 其中参数名必须是以"@"开始的标识符,定义参数时必须指定数据类型,还可以根据需要设置一个默认值,默认值必须是常量。

(3) RETURNS 指定返回值的数据类型,RETURN 指定返回值,注意两个关键字的区别。

(4) 在定义自定义函数时不必指明"所有者名称",但是在调用自定义函数时必须写出"所有者名称.函数名称"并在圆括号内给出参数。

(5) 在用户自定义函数中不能更改数据,仅返回信息。

【例 10-29】 在 xkgl 数据库中创建一个用户自定义函数 uf_GetRank,该函数通过输入的学号计算出该学生的各门功课的平均成绩,依据平均成绩返回等级,大于等于 85 分为优秀;大于等于 75 分小于 85 分为良好,大于等于 65 分小于 75 分为中,大于等于 60 分小于 65 分为合格,其他为不合格。

分析:此函数功能是输入一个学号(即标量数据类型表达式),返回一个平均成绩的等级(也是一个标量数据类型的值),所以用一个自定义标量函数即可。在 SQL 编辑器中执行命令如下:

```
/*
编写人:XXX
创建时间:2017-5-1
函数名称:uf_GetRank
参数含义:@StudentID 学生学号
函数功能:通过输入的学号计算出该学生的各门功课的平均成绩,依据平均成绩返回等级,大于等于 85 分为优秀;大于等于 75 分小于 85 分为良好,大于等于 65 分小于分 75 为中,大于等于 60 分小于 65 分为合格,其他为不合格。
返回值数据类型:varchar(6)
调用函数:SELECT    StudentName ,dbo.uf_GetRank(StudentID) 等级 FROM Student
*/
USE xkgl
GO
CREATE FUNCTION uf_GetRank(@studentID char(12))
RETURNS varchar(6)
BEGIN
    DECLARE @Rank varchar(6),@avggrade int;
    SELECT @avggrade=AVG(Grade) FROM Grade WHERE StudentID = @StudentID;
    SELECT    @Rank=CASE
```

```
                    WHEN @avggrade>=85 THEN '优秀'
                    WHEN @avggrade>=75 THEN '良好'
                    WHEN @avggrade>=65 THEN '中'
                    WHEN @avggrade>=60 THEN '合格'
                    ELSE '不合格'
                    END;
        RETURN @Rank;
    END;
```

在数据库编程中将一条或多条 T-SQL 语句组成子程序封装在自定义函数中,以方便反复调用,因此在编写自定义函数时必须将注释写得清晰明了,比如:编写人、编写时间、函数功能、函数参数等,这样其他数据库维护人员在调用或维护此自定义函数时更容易了解函数的含义。

如果要调用用户自定义函数,必须提供至少由两个部分组成的名称(所有者.函数名),函数的默认所有者为 dbo,可以在 PRINT、SELECT 和 EXEC 语句中调用自定义标量函数。例如使用 uf_GetRank(StudentID) 自定义函数查看每个学生的平均成绩的等级,在 SQL 编辑器中执行命令如下:

```
SELECT   StudentName ,dbo. uf_GetRank(StudentID)等级 FROM Student
```

查询结果如图 10-24 所示。

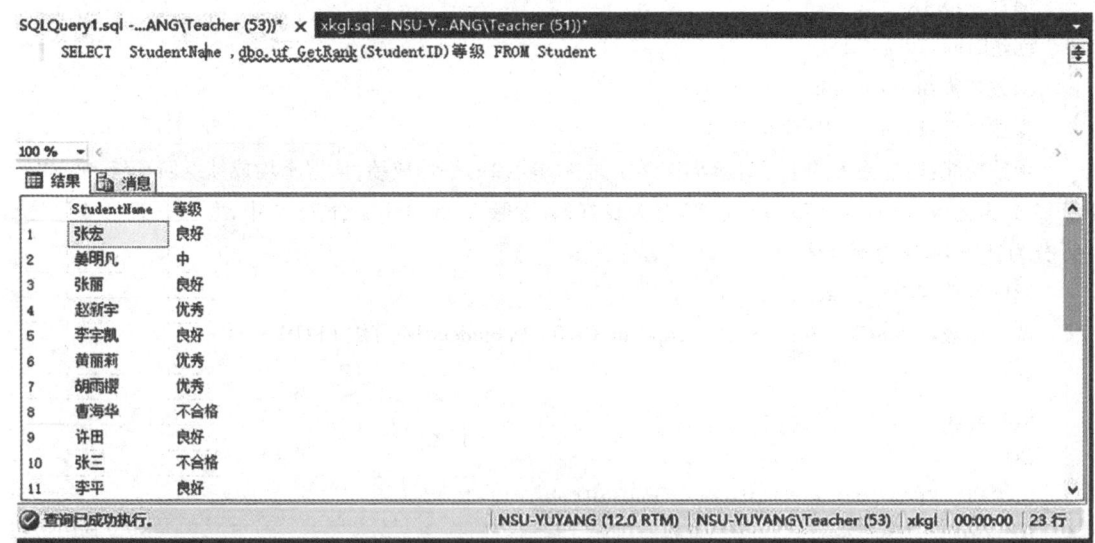

图 10-24　使用自定义函数

2. 内联表值函数

内联表值函数返回的结果是一张数据表,而不是一个标量值。其语法格式如下:

```
CREATE FUNCTION [所有者名称.]函数名称
[({|@参数名称[AS]标量数据类型=[默认值]}[...n])]
    RETURNS TABLE
        [ AS ]
        RETURN(select 语句)
[ ; ]
```

可以看到,该函数的返回结果是 TABLE 类型数据(是一张表),且没有函数主体(BEGIN…END 部分),而标量函数返回的是一个标量值,有自己的函数主体。

【例 10-30】 定义一个内联表值函数,该函数的作用是按学号查询学生的学号、姓名,其输入参数是学号,返回结果是由学号、姓名构成的表。

```
/*
编写人:XXX
创建时间:2017-5-1
函数名称:uf_GetStu
参数含义:@StudentID 学生学号
函数功能:按学号查询学生的学号、姓名。
返回值数据类型:TABLE
调用函数:SELECT * FROM dbo.uf_GetStu('St0109010001')
*/
USE xkgl
GO
CREATE FUNCTION dbo.uf_GetStu(@Studentid varchar(12)) RETURNS TABLE
AS
    RETURN
    (
        SELECT StudentID,StudentName
        FROM Student
        WHERE StudentID = @StudentID
    )
```

由于内联表值函数返回结果是一张表,所以对其调用必须按照对表的查询方式进行,其调用方法与标量函数的调用方法完全不同。在 SQL 编辑器中执行命令如下:

```
SELECT * FROM dbo.uf_GetStu('St0109010001')
```

查询结果如图 10-25 所示。

3. 多语句表值函数

多语句表值函数返回结果也是一张表,但与内联表值函数不同的是,在内联表值函数

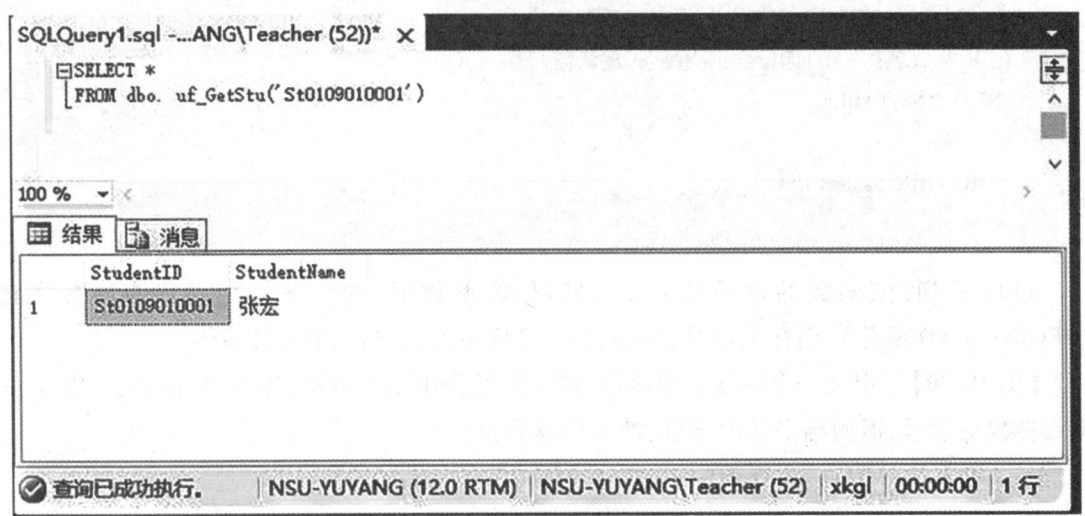

图 10-25 内联表值函数示例

中,TABLE 返回值是通过单个 SELECT 语句定义的,内联函数没有关联的返回变量。在多语句表值函数中,@ return_variable 是 TABLE 类型的返回变量,用于存储和汇总应作为函数值返回的行。多语句表值函数返回结果的原理是先定义一个表变量,然后通过函数体中的语句实现向该表变量插入有关数据,最后将这个表变量作为结果返回。

多语句表值函数的语法格式如下:

```
CREATE FUNCTION [所有者名称] f [所有者名称.]函数名称
 [({|@参数名称[AS]标量数据类型=[默认值]}[,...n])]
 RETURNS @返回值名称 TABLE < table_type_definition >
 [ WITH <function_option> [ ,...n ] ]
 [ AS ]
 BEGIN
    函数体
    RETURN
 END
```

其中,@ 返回值名称为 TABLE 类型变量,用于存放函数返回的表。

多语句表值函数与标量函数都有函数的主体部分,它是由一系列定义函数值的 T-SQL 语句组成。在多语句表值函数中,函数体是一系列用于填充 TABLE 返回变量@ 返回值的 T-SQL 语句;在标量函数中,函数体是一系列用于计算标量值的 T-SQL 语句。

【例 10-31】 建立一个多语句表值函数,其作用是按学号查询学生的一些基本信息。这些信息包括学号、姓名、性别和平均成绩,其平均成绩是计算列,它由学生已选修的课程及课程成绩来决定。学生选修课程记录于表 GRADE 中。

该函数名为 uf_GetStuInfo,带一个参数,其定义语句如下:

```sql
/*
编写人:XXX
创建时间:2017-5-1
函数名称:uf_GetStuInfo
参数含义:@StudentID 学生学号
函数功能:按学号查询学生的学号、姓名、性别和平均成绩。
返回值数据类型:TABLE
调用函数: SELECT * FROM dbo.uf_GetStuInfo('St0109010001')
*/

USE xkgl;
GO
IF OBJECT_ID(N'dbo.uf_GetStuInfo', N'TF') IS NOT NULL
    DROP FUNCTION dbo.uf_GetStuInfo;
GO
CREATE FUNCTION dbo.uf_GetStuInfo(@StudentID char(12))
RETURNS @stu_info TABLE-- 定义表变量
(
    StudentID char(12),
    StudentName varchar(8),
    Sex char(2),
    avggrade numeric(3,1)
)
AS
BEGIN
    INSERT @stu_info-- 插入查询信息
        Select StudentID,StudentName,Sex,avggrade=(        /*从表 Grade 中生成计算列 avggrade */
        SELECT AVG(Grade)
        FROM Grade
        WHERE Grade.StudentID = Student.StudentID
        )
        FROM Student
        WHERE StudentID=@StudentID
    RETURN
END
```

多语句表值函数的调用与内联表值函数的调用方法一样。在 SQL 编辑器中执行命令如下:

```sql
SELECT * FROM dbo.uf_GetStuInfo('St0109010001')
```

查询结果如图 10-26 所示。

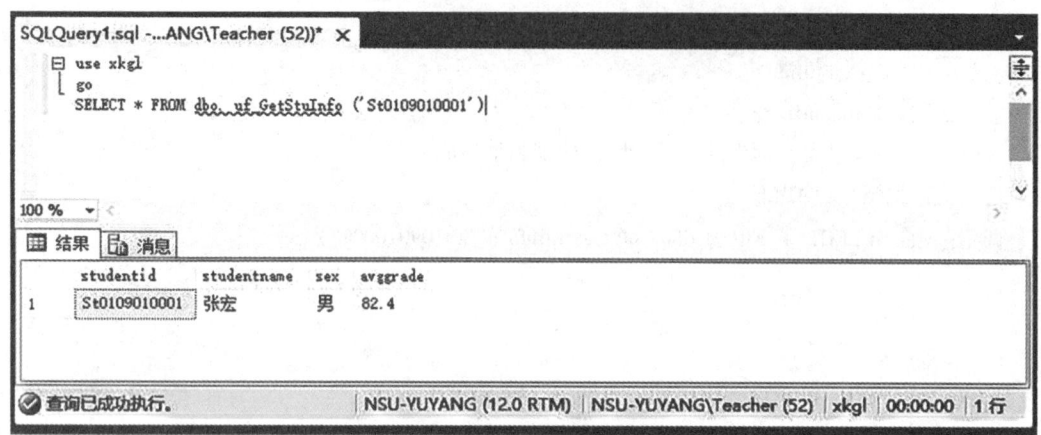

图 10-26　多语句表值函数示例

用户自定义函数后,可以根据需要查看、修改和删除该函数。

1. 查看用户自定义函数

使用系统存储过程或 SQL Server Management Studio 查看用户自定义函数相关信息。

(1) 使用系统存储过程查看用户自定义函数。

① 使用 sp_helptext 查看用户自定义函数的文本信息,其语法格式如下:

```
sp_helptext 用户自定义函数名
```

② 使用 sp_help 查看用户自定义函数的一般信息,其语法格式如下:

```
sp_help 用户自定义函数名
```

【例 10-32】　查看用户自定义函数 uf_GetRank 的文本信息。

分析:可以通过系统存储过程 sp_helptext 查看用户自定函数的文本信息。在 SQL 编辑器中执行命令如下:

```
sp_helptext uf_GetRank
```

查询结果如图 10-27 所示。即使没有保存自定义函数的创建语句,也可以通过这种方式获取函数的定义语句。

(2) 使用 SQL Server Management Studio 查看用户自定义函数相关信息。

打开"对象资源管理器"窗口,展开"数据库"节点→展开"xkgl"节点→展开"可编程序"节点→展开"函数"节点,选择要展开的自定义函数的类型(如标量值函数),展开类型后右击需要查看的用户自定义函数,在弹出的快捷菜单中选择"属性"子菜单,打开"函数属性"窗口,可以查看函数建立的时间、函数名称等。

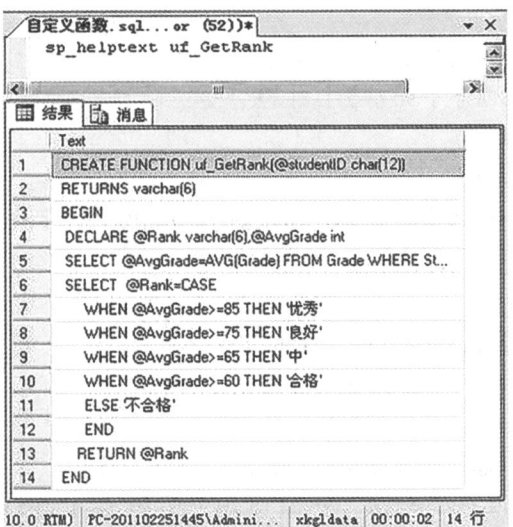

图 10-27　查看自定义函数

2. 修改用户自定义函数

可以使用 ALTER FUNCTION 或 SQL Server Management Studio 修改用户自定义函数,但是不能更改函数的类型。

(1) 使用 ALTER FUNCTION 修改用户自定义标量函数,其语法格式如下:

```
ALTER FUNCTION[所有者名称.]函数名称
    [({@参数名称[AS]标量数据类型=[默认值]}[,...n])]
    RETURNS 标量数据类型
    [AS]
    BEGIN
        函数体
        RETURN 标量表达式
    END
```

其语法说明与创建用户自定义标量函数的说明相同。

【例 10-33】　修改 xkgl 数据库中用户自定义函数 uf_GetRank,将优秀等级的平均分提高到 90 分。

分析:利用 ALTER FUNCTION 修改用户自定义函数。在 SQL 编辑器中执行命令如下:

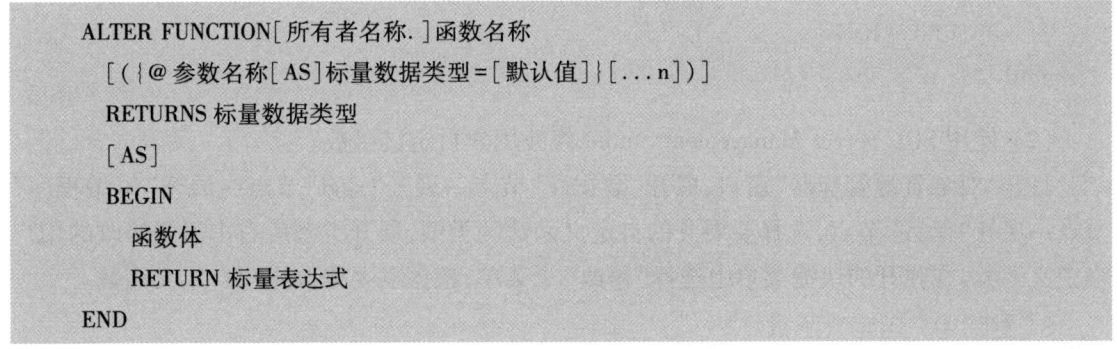

参数含义:@StudentID 学生学号

函数功能:通过输入的学号计算出该学生的各门功课的平均成绩,依据平均成绩返回等级,大于等于90分为优秀;大于等于75分小于90分为良好,大于等于65分小于分75为中,大于等于60分小于65分为合格,其他为不合格。

返回值数据类型:varchar(6)

调用函数:SELECT　StudentName,dbo.uf_GetRank(StudentID)等级 FROM Student　*/

```
USE xkgl
GO
ALTER FUNCTION uf_GetRank(@ studentID char(12))
RETURNS varchar(6)
BEGIN
    DECLARE @Rank varchar(6),@avggrade int
    SELECT @avggrade=AVG(Grade) FROM Grade WHERE StudentID = @StudentID
    SELECT   @Rank = CASE
                WHEN @avggrade>=90 THEN '优秀'
                WHEN @avggrade>=75 THEN '良好'
                WHEN @avggrade>=65 THEN '中'
                WHEN @avggrade>=60 THEN '合格'
                ELSE '不合格'
                END
    RETURN @Rank
END
```

(2) 使用 SQL Server Management Studio 修改用户自定义函数。

打开"对象资源管理器"窗口,展开"数据库"节点→展开"xkgl"节点→展开"可编程序"节点→展开"函数"节点,选择要展开的自定义函数的类型,展开类型后右击需要修改的用户自定义函数,在弹开的快捷菜单中选择"修改"子菜单,根据需要修改用户自定义函数。

3. 删除用户自定义函数

可以使用 DROP FUNCTION 或 SQL Server Management Studio 删除用户自定义函数。

(1) 使用 DROP FUNCTION 删除用户自定义函数,其语法格式如下:

```
DROP FUNCTION [所有者名称.]函数名称[,…n]
```

【例10-34】 删除 xkgl 数据库中用户自定义函数 uf_GetRank。

分析:利用 DROP FUNCTION 修改用户自定义函数。在 SQL 编辑器中执行命令如下:

```
USE xkgl
GO
DROP FUNCTION dbo.uf_GetRank
```

模块 10 Transact-SQL 程序设计

（2）使用 SQL Server Management Studio 删除用户自定义函数。

打开"对象资源管理器"窗口，展开"数据库"节点→展开"xkgl"节点→展开"可编程序"节点→展开"函数"节点，选择要展开的自定义函数的类型，展开类型后右击需要删除的用户自定义函数，在弹出的快捷菜单中选择"删除"子菜单，打开"删除对象"窗体，单击"确定"按钮。删除自定义函数。

思考与操作

一、填空题

1. T-SQL 中可以使用_____和_____两种变量。
2. 在 T-SQL 中可以使用两类注释符：单行注释_____ 和多行注释_____。
3. 用于声明一个或多个局部变量的命令是_____，给变量赋值可使用_____和_____两种命令。
4. T-SQL 中的标识符分为_____和_____两类。
5. 批处理结束的符号是_____。
6. 全局变量是以_____开头，对于全局变量我们只能_____，不能_____。
7. 创建用户自定义函数的命令是_____。

二、简答题

1. 简述 T-SQL 中常量与变量的区别。
2. 简述逻辑运算符 AND\OR\NOT 的功能。
3. 什么是位运算，举例说明 & 位运算符的功能。
4. 简述简单 CASE 函数与搜索 CASE 的区别。
5. 简述 WHILE 语句的执行过程。

三、上机练习

使用 XKGL 数据库，完成以下任务要求：

1. 查询出学生的姓名及家庭地址，如果地址为空显示"未填写家庭地址"。
2. 计算 1*2*3*…*10 的结果。
3. 创建一个随机产生 9 位数的程序。
4. 创建一个自定义函数 F1，能够通过输入学号返回学生的平均成绩。
5. 创建一个自定义函数 F2：完成通过系部名称查询系部学生人数的功能。
6. 创建一个自定义函数 F3：能够通过输入的学生学号能够返回该学生的所属班级名称。
7. 创建一个自定义函数 F4：能够通过输入的学生姓名返回这个学生姓名、选修课程名称和对应课程的成绩（提醒：表值函数）。
8. 创建一个自定义函数 F5：完成通过教师号查询教师姓名的功能。
9. 创建一个自定义函数 F6，能够通过输入班级号返回该班的男生人数。
10. 创建一个自定义函数 F7，能够通过输入课程号返回该课程的平均成绩。
11. 创建一个自定义函数 F8，能够通过输入的系部名称返回该系所有班级名称。
12. 创建一个自定义函数 F9，能够通过输入学号返回学生的修课情况（学号、姓名、课程名、成绩）。

模块 11　存储过程、游标和触发器

11.1 存储过程

11.1.1 存储过程的基本概念

在进行数据库开发时,需要编写一组 T-SQL 语句用来实现数据处理工作,如果这些语句经常被使用,可以将它们以一个存储单元的形式存在服务器上,方便反复调用。SQL Server 通过存储过程实现这个功能。存储过程是一种数据库对象,是一组在单个执行计划中编译的 T-SQL 语句,它将一些固定的操作集中起来交给 SQL Server 数据库服务器完成,以实现某个任务。

存储过程与其他编程语言中的过程类似,有如下特点。

（1）接收输入参数并以输出参数的形式将多个值返回至调用过程或批处理。

（2）在服务器端运行,使用 EXECUTE(简写为 EXEC)语句来执行。

（3）可以调用其他存储过程,也可以被其他语句或存储过程调用,但不能直接在表达式中使用。

（4）具有返回状态值,表明被调用是成功还是失败,但不返回取代其名称的值。

（5）存储过程已在服务器注册。

11.1.2 存储过程的分类

在 SQL Server 2014 中,存储过程可以分为两种类型:T-SQL 存储过程或 CLR 存储过程。T-SQL 存储过程是指由 T-SQL 语言编写而得到的存储过程,它是 T-SQL 语句的集合。CLR 存储过程是指引用 Microsoft.NET Framework 公共语言的方法、存储过程,可以接受和返回用户提供的参数,它在.NET Framework 程序集中是作为类的公共静态方法实现的。

目前常使用的是 T-SQL 存储过程,所以本书要介绍的也是这类存储过程。

根据来源和应用目的的不同,又可以将 T-SQL 存储过程分为系统存储过程、用户自定义存储过程和扩展存储过程。

1. **系统存储过程**

系统存储过程以 sp_为前缀,主要用来从系统表中获取信息,为系统管理员管理 SQL Server 提供帮助,方便用户查看数据库对象。例如,sp_password 就是一个系统存储过程,用来添加或更改 Microsoft SQL Server 登录的密码。在 SQL Server Management Studio 中"对象资源管理器"可以查看系统存储过程,如图 11-1 所示。

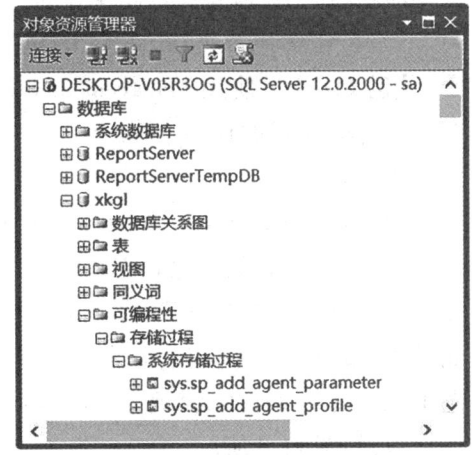

图 11-1　系统存储过程

2. **用户自定义存储过程**

用户自定义存储过程是根据用户需要,为完成某一特定功能的可重用 T-SQL 语句集,是在用户数据库中创建的存储过程。本模块将主要介绍用户存储过程的定义、修改和删除等基本管理操作。

3. **扩展存储过程**

扩展存储过程是指 SQL Server 的实例可以动态加载和运行的动态链接库(DLL)。通过扩展存储过程,可以使用其他编程语言(如 C 语句)创建自己的外部程序,实现了 T-SQL 程序与其他语言程序的连接与融合。

11.1.3　存储过程的优点

使用存储过程和使用 T-SQL 语句集相比较有以下优点。

(1)有利于模块化程序设计。存储过程创建后,在以后的程序中可以反复调用,而且可以根据不同的功能模式设计不同的存储过程以供调用。当用户对数据库使用的功能改变时,只需对相应的存储过程进行修改而不用修改应用程序。

(2)执行速度快。存储过程在第一次被执行后,相关信息就保存在内存中,下次调用可以直接执行,而不必重新编译后再执行。

(3)减少网络通信流量。存储过程的执行在 SQL Server 服务器端,网络用户使用时只需要发送一个调用语句就可以实现,大大减少了网络上 SQL 语句的传输。

(4)保证系统的安全性。可以在存储过程中设置用户对数据的访问权限,只允许用户调用存储过程而不允许直接对数据进行访问,充分发挥安全机制的作用。同时,它也提供了一种更为灵活的安全性管理机制,即用户可以被授予权限来执行存储过程,而不必对存储过程中引用的对象拥有访问权限。例如,如果一个存储过程是用于更新某一个数据表的,那么只要用户拥有执行该存储过程的权限,就可以通过执行该存储过程的方法来实现对指定数据表的更新操作,而不必直接拥有对该数据表操作的权限。

11.1.4 存储过程的创建和执行

可以按照系统功能的需要来创建存储过程,当需要完成相应功能时,只需要执行创建好的存储过程。

1. 使用 Management Studio 创建存储过程

【例 11-1】 使用 Management Studio 创建一个获取"学生平均年龄"的存储过程。

步骤如下:

(1)启动 SQL Server Management Studio,并连接成功。

(2)打开"对象资源管理器"窗口,展开"数据库"节点→展开"xkgl"节点→展开"可编程性"节点。右击"存储过程"节点,在快捷菜单中选择"存储过程(S)"选项,如图 11-2 所示。可在"SQL 编辑器"看到创建存储过程命令的模板,如图 11-3 所示。

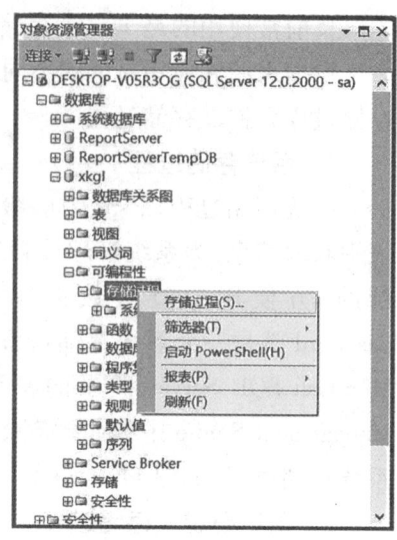

图 11-2 新建存储过程

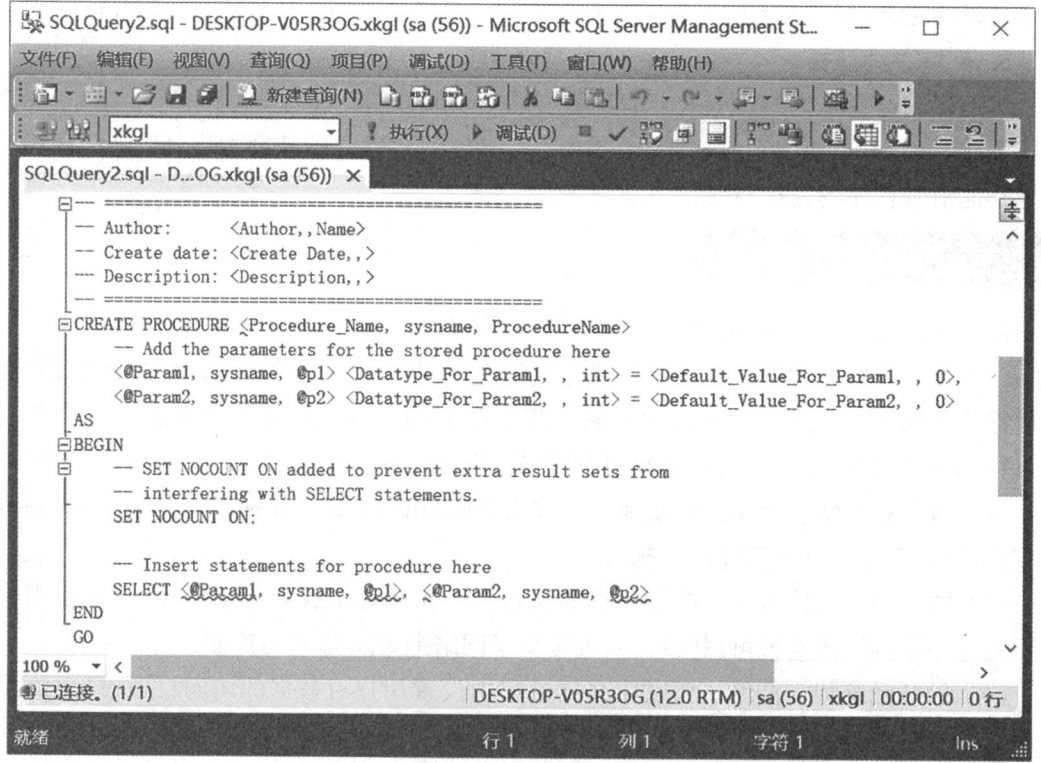

图 11-3 创建存储过程模板

(3)在模板中修改创建存储过程的命令如下,单击"执行"按钮,即可创建存储过程。如图 11-4 所示。

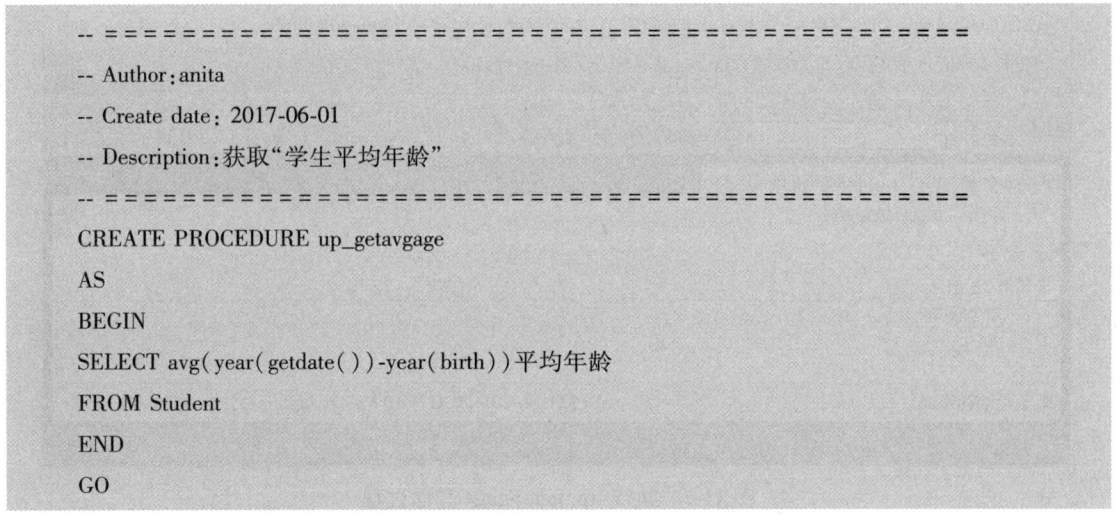

```
-- =================================================
-- Author：anita
-- Create date：2017-06-01
-- Description：获取"学生平均年龄"
-- =================================================
CREATE PROCEDURE up_getavgage
AS
BEGIN
SELECT avg(year(getdate( ))-year(birth))平均年龄
FROM Student
END
GO
```

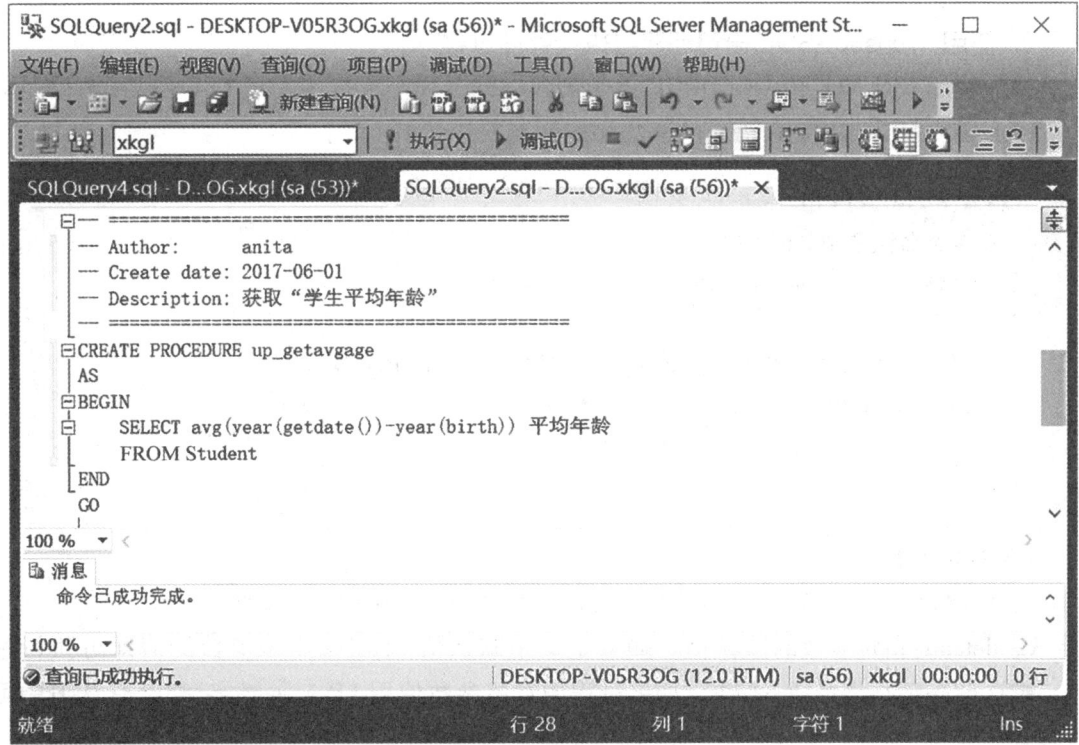

图 11-4　获取"学生平均年龄"的存储过程

（4）创建好的存储过程可以通过 EXEC 命令进行调用。

```
EXEC up_getavgage
```

执行结果如图 11-5 所示。

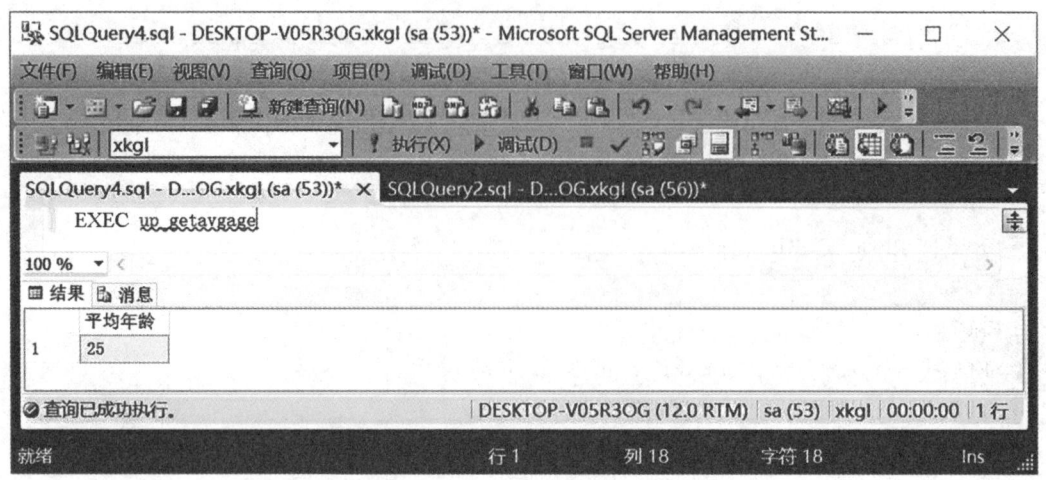

图 11-5　执行 **up_getavgage** 存储过程

2. 使用 Transact-SQL 语句创建与执行存储过程

（1）使用 CREATE PROCEDURE 语句创建存储过程

CREATE PROCEDURE 语句的语法格式如下：

```
CREATE PROCEDURE 存储过程名
[{@参数名称 参数数据类型}
[VARYING][ = default][OUTPUT]
][,…n]
[WITH {RECOMPILE |ENCRYPTION| RECOMPILE,ENCRYPTION}]
[FOR REPLICATION]
AS
T-SQL 语句
```

【参数说明】

① VARYING：指定作为输出参数支持的结果集，仅适用于游标参数。

② default：指定参数的默认值。如果定义了默认值，不必指定该参数的值即可执行过程。默认值必须是常量或 NULL。如果过程中对该参数使用 LIKE 关键字，那么默认值中可以包含通配符，如%、_、[ ]、[^]。

③ OUTPUT：表明参数是返回参数。使用 OUTPUT 参数可将信息返回给调用过程。text、ntext 和 image 参数可用作 OUTPUT 参数。

④ RECOMPILE：声明该过程将在运行时重新编译，不用缓存此过程的计划。

⑤ ENCRYPTION：指明 SQL Server 将加密 syscomments 表中该 CREATE PROCEDURE 语句文本的条目。

⑥ FOR REPLICATION：用于指定不能在订阅服务器上执行复制创建的存储过程。使用 FOR REPLICATION 选项创建的存储过程可用作存储过程筛选，且只能在复制过程中执行。

本选项不能和 WITH RECOMPILE 选项一起使用。

（2）执行存储过程

对于存储在服务器上的存储过程，可以使用 EXECUTE 命令来执行，如果存储过程是批处理中的第一条语句，则直接使用存储过程名称即可执行。其语法格式如下：

EXECUTE 存储过程名 [[@参数名=]参数值][,…n]

当不显式地给出"@参数名"，就要按照参数定义的顺序给出参数值。按位置传递参数时，可以忽略具有默认值的参数，但不能因此破坏输入参数的指定顺序。必要时，使用关键字"DEFAULT"作为默认值的占位。

【例 11-2】 创建一个存储过程，输入一个姓氏（默认姓氏为"张"），返回指定姓氏的学生姓名、出生日期和家庭住址。

分析：存储过程可以不带参数，例 11-1 中存储过程就是无参数过程。当需要将外部信息传到存储过程内部时，就可以使用输入参数。本例就需要输入参数，为输入参数赋默认值。在 SQL 编辑器中执行创建存储过程的命令如下：

```
CREATE PROCEDURE up_ShowstuInfo @name varchar(4)='张'
AS
SELECT StudentName,Birth,HomeAddr FROM Student
WHERE StudentName LIKE @name+'%'
```

执行结果如图 11-6 所示。

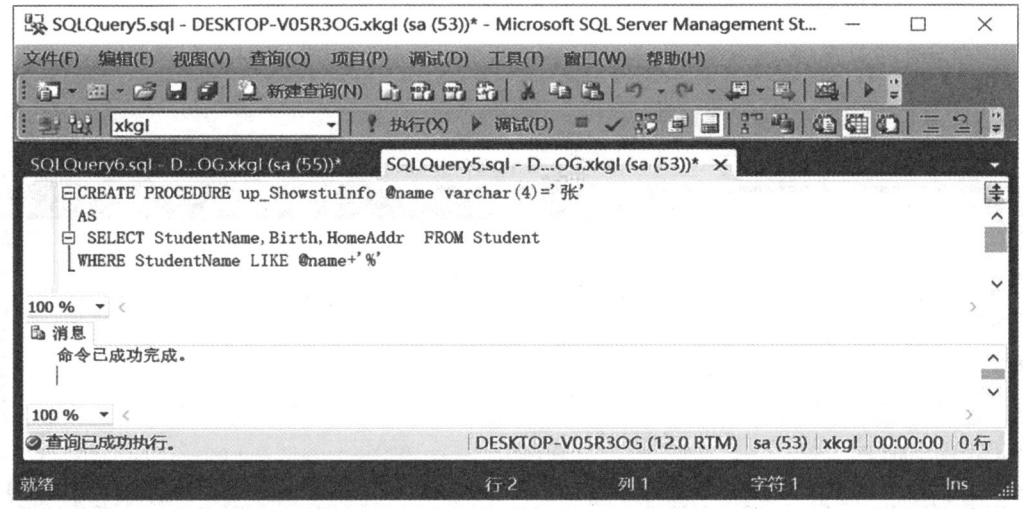

图 11-6 创建 up_ShowstuInfo 存储过程

说明：在编写语句时最好写上注释，以方便以后的程序维护。执行此存储过程时如果不给出参数值，则使用默认参数值，在 SQL 编辑器中执行命令如下：

EXEC up_ShowstuInfo

执行结果如图 11-7 所示,因为参数默认值为"张",所以没给 up_ShowstuInfo 参数赋值时,查询出来的就是张姓学生的信息。

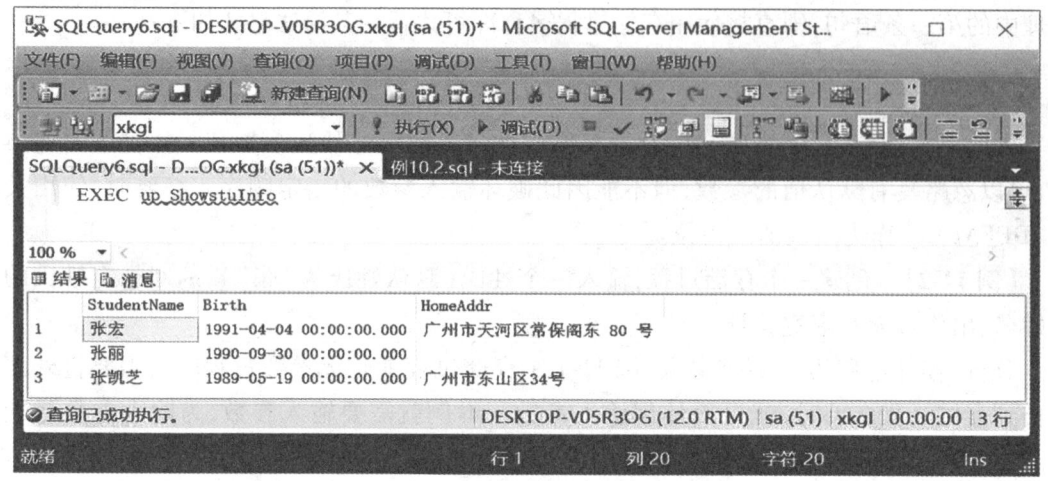

图 11-7　执行存储过程时使用参数的默认值

执行此存储过程时如果给出参数值,则使用给出的参数值,在 SQL 编辑器中执行命令如下:

```
EXEC up_ShowstuInfo '胡'
```

执行结果如图 11-8 所示,因为给参数赋值为"胡",所以使用 up_ShowstuInfo 查询出来的就是胡姓学生的信息。

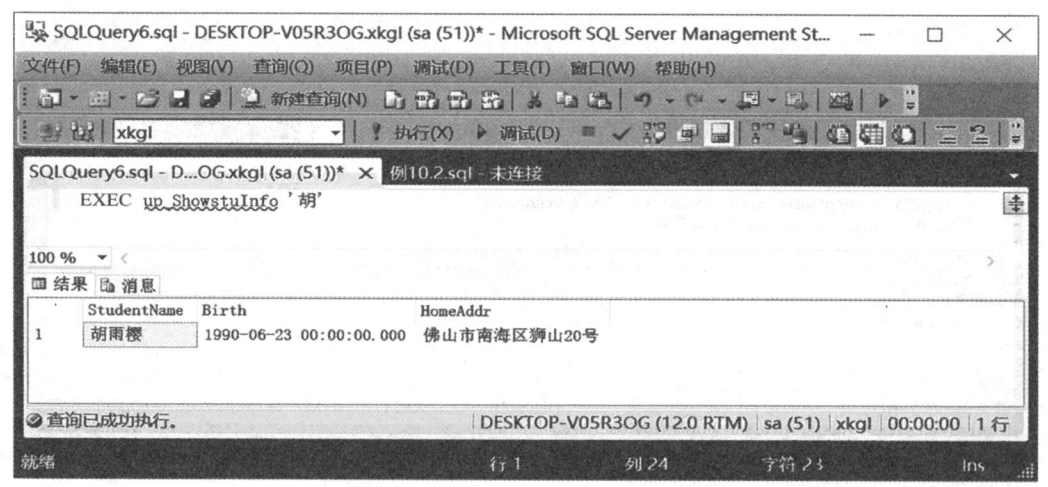

图 11-8　执行存储过程时为参数赋值

说明:当参数是字符和日期等类型的数据时,参数赋值要用单引号引起来。

【例 11-3】　如图 11-9 所示,创建一个名称为 up_stu 的存储过程,调用该存储过程可以返回学生的姓名、性别和出生日期。命令如下:

```
CREATE PROC up_stu
AS
SELECT StudentNname AS 姓名,Sex AS 性别,Birth AS 出生日期
FROM Student
GO
```

该存储过程不带参数,执行命令如下:

```
EXEC up_stu
```

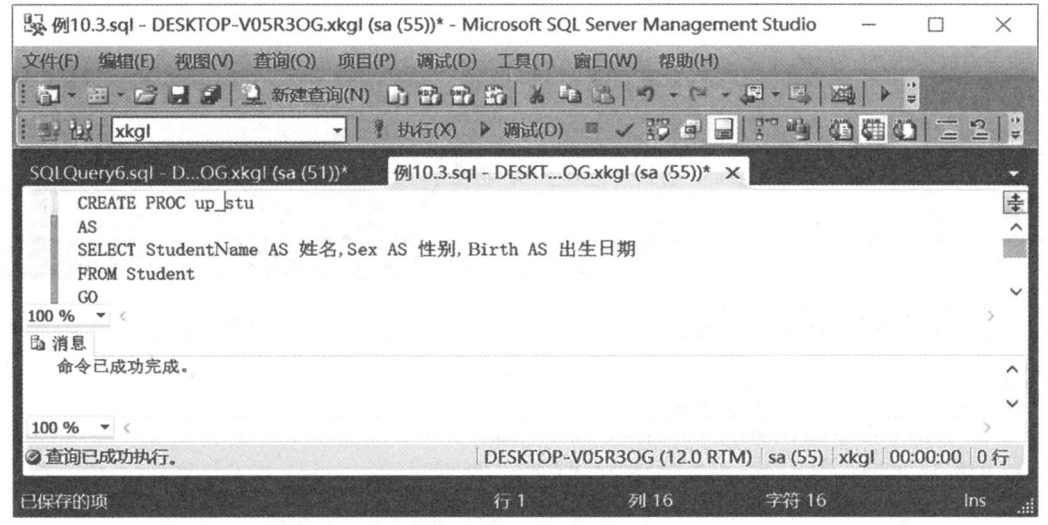

图 11-9　创建存储过程 up_stu

执行结果如图 11-10 所示。

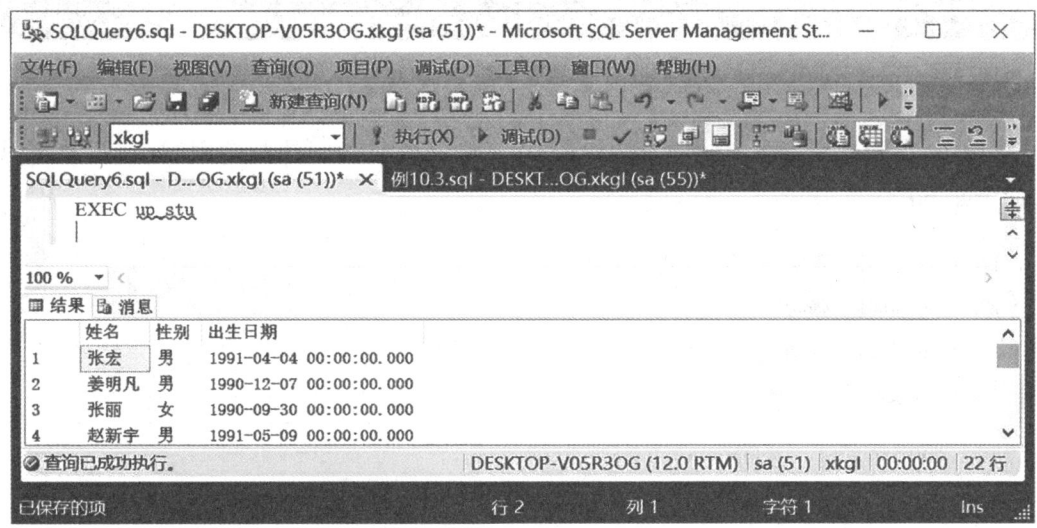

图 11-10　执行存储过程 up_stu

【例11-4】 如图11-11所示，创建一个名为up_grade的存储过程，查询某个学生"数据库原理与应用"的考试成绩。命令如下：

```
CREATE PROCEDURE up_grade @name1 char(10),@name2 char(30)='数据库原理与应用'
as
SELECT StudentName,CourseName,Grade
FROM Student join Grade on Student.StudentID=Grade.StudentID
    join Course on Grade.CourseID=Course.CourseID
WHERE StudentName=@name1    and CourseName=@name2
GO
```

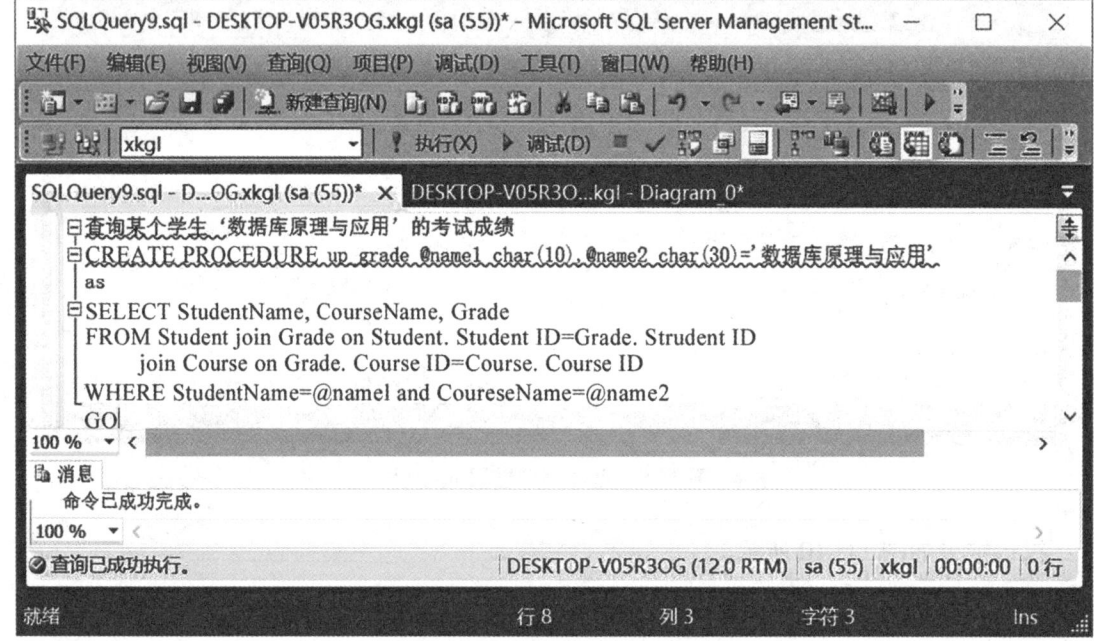

图11-11 创建存储过程up_grade

该例中，存储过程有两个输入参数，且其中一个有默认值。执行调用时，有四种调用方式，命令如下：

```
EXEC up_grade '张宏','JAVA程序设计'
EXEC up_grade '张宏'
EXEC up_grade @name1='张宏',@name2='JAVA程序设计'
EXEC up_grade @name1='张宏'
```

执行结果如图11-12所示。

模块 11 存储过程、游标和触发器

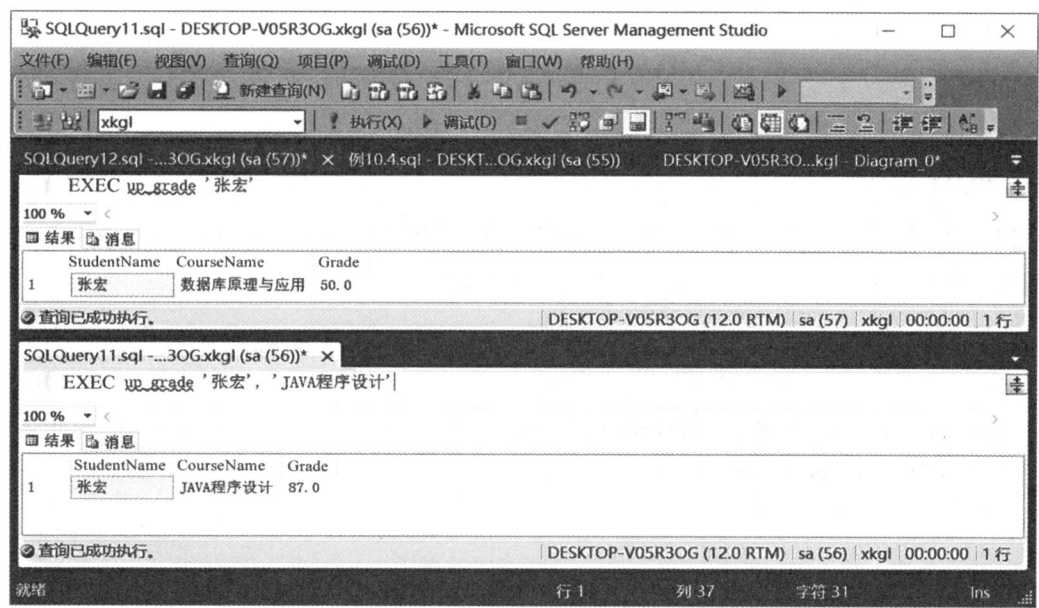

图 11-12 执行存储过程 up_grade

【例 11-5】 如图 11-13 所示，创建、调用并执行存储过程 up_stunumber，统计全体学生人数，并将统计结果用输出参数返回。命令如下：

```
CREATE PROC up_stunumber @totalnumber int output
   AS
   SELECT @totalnumber=count(*) from Student
GO
```

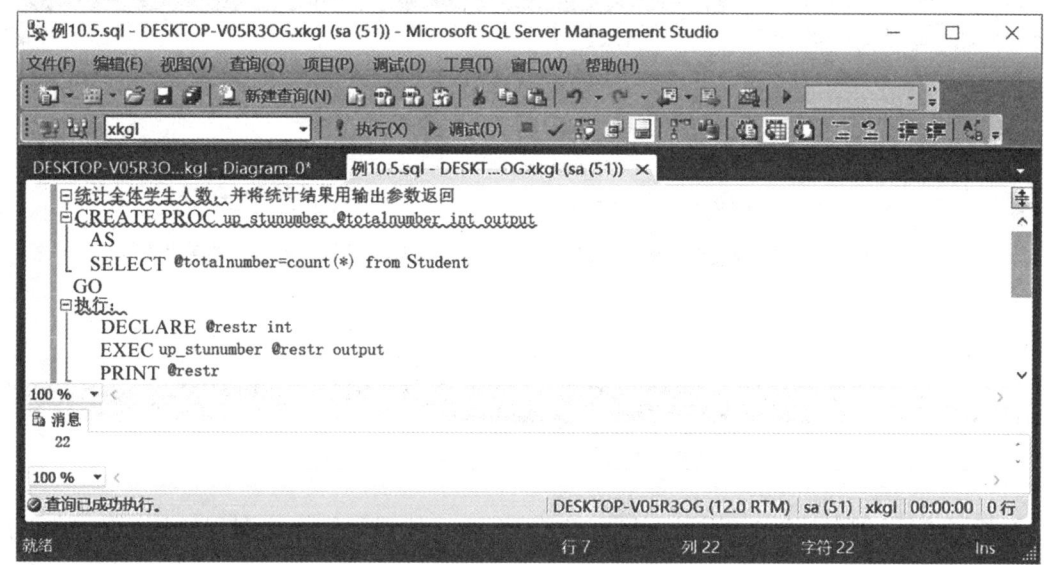

图 11-13 调用和执行存储过程 up_stunumber

231

调用该存储过程时,需要声明局部变量。代码如下:

```
DECLARE @restr int
EXEC up_stunumber @restr output
PRINT @restr
```

【例 11-6】 如图 11-14 所示,创建、调用并执行存储过程 up_avggrade,能够根据输入的课程名返回该课程期末成绩的平均分,平均分取整数。命令如下:

```
CREATE PROC up_avggrade @cname char(30),@avg int output
AS
SELECT @avg=avg(grade) from Grade join Course on Grade.CourseID=Course.CourseID
WHERE CourseName=@cname
GO
```

执行代码如下:

```
DECLARE @avg2 int
EXEC up_avggrade 'JAVA 程序设计',@avg2 output
PRINT @avg2
```

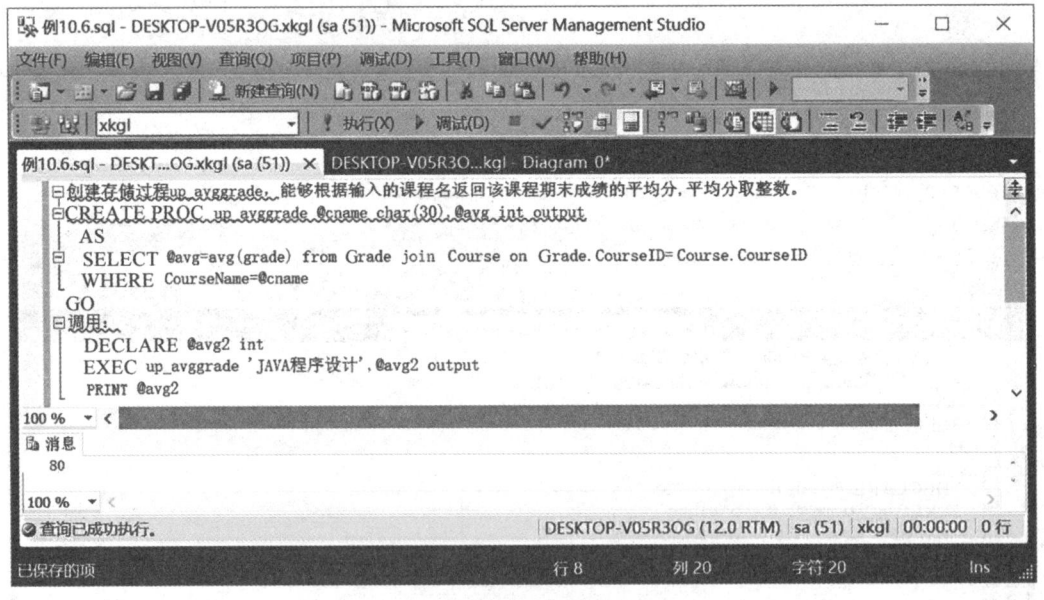

图 11-14　调用和执行存储过程 up_avggrade

【例 11-7】 创建存储过程 up_addcredit,根据输入的课程号为该课程的学分值增加指定的分数。命令如下:

```
CREATE PROC up_addcredit @ cno char(8),@ a int
AS
UPDATE Course set credit=credit+@ a
WHERE CourseID=@ cno
GO
```

执行命令如下:

```
EXEC up_addcredit 'Dp010002','1'
```

通过执行,可以发现编号为"Dp010002"这门课程的学分值由 6 分变成了 7 分。

11.1.5 修改存储过程

若需求变更,则存储过程的功能也需要发生改变,用户可以对存储过程的定义或参数进行修改,通过 ALTER PROCEDURE 语句修改存储过程,不会影响相关的存储过程或触发器。

修改存储过程的语法格式如下:

```
ALTER PROCEDURE 存储过程名
[{@参数名称 参数数据类型}
[VARYING][= default][OUTPUT]
][,…n]
[WITH {RECOMPILE |ENCRYPTION| RECOMPILE,ENCRYPTION}]
[FOR REPLICATION]
AS
T-SQL 语句
```

各参数说明与 CREATE PROCEDURE 语句中参数的意义相同。

【例 11-8】 修改例 11-2 中的存储过程,创建一个存储过程,输入一个姓氏(默认姓氏为"张"),返回指定姓氏的女学生学号、姓名、出生日期、家庭住址;加密此存储过程并且设定每次运行此存储过程时重新编译和优化。

分析:可以使用 ALTER PROCEDURE 语句修改存储过程定义,通过 WITH ENCRYPTION 对存储过程进行加密,使用 WITH RECOMPILE 子句来指示 SQL Server 2014 不该将存储过程的查询计划保存在缓存中,而是在每次运行时重新编译和优化,并创建新的执行计划。在 SQL 编辑器中执行修改存储过程的命令如下:

```
ALTER PROCEDURE up_ShowstuInfo @ ename varchar(4)='张'
WITH RECOMPILE,ENCRYPTION
AS
SELECT StudentID,StudentName,Birth,HomeAddr   FROM Student
```

　　　　WHERE StudentName LIKE @ename+'%' AND Sex='女'
　　　　GO

修改后的存储过程 up_ShowEmpInfo 每次执行时都会重新编译和优化。由于存储过程 up_ShowstuInfo 已加密,因此无法通过 sp_helptext 查看存储过程的定义文本。在 SQL 编辑器执行下面命令。执行结果提示"对象' up_ShowstuInfo '的文本已加密。"如图 11-15 所示。

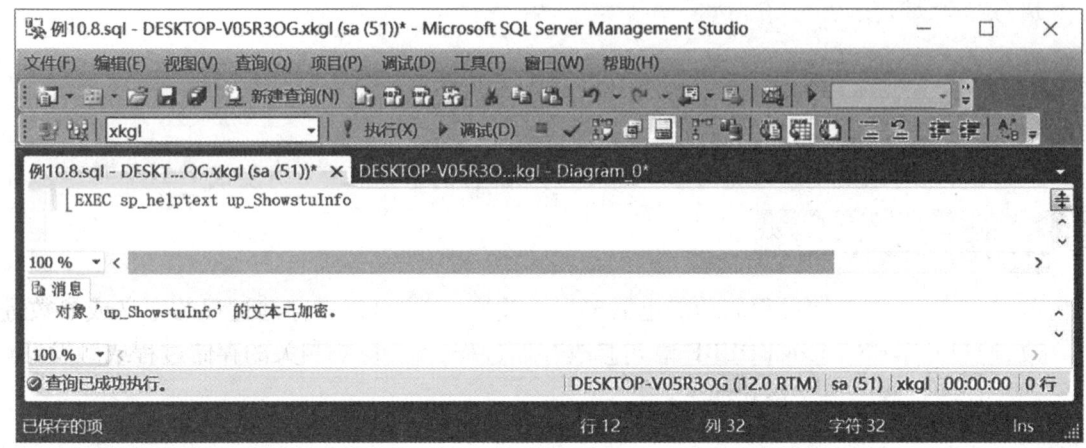

图 11-15　无法查看加密的存储过程文本

11.1.6　删除存储过程

当存储过程没有存在的意义时,可以通过 SQL Server Management Studio 和 DROP PROCEDURE 两种方式删除用户存储过程。

1. 在 SQL Server Management Studio 删除存储过程

打开"对象资源管理器"窗口,展开"数据库"节点→展开"xkgl"节点→展开"可编程性"节点→展开"存储过程"节点。右击需要删除的存储过程,选择快捷菜单中选择"删除"选项,在弹出的"删除对象"窗口中,单击"确定"按钮,删除该存储过程。

2. 使用 DROP PROCEDURE 语句删除存储过程

DROP PROCEDURE 语句可以一次从当前数据库中将一个或多个存储过程删除,其语法格式如下:

　　DROP PROCEDURE 存储过程名称[,...n]

【例 11-9】　删除例 11-2 中的存储过程。
在 SQL 编辑器中执行删除存储过程的命令如下:

　　DROP PROCEDURE up_ShowstuInfo

11.2 游标

游标通常在 T-SQL 程序中使用，在使用 SELECT 语句查询数据库时，查询返回的数据存放在结果集中。用户在得到结果集后，需要逐行逐列地获取其中存储的数据，从而在应用程序中使用这些值。游标就是一种定位并控制结果集的机制。掌握游标的概念和使用方法对于编写复杂的程序是必要的。

游标是一种处理数据的方法，它可对结果集中的记录进行逐行处理。我们可将游标视作一种指针，用于指向并处理结果集任意位置的数据。由于游标由结果集和结果集中指向特定记录的游标位置组成，因此当决定对结果集进行处理时，必须声明定义一个指向该结果集的游标，可以定位在结果集的特定行。游标具有以下特点。

（1）从结果集的当前位置检索一条记录或一部分记录。

（2）支持对结果集中当前位置的记录进行数据修改。

（3）为由其他用户对显示在结果集中的数据库数据所做的更改提供不同级别的可见性支持。

（4）提供脚本、存储过程和触发器中用于访问结果集中的数据的 T-SQL 语句。

游标的基本操作包含五部分内容：声明游标、打开游标、提取数据、关闭游标和释放游标。

1. 声明游标

语法格式如下：

```
DECLARE 游标名 CURSOR
[LOCAL|GLOBAL]
[FORWARD_ONLY|SCROLL][STATIC|KEYSET|DYNAMIC|FAST_FORWARD]
[READ_ONLY|SCROLL_LOCKS|OPTIMISTIC]
[TYPE_WARNING]
FOR SELECT 语句[FOR UPDATE[ OF column_name [,...n ]]]
```

【参数说明】

① LOCAL|GLOBAL：用于指明游标是局部（LOCAL）的，还是全局（GLOBAL）的。

② FORWARD_ONLY：指明游标只能向前滚动。

③ SCROLL：指明游标可以在任意方向上滚动。所有的 fetch 选项（first、last、next、relative、absolute）都可以在游标中使用。如果忽略该选项，则游标只能向前滚动（next）。

④ STATIC：指明要为检索到的结果集建立一个临时拷贝，以后的数据从这个临时拷贝中获取。如果在后来游标处理的过程中，原有基表中数据发生了改变，那么它们对于该游标而言是不可见的。这类游标不允许更改。

⑤ KEYSET：指明当游标打开时，游标中行的成员资格和顺序已经固定。

⑥ DYNAMIC:定义一个游标,以反映在滚动游标时对结果集内的各行所做的所有数据更改。行的数据值、顺序和成员身份在每次提取时都会更改。

⑦ FAST_FORWARD:指定启用性能优化的 FORWARD_ONLY、READ_ONLY 游标。

⑧ READ_ONLY:指明在游标结果集中不允许进行数据修改。

⑨ SCROLL_LOCKS:是为了保证游标操作的成功,而对修改或删除加锁。

⑩ OPTIMISTIC:指定如果行自从被读入游标以来已得到更新,则通过游标进行的定位更新或定位删除不成功。

2. 打开游标

声明完游标后,使用之前需要打开游标。打开游标就是创建结果集。游标通过 DECLARE 语句定义,但其实际的执行是通过 OPEN 语句。语法格式如下:

> OPEN 游标名

注意:游标在打开状态下,不能重复打开,也就是说 OPEN 命令只能打开已声明但尚未打开的游标。打开一个游标之后,可以使用全局变量@@ERROR 判断打开操作是否成功,如果返回值为 0,表示游标打开成功,否则表示打开失败。当游标打开成功时,游标位置指向记录集的第一行之前。游标成功打开后,可以使用全局变量@@CURSOR_ROWS 返回游标中的记录数。

3. 提取数据

游标被成功打开后,就可以使用 FETCH 命令从中检索特定的数据。提取游标中数据的语法格式如下:

> FETCH [NEXT | PRIOR | FIRST | LAST | ABSOLUTE {n} | RELATIVE {n}] FROM 游标名 [INTO @变量名][,……n]]

【参数说明】

① NEXT:表示提取当前行的下一行数据,并将下一行变为当前行。如果 FETCH NEXT 是对记录集的第一次数据提取,则提取第一行记录。

② PRIOR:表示提取当前行的前一行数据,并将前一行变为当前行。如果 FETCH PRIOR 是对记录集的第一次数据提取,则没有行返回并且游标置于第一行之前。

③ FIRST:表示提取第一行数据,并将其作为当前行。

④ LAST:表示提取最后一行数据,并将其作为当前行。

⑤ ABSOLUTE:表示按绝对位置提取数据。如果 n 为正数,则返回从游标头开始的第 n 行,并将返回的行变为新的当前行。如果 n 为负数,则返回从游标末尾开始的第 n 行,并将返回的行变为新的当前行。

⑥ RELATIVE:按相对位置提取数据。如果 n 为正数,则返回当前行开始之后的第 n 行,并将返回的行变为新的当前行。如果 n 为负数,则返回当前行开始之前的第 n 行,并将返回的行变为新的当前行。

⑦ INTO @ 变量名:将提取操作的列数据放到局部变量中。变量列表中的各个变量从左到右与游标结果集中的相应列关联。各变量的数据类型必须与结果集中相应列的数据类型匹配,或是结果集列数据类型所支持的隐式转换,变量的数目必须与游标选择列表中的列数一致。

执行一次 FETCH 语句只能提取一条记录。如果希望在游标中提取所有的记录,就需要将 FETCH 语句放在一个循环体中,并使用全局变量@@FETCH_STATUS 判断上一次的记录是否提取成功,如果成功则继续进入下一次数据提取,直到末尾。将记录提取完后,跳出循环。全局变量@@FETCH_STATUS 有三个返回值 0、-1 和-2,其值为 0 表示提取正常,-1 表示已经到了记录末尾,-2 表示操作有问题。

4. 关闭游标

游标使用完毕后,应该关闭游标,释放当前结果集,解除定位游标行上的游标锁定。关闭游标的语法格式如下:

CLOSE 游标名

关闭游标后,系统删除了游标中的所有数据,所以不能再从游标中提取数据。但是,可以再使用 OPEN 命名重新打开游标。在一个批处理中,可以多次打开和关闭游标。

5. 释放游标

如果确定不再使用,可以将其删除,彻底释放游标所占系统资源。释放游标的语法格式如下:

DEALLOCATE 游标名

释放游标即将其删除,如果想重新使用游标就必须重新声明一个新的游标。

【例 11-10】 使用游标逐行显示学生表中的学生信息。

命令如下:

```
DECLARE cur_student CURSOR KEYSET FOR  --定义游标
SELECT StudentID,StudentName,Sex FROM Student
DECLARE @StudentID char(12),@StudentName char(8),@Sex char(2)
OPEN cur_student    --打开游标
IF @@ERROR=0 --判断游标打开是否成功
BEGIN
IF @@CURSOR_ROWS>0 --@@CURSOR_ROWS 存放记录集中记录个数
BEGIN
PRINT '学院一个有'+CAST(@@CURSOR_ROWS AS varchar)+' 名学生,具体信息如下:'
--提取游标中第一条记录,将其列中数据分别存入变量中
FETCH cur_student INTO @StudentID,@StudentName,@Sex
WHILE (@@FETCH_STATUS=0)
BEGIN
```

```
        PRINT @StudentID+','+@StudentName+','+@Sex+';'
        --提取游标中下一条记录,将其列中数据分别存入变量中
        FETCH cur_student INTO @StudentID,@StudentName,@Sex
      END
    END
    ELSE
      PRINT '打开游标失败'
    CLOSE cur_student
    DEALLOCATE cur_student
END
```

执行结果如图11-16所示。在消息栏中罗列出学生表中所有学生的学号、姓名和性别。

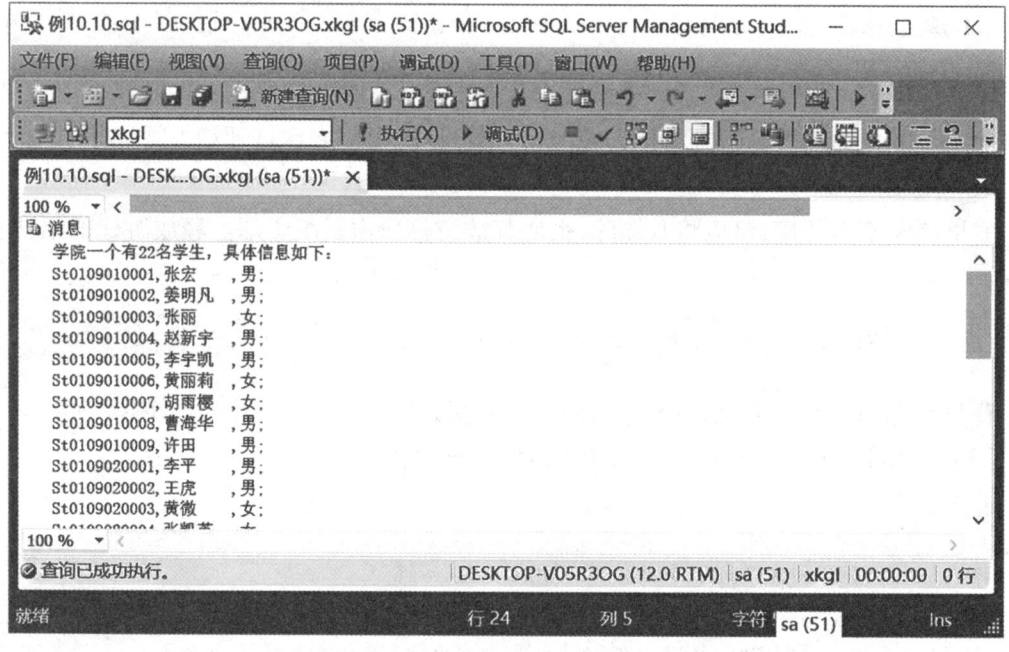

图11-16 学生表中的学生信息

11.3 触发器

　　触发器是一种特殊类型的存储过程。与一般存储过程不同的是,触发器不是被调用执行,而是在指定的事件发生时触发执行的。它与数据表关系密切,一般用于保证数据的完整性、检查数据的有效性、实现数据库的一些管理任务和其他的一些附加功能。

11.3.1 触发器的分类

触发器被执行的前提是要有相应事件发生，这些事件主要是针对数据表而言的。在 SQL 语言中，引发事件的主要是 DML 和 DDL 语言，因此又有 DML 事件和 DDL 事件，以及 DML 触发器和 DDL 触发器。

1. DML 触发器

DML 触发器是当数据库服务器中发生数据操作语言（Data Manipulation Language）事件时执行的存储过程。DML 事件包括在指定表或视图中修改数据的 INSERT 语句、UPDATE 语句和 DELETE 语句。DML 触发器又分为 After 触发器和 Instead Of 触发器。

（1）After 触发器：在触发事件发生后才触发执行的触发器，也就是说，先执行 INSERT、UPDATE、DELETE 语句后才能执行 After 触发器。这类触发器只适用于数据表，不适用于视图。

（2）Instead Of 触发器：这种触发器是在触发事件发生之前执行的，即先执行 Instead Of 触发器，然后执行 INSERT、UPDATE、DELETE 语句。Instead Of 触发器既适用于数据表，也适用于视图。

DML 触发器经常用于强制执行业务规则，以防止恶意执行 DML 语句，保证数据完整性。

2. DDL 触发器

DDL 触发器是在响应数据定义语言（Data Definition Language）事件时执行的存储过程。DDL 触发器是 SQL Server 2005 版本之后才有的一种触发器类型。与常规触发器一样，DDL 触发器将激发存储过程以响应事件。但与 DML 触发器不同的是，它们不会为响应针对表或视图的 UPDATE、INSERT 或 DELETE 语句而激发。相反，它们会为响应多种数据定义语言（DDL）语句而激发。这些语句主要是以 CREATE、ALTER 和 DROP 开头的语句。DDL 触发器可用于管理任务，例如审核和控制数据库操作。表 11-1 列出了常用的几种触发事件。

表 11-1　　　　　　　　　　　　DDL 触发器的常用触发事件

触发事件	触发事件
CREATE_LOGIN（创建登录事件）	DROP_DATABASE（删除数据库事件）
ALTER_LOGIN（修改登录事件）	CREATE_TABLE（创建表事件）
DROP_LOGIN（删除登录事件）	ALTER_TABLE（修改表事件）
CREATE_DATABASE（创建数据库事件）	DROP_TABLE（删除表事件）
ALTER_DATABASE（修改数据库事件）	

11.3.2 创建触发器

1. 创建 DML 触发器

创建 DML 触发器的 SQL 语法格式如下：

```
CREATE TRIGGER 触发器名
ON 表名或视图名
{FOR|AFTER|INSTEAD OF}
```

```
{INSERT[,]|UPDATE[,]|DELETE}
[WITH ENCRYPTION]
AS
[IF UPDATE(列名)[{AND|OR} UPDATE(列名)][…n]
T-SQL 语句
```

【参数说明】

① FOR|AFTER：指定 DML 触发器仅在触发 SQL 语句中指定的所有操作都已成功执行时才被激发。所有引用级联操作的约束（例如外键）检查也必须在激发此触发器之前完成。如果仅指定 FOR 关键字，则 AFTER 为默认值。不能对视图定义 AFTER 触发器。

② INSTEAD OF：指定执行 DML 触发器而不触发 SQL 语句，因此，其优先级高于触发语句的操作。不能为 DDL 触发器指定 INSTEAD OF。

③ INSERT[,]|UPDATE[,]|DELETE：用来指明哪种数据操作将激活触发器。

④ WITH ENCRYPTION：对 CREATE TRTGGER 语句的文本进行加密处理。并防止将触发器作为 SQL Server 复制的一部分进行发布。

⑤ IF UPDATE(列名)。测试在指定的列上进行的 INSERT 或 UPDATE 操作。不能用于 DELETE 操作，可以指定多列。因为已经在 ON 子句中指定了表名，所以在 IF UPDATE 子句的列名前不要包含表名。若要测试在多个列上进行的 INSERT 或 UPDATE 操作，要分别单独地指定 UPDATE(列名)子句。

【例 11-11】 当用户成功往教师表中添加一条记录时，向客户端发送一条提示消息"成功添加一条教师记录。"

命令如下：

```
CREATE TRIGGER tr_Reminder
ON Teacher    --指明是 Teacher 表上的触发器
AFTER INSERT  --指明是触发器是在添加数据之后激发
AS
PRINT '成功添加一条教师记录。'
```

触发器执行成功后，在 SQL 编辑器中执行 INSERT 命令如下：

```
INSERT INTO Teacher ( TeacherID, TeacherName, Sex, Birth, Profession, Telephone, HomeAddr, DepartmentID)
    VALUES('dep01006','王二','男','1968-04-05','副教授','86684560','东软宿舍 29 栋 308','Dp01')
```

执行结果如图 11-17 所示。在消息栏中，除了添加记录时常见的提示信息"（1 行受影响）"以外，还显示了"成功添加一条教师记录。"的提示，说明触发器 tr_Reminder 在成功添加数据时被激发。

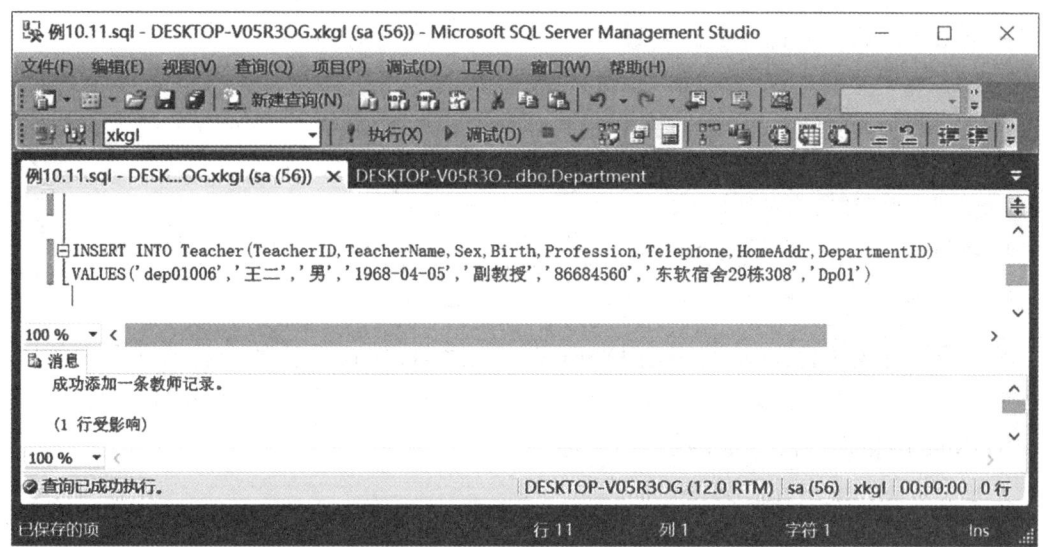

图 11-17　使用 INSERT 语句激发 tr_Reminder 触发器

2. INSERTED 表和 DELETED 表

在使用 DML 触发器的过程中，SQL Server 提供了两个临时的用于记录更改前后变化的表：INSERTED 表和 DELETED 表。这两张表存在于高速缓存中，它们的结构与创建触发器的表结构一样。

每个触发器可以使用两个特殊的临时工作表：插入表 INSERTED 和删除表 DELETED。这两张表是逻辑表，并且这两张表是由系统管理的，存储在内存中，不存储在数据库中，因此不允许用户直接对其修改。它们的结构和与该触发器作用的表相同，主要用来保存因为用户操作而被影响到的原数据的值或新数据的值。这两个临时工作表只用在触发器代码中，其保存的数据不同。

① INSERTED 表保存了 insert 操作中新插入的数据和 update 操作中更新后的数据。

② DELETED 表保存了 delete 操作中删除的数据和 update 操作中更新前的数据。

在触发器中对 INSERTED 和 DELETED 这两个临时工作表的使用方法同一般基本表一样，可以通过对这两个临时工作表所保存的数据进行分析，来判断所执行的操作是否符合约束要求。

下面通过例子来进一步理解 INSERTED 表和 DELETED 表。

【例 11-12】　在例 11-11 的基础上，当成功向教师表中添加一条记录时，向客户端发送一条提示信息"成功添加一条教师记录。"，且将相应系部的教师人数加 1。

命令如下：

```
CREATE TRIGGER tr_InsertT
ON Teacher    --指明是 Teacher 表上的触发器
AFTER INSERT    --指明触发器是在添加数据之后激发
AS
```

```
DECLARE @newDepartmentID char(4)
--通过查询 INSERTED 表获取添加的记录的系部编号
SELECT @newDepartmentID=DepartmentID FROM INSERTED
PRINT '成功添加一条教师记录。'
--更新此教师所在系部的教师人数
UPDATE Department SET TeacherNum=TeacherNum+1 where DepartmentID=@newDepartmentID
PRINT '成功更新系部记录。'
```

触发器执行成功后,在执行下面 INSERT 语句之前,先查看教师表和系部表中的记录。在教师表中系部编号为"Dp01"的有五条教师记录,在系部表中"Dp01"记录中人数(TeacherNum)列的值为5。如图 11-18 所示。

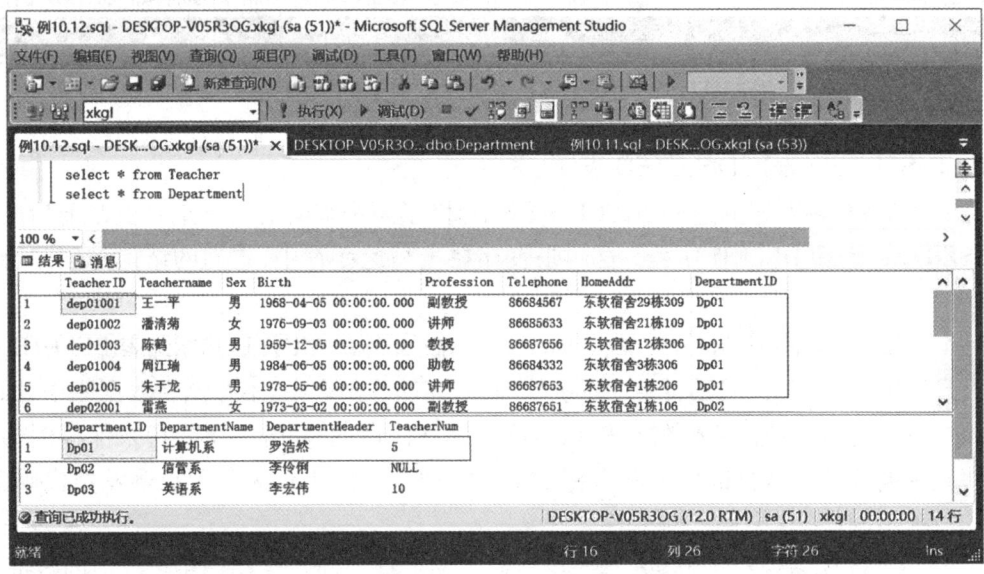

图 11-18 执行 INSERT 语句之前先查看教师表和系部表中的记录

在 SQL 编辑器中执行 INSERT 命令如下:

```
INSERT INTO Teacher (TeacherID, TeacherName, Sex, Birth, Profession, Telephone, HomeAddr, DepartmentID)
    VALUES('dep01006','王二','男','1968-04-05','副教授','86684560','东软宿舍 29 栋 308','Dp01')
```

执行结果如图 11-19 所示。消息栏中的提示表明此 INSERT 语句激发了 tr_Reminder 和 tr_InsertT 两个触发器。

执行完此 INSERT 语句,再查看教师表和系部表中的记录。在教师表中系部编号为"Dp01"的有六条教师记录,在系部表中"Dp01"记录中人数(TeacherNum)列的值为6。如图 11-20 所示。

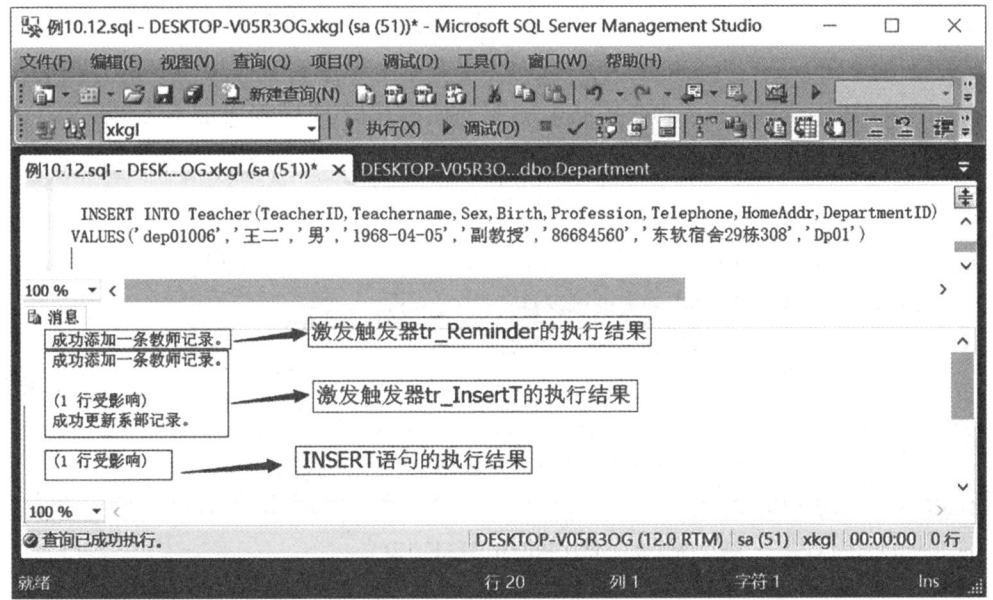

图 11-19 INSERT 语句激发 tr_Reminder 和 tr_InsertT 两个触发器

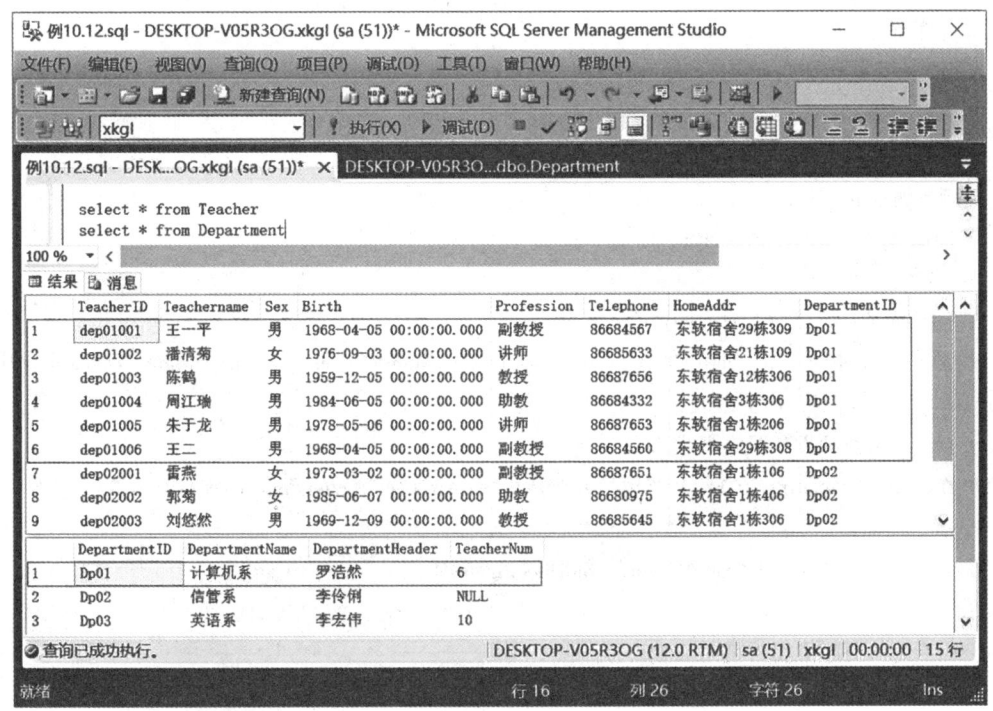

图 11-20 通过触发器自动更新系部的教师人数

【例 11-13】 当用户成功删除教师表中的记录时,更新相应系部的教师人数,每当成功更新一个系部的教师人数时,客户端发送一条提示消息,用于提示此系部减少的教师人数。

分析:当用户成功删除教师表中的记录时,激发本触发器,所以此触发器是一个 AFTER

类型的、Teacher 表上的 DELETE 触发器。在本触发器中需要更新系部表中数据,在更新数据时需要使用到 DELETED 表中的数据,此时 DELETED 表存放着使用 DELETE 语句从教师表删除的记录。由于删除的记录常常不止一条,所以 DELETED 表可能有多条记录,此时需要使用游标遍历 DELETED 表中的记录,然后一一处理。

命令如下:

```
CREATE TRIGGER tr_DeleteT
ON Teacher    --指明是 Teacher 表上的触发器
AFTER DELETE--指明触发器是在删除数据之后激发
AS
--定义游标,统计出每个系部有多少教师被删除了
--此时 DELETED 表存放着使用 DELETE 语句从教师表中删除的记录
DECLARE cur_T CURSOR
FOR SELECT COUNT(*),DepartmentID FROM DELETED
GROUP BY DepartmentID
DECLARE @TeacherNum int,@oldDepartmentID char(4),@i int
SET @i=0
--打开游标
OPEN cur_T
--提取数据
FETCH cur_T INTO @TeacherNum,@oldDepartmentID
--判断游标状态
WHILE @@FETCH_STATUS=0
BEGIN
--更新系部表中教师人数列的数据
UPDATE Department SET TeacherNum = TeacherNum-@TeacherNum where DepartmentID = @oldDepartmentID
--提示系部教师人数减少多少人
PRINT @oldDepartmentID+'系部教师人数减少'+CAST(@TeacherNum AS VARCHAR)+'人'
SET @i=@i+1
FETCH cur_T INTO @TeacherNum,@oldDepartmentID
END
--提示总共更新多少系部的人数
PRINT '成功修改'+CAST(@i AS VARCHAR)+'个系部的教师人数。'
--关闭游标
CLOSE cur_T
--释放游标
DEALLOCATE cur_T
```

触发器执行成功后,在执行下面 DELETE 语句之前,先查看教师表和系部表中的记录。

如图 11-21 所示。

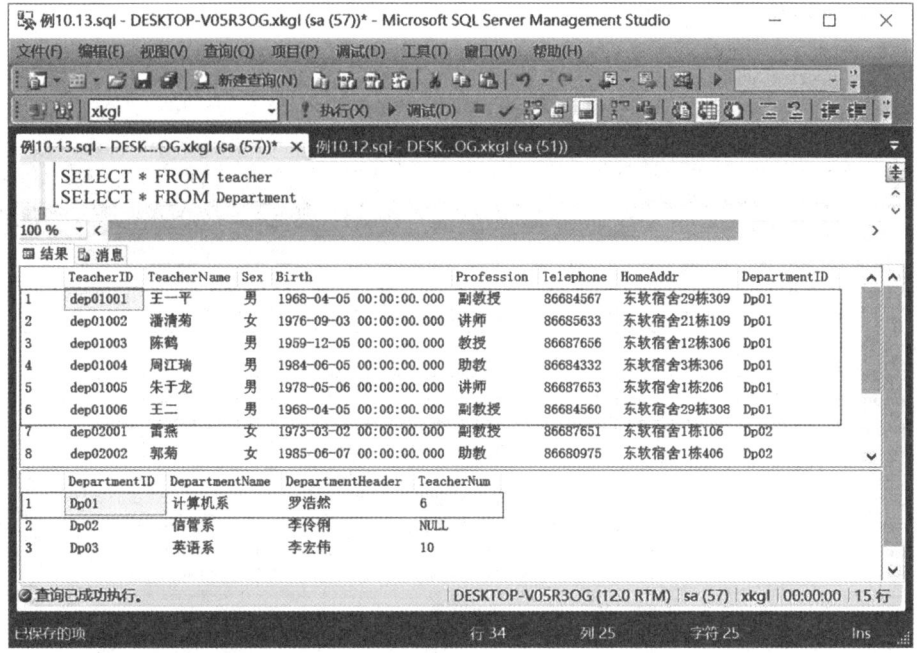

图 11-21　执行 DELETE 语句前先查看 Teacher 表和 Department 表的记录

为了删除姓王的教师信息，在 SQL 编辑器中执行 DELETE 命令如下：

```
DELETE  from Teacher
WHERE TeacherName   like '王%'
```

执行结果如图 11-22 所示。消息栏中的提示表明此 DELETE 语句激发了 tr_DeleteT 触发器。此触发器将更新被删除教师对应的系部表中教师人数的记录。

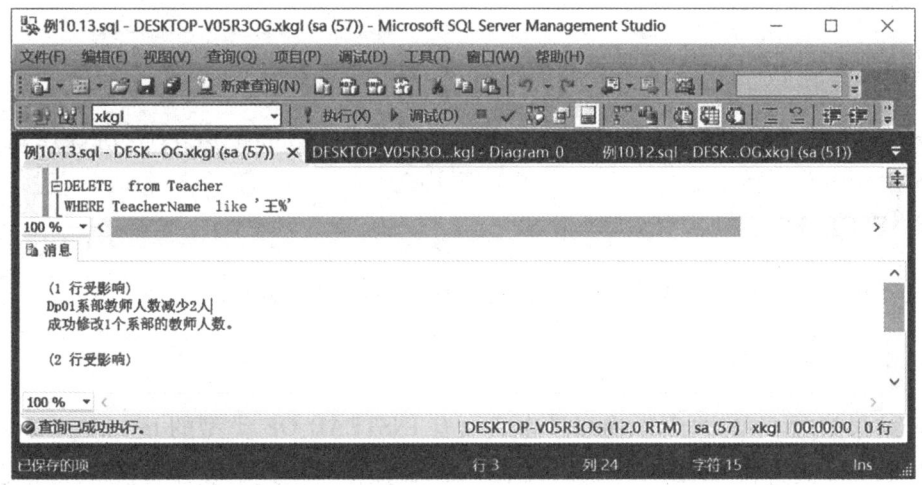

图 11-22　DELETE 语句激发 tr_DeleteT 触发器

执行完此 DELETE 语句,再查看教师表和系部表中的记录。其中"Dp01"这个系部的教师人数更新了。如图 11-23 所示。

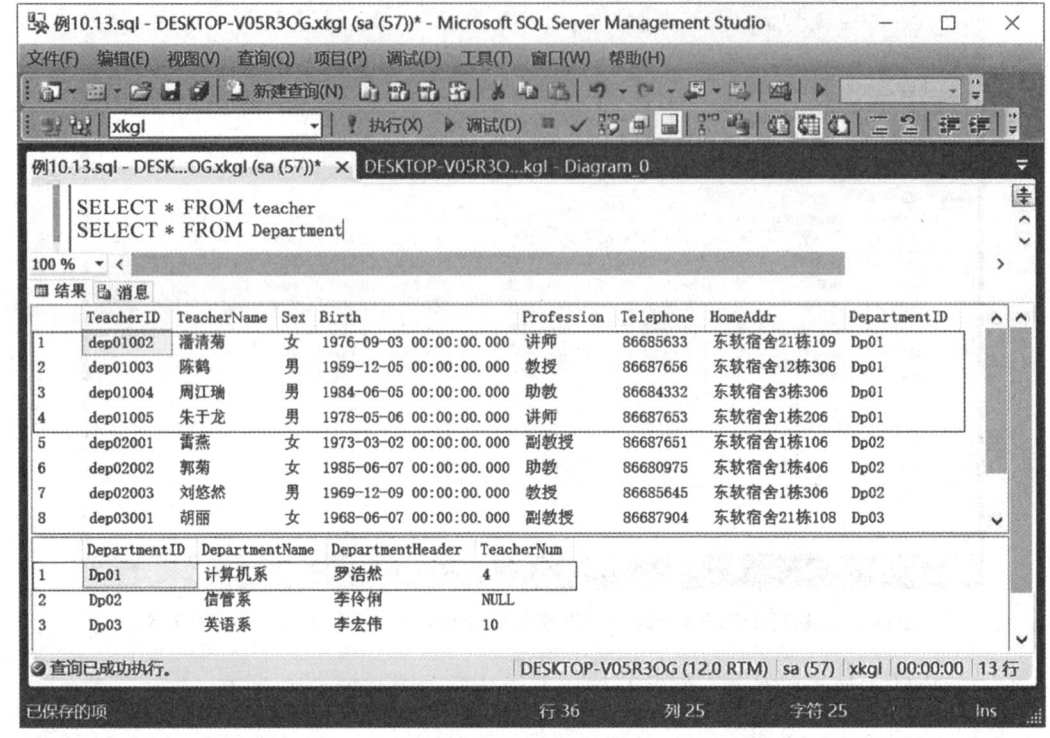

图 11-23 通过触发器自动更新系部教师人数

读者练习时,不妨尝试同时删除多个表中的部分数据,并观察结果。

【例 11-14】 不允许用户修改学生表数据。

命令如下:

```
CREATE TRIGGER tr_unUseStudent
ON Student    --指明是 Student 表上的触发器
INSTEAD OF INSERT,UPDATE,DELETE--指明是触发器替换 INSERT,UPDATE,DELETE 语句
AS
PRINT' 不允许用户修改学生表的数据'
```

触发器执行成功后,在 SQL 编辑器中执行 DELETE 命令如下:

```
DELETE Student
```

执行结果如图 11-24 所示。由于学生表上有 INSTEAD OF 类型的 tr_unUseStudent 触发器,当对 Student 表进行 INSERT,UPDATE,DELETE 操作时被此触发器替换。虽然提示栏中提示"(22 行受影响)",但 DELETE 语句并没有执行,已经被 tr_unUseStudent 触发器替换掉。

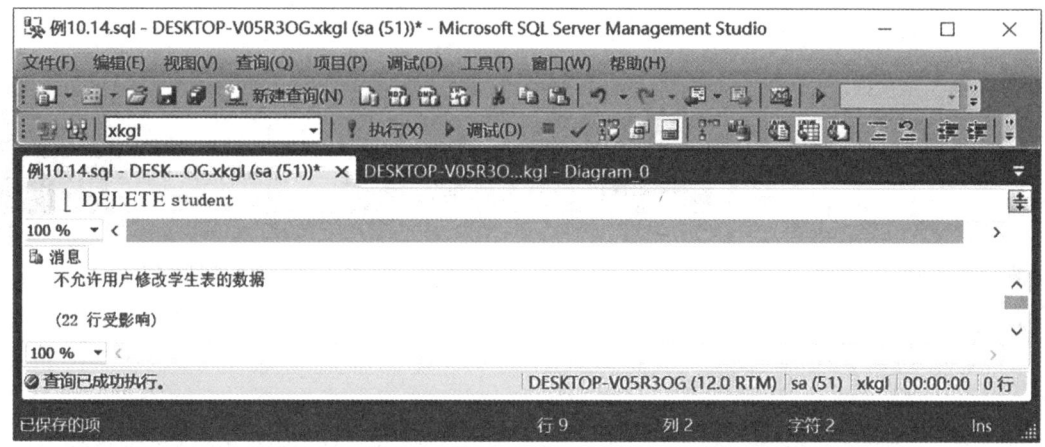

图 11-24 DELETE 语句激发 tr_unUseStudent 触发器

3. 创建 DDL 触发器

创建 DDL 触发器的语法格式如下:

```
CREATE TRIGGER 触发器名
    ON [ALL SERVER|DATABASE]
{FOR|AFTER}{DDL 事件}[ ,…n]
{INSERT[ ,]|UPDATE[ ,]|DELETE}
[WITH ENCRYTION]
    AS
```

其中,每个 DDL 事件都对应一个 T-SQL 语句,DDL 事件名称是由 SQL 语句中的关键字以及关键字之间的下划线"_"构成的。例如,删除表的事件为 DROP_TABLE,修改表的事件为 ALTER_TABLE,修改索引的事件为 ALTER_INDEX,删除索引的事件为 DROP_INDEX。

【例 11-15】 创建一个触发器,用于防止用户删除 xkgl 数据库中的任一数据表。
代码如下:

```
CREATE TRIGGER tr_not_Drop_Table
ON DATABASE
FOR DROP_TABLE--指明是触发事件是 DROP TABLE 和 ALTER TABLE
AS
PRINT '禁止删除数据库中的表!'
ROLLBACK
```

触发器执行成功后,在 SQL 编辑器中执行 DROP 命令如下:

```
DROP TABLE Student
```

执行结果如图 11-25 所示。系统提示"事务在触发器中结束。批处理已中止。"的消息。

247

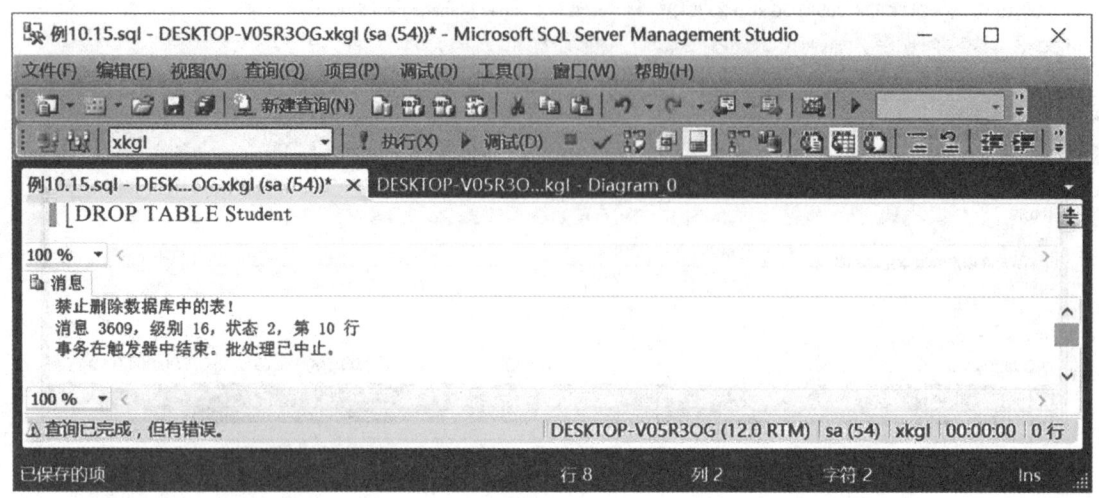

图 11-25 DDL 触发器的使用

11.3.3 修改触发器

对于建立好的触发器,可以根据需要对其名称以及文本进行修改。通常,使用系统存储过程对其进行更名,用户 SQL Server Management Studio 或 T-SQL 命令修改其文本。

1. 使用系统存储过程修改触发器名

语法格式如下:

[EXECUTE] sp_rename 旧触发器名,新触发器名

2. 使用 T-SQL 语句修改触发器定义

用户可以使用 ALTER TRIGGER 语句修改触发器,它可以在保留现有触发器名称的同时,修改触发器的触发动作和执行内容。

语法格式如下:

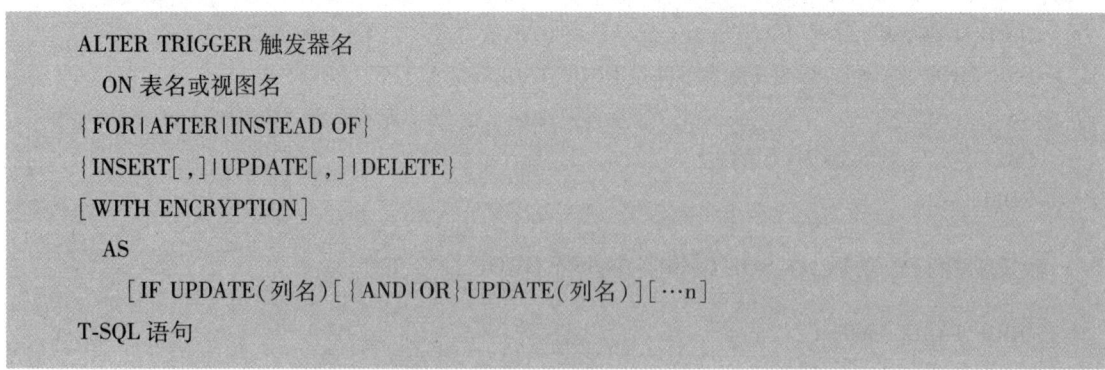

其中,各参数的含义与建立触发器语句中的参数相同。

3. 使用 SQL Server Management Studio 修改触发器文本

打开"对象资源管理器"窗口,展开"数据库"节点→展开"xkgl"节点→展开"表"节点→展开指定表节点→展开"触发器"节点。右击需要查看信息的触发器,在快捷菜单中选择"修改(M)"选项,根据需要修改触发器。

11.3.4 删除触发器

可以使用 T-SQL 语句和 SQL Server Management Studio 语句两种方式删除触发器。

1. 使用 T-SQL 语句方式删除触发器

用户可以使用 DROP TRIGGER 语句删除触发器,其语法格式如下:

```
DROP TRIGGER {触发器名称}[,…n]
```

注意:一条语句可以删除多个触发器。

2. 使用 SQL Server Management Studio 语句方式删除触发器

打开"对象资源管理器"窗口,展开"数据库"节点→展开"xkgl"节点→展开"表"节点→展开指定表节点→展开"触发器"节点。右击需要删除的触发器,在快捷菜单中选择"删除"选项,弹出"删除对象"窗口,按"确定"按钮即可。

11.3.5 查看触发器信息

可以使用系统存储过程和 SQL Server Management Studio 两种方式查看触发器信息。

1. 使用系统存储过程查看触发器信息

触发器是一种特殊的存储过程,查看存储过程的系统存储过程都可以适用于触发器。例如,可以使用 sp_help 查看触发器的一般信息;使用 sp_helptext 系统存储过程查看触发器的定义文本;使用 sp_depends 系统存储过程查看触发器的相关性;具体内容参见 11.1 存储过程章节。除此之外,系统还提供了一个专门用于查看表中触发器信息的系统存储过程 sp_helptrigger。其语法格式如下:

```
sp_helptrigger 表名,[INSERT][,][UPDATE][,][DELETE]
```

【例 11-16】 查看教师表上存在的触发器信息。

命令如下:

```
USE xkgl
GO
EXEC sp_helptrigger Teacher
GO
```

执行结果如图 11-26 所示,可以看到在教师表中有三个触发器,分别为 tr_reminder、tr_insertT、tr_deleteT。

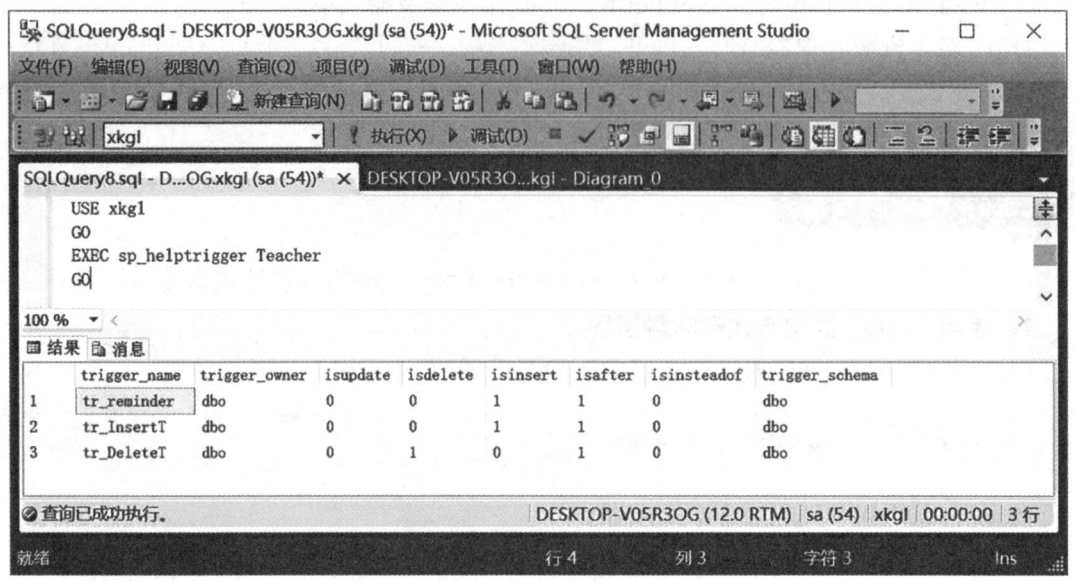

图 11-26　查看 Teacher 表中触发器信息

2. 使用 SQL Server Management Studio 查看触发器信息

在 SQL Server Management Studio 查看触发器,其中 DML 触发器在表节点中触发器中,而 DLL 触发器在"可编程性"中"数据库触发器"里面。查看 DDL 触发器信息,如图 11-27 所示。

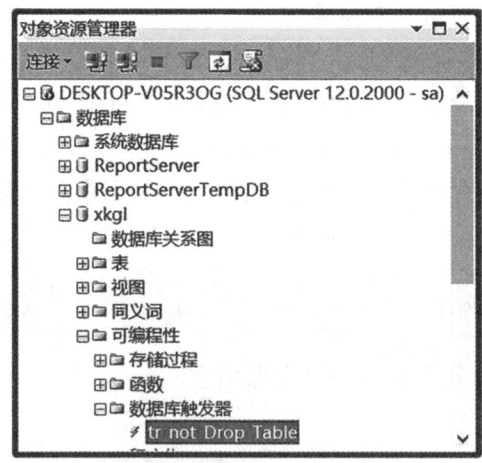

图 11-27　查看 DDL 触发器信息

查看 DML 触发器的步骤为:打开"对象资源管理器"窗口,展开"数据库"节点→展开"xkgl"节点→展开"表"节点→展开指定表节点→展开"触发器"节点。右击需要查看信息的触发器,在快捷菜单中选择"查看依赖关系"选项,弹出"对象依赖关系"窗口,在此窗口中可以查看触发器的相关性等,如图 11-28 所示。

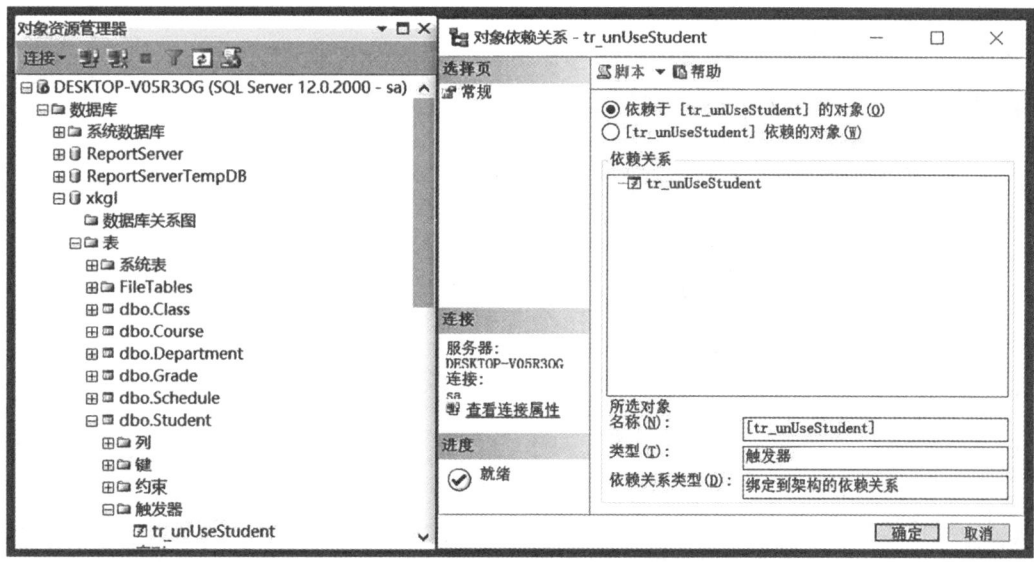

图 11-28 查看 DML 触发器信息

11.3.6 启用或禁止触发器

对于创建好的触发器，如果暂时不用，可以禁止其执行。触发器被禁止执行后，对表进行数据操作时，不会激活与数据操作相关的触发器。当需要触发器时，可以再启用它。可以使用 T-SQL 语句启用或禁止触发器。

禁止触发器的语法格式有两种：

① DISABLE TRIGGER 触发器名称 ON 表名。

② ALTER TABLE 表名 DISABLE TRIGGER 触发器名称。

启用触发器的语法格式有两种：

① ENABLE TRIGGER 触发器名称 ON 表名。

② ALTER TABLE 表名 ENABLE TRIGGER 触发器名称。

知识小结

存储过程是指封装了可重用代码的、存储在服务器上的程序模块或例程。存储过程是数据库对象之一，它类似于其他高级编程语言中的过程。存储过程可分为系统存储过程、用户自定义存储过程和扩展存储过程。

游标是一种处理数据的方法，它可对结果集中的记录进行逐行处理。可将游标视作一种指针，用于指向并处理结果集任意位置的数据。

触发器可以理解为一种特殊类型的存储过程，一种需要事先设定好事件激发的存储过程。触发器分为 DML 触发器和 DDL 触发器。

思考与操作

一、填空题

1. 利用存储过程机制，可以_____数据操作效率。
2. 存储过程可以接收输入参数和输出参数，对于输出参数，_____必须用来标明。
3. 执行存储过程的 SQL 语句是_____。
4. 调用存储过程时，其参数传递方式有_____和_____。
5. 修改存储过程的 SQL 语句是_____。
6. SQL Server 支持两种类型的触发器，它们是_____触发器和_____触发器。
7. 在一个表上针对每个操作，可以定义_____个前触发器。
8. 如果在一个表的 INSERT 操作上定义了触发器，则当执行 INSERT 语句时，系统产生的临时表是_____。

二、简答题

1. 存储过程的作用是什么？为什么利用存储过程可以提高数据库的操作效率？
2. 存储过程的参数有几种形式？
3. 触发器的作用是什么？前触发和后触发的主要区别是什么？
4. 更改操作产生的临时工作表叫什么？它们分别存放什么数据？

三、上机练习

1. 创建存储过程，可以利用该存储过程查询所有 Schedule 表中的信息。
2. 创建存储过程，可以利用输入的系部编号返回系部的所有信息。
3. 创建存储过程，可以利用输入的学生姓名返回该学生的姓名、性别、班级、所属系部、所选课程名称及成绩等信息。默认查询"张宏"同学的信息。
4. 创建存储过程，可以利用输入的班级编号返回该班级学生人数。
5. 使用游标逐行显示教师表的教师信息。
6. 创建触发器，当修改教师信息时提示"请谨慎修改教职工个人信息！"并将修改前的教师个人信息复制一份保存在新建立的表格 teacher_delete 中。表格 teacher_delete 中需包含时间列，表明各记录添加的系统时间。
7. 创建触发器，每当向 Grade 表添加学生课程成绩信息时检验学生是否已存在于 Student 表中。如有，则允许添加并提示"学生成绩信息成功添加！"如没有，则不允许添加该学生课程成绩信息，并提示"该学生不存在，请查询后再添加！"

模块 12　SQL Server 2014 的安全性管理

12.1　SQL Server 2014 的安全机制

从 SQL Server 2014 结构上看，用户要访问一个数据对象至少要通过四道"防线"：Windows 系统、SQL Server 2014 服务器、数据库和数据对象本身的"防范"，如图 12-1 所示。

图 12-1　SQL Server 2014 的安全性机制

可见，SQL Server 2014 的安全管理是分层进行的，在每一层上都有相应的安全保护策略。实际上，其安全管理是通过管理由权限进行保护的数据对象的分层集合来实现的，从而保证数据库的使用安全。

12.1.1　Windows 级的安全机制

用户要获得对 SQL Server 2014 服务器的访问权限之前，必须在客户端上获得对 Windows 系统的使用权。只有登录了 Windows 系统以后，才能使用应用系统或 SQL Server 2014 管理工具来访问服务器。

Windows 系统的安全管理是由 Windows 系统本身完成的，主要通过管理 Windows 账号和密码来实现。具体的 Windows 用户管理，如用户创建、授权和删除等则是操作系统管理员或网络管理员的任务。详细的安全管理介绍可参考相关书籍。

12.1.2　SQL Server 级的安全机制

SQL Server 级的安全性是通过验证服务器登录账号和口令的模式来保证的。口令也通常称为密码,它们不是登录 Windows 系统用的账号和密码,而是 SQL Server 2014 服务器上的账号和密码。

在获得对 Windows 系统的使用权后,当用户通过 SQL Server 2014 工具登录 SQL Server 2014 服务器时,用户必须拥有一个有效的账号和密码才能进入服务器(获得对服务器的访问权),或者说才能连接到服务器(连接权)。"有效的账号和密码"要通过 SQL Server 2014 服务器验证后才能被决定。SQL Server 2014 服务器主要通过两种身份验证模式来判断账号和密码的有效性:一种是 Windows 身份验证模式,另一种是 SQL Server 和 Windows 混合身份验证模式。关于这两种验证模式的基本原理和设置方法将在 12.2.1 节中介绍。

12.1.3 数据库级和数据对象级的安全机制

在创建登录服务器账号的时候,SQL Server 一般都会提示用户选择默认的数据库,在今后使用该账号成功登录服务器时,都会自动连接到该默认数据库。若在创建账号时没有设置默认数据库,则 SQL Server 会自动将 master 设置为默认数据库。

一般来说,能连接到一个数据库并不表示能够访问和操作该数据库中的所有数据对象。能否访问一个数据对象,主要取决于数据库用户(账号)是否拥有该对象的访问权限。权限的分配一般由数据库系统管理员(DBA)来完成。但在默认情况下,数据库的拥有者可以访问和操作该数据库中的所有数据对象,其拥有所有数据对象的访问权,因而也可以将部分权限分配给其他用户。

数据对象的访问权限主要包括查询权限、修改权限、插入权限和删除权限。

综上所述,只有拥有一个数据对象的某种权限,才能对其进行相应的操作,否则操作将被拒绝。因此,数据库级的安全性要通过有效的权限管理来保证。在 SQL Server 2014 中,数据库权限的管理主要是通过架构(schema)技术来实现,具体的管理方法将在 12.5.1 节中介绍。

12.2 SQL Server 的安全性管理

一个用户要访问数据库中的数据对象,首先须是 Windows 系统的合法用户。在此基础上,该用户还要经过三个认证过程才能最终访问数据对象:第一个认证是身份验证,以确定用户是否具有服务器的连接权;第二个认证是合法性验证,以确定用户是否为合法的数据库用户;第三个认证是访问权限验证,以确定用户是否能对该数据对象进行相应的操作。这三个认证是逐层递进的,必须先通过前一个认证才有可能通过后一个认证。

本节主要介绍服务器级用户身份验证的基本原理及其涉及的技术和方法。

12.2.1 两种身份验证模式

Windows 操作系统和 SQL Server 都是微软的产品,都具有很高的集成度,其中包括 SQL

Server 安全机制与 Windows 操作系统安全机制的集成。

Windows 授权用户来自 Windows 的用户或组，这种用户的账号和密码是由 Windows 操作系统建立、维护和管理的。

SQL 授权用户来自非 Windows 的用户，这类用户称为 SQL 用户，其账号和密码是由 SQL Server 服务器创建、维护和管理的，与 Windows 操作系统无关。

SQL Server 为这两种不同类型的用户提供了不同的身份验证模式，主要有 Windows 身份验证模式和混合身份验证模式两种。

1. Windows 身份验证模式

在这种认证模式下，SQL Server 允许 Windows 用户连接到 SQL Server 服务器。

若使用 Windows 身份验证模式，则用户必须先登录 Windows 系统，然后以此用户名和密码进一步登录到 SQL Server 服务器。当 Windows 用户试图连接 SQL Server 服务器时，SQL Server 服务器将请求 Windows 操作系统对登录用户的账号和密码进行验证。由于 Windows 系统中保存了登录用户的所有信息，所以通过对比可明确该用户是否为 Windows 用户，以决定该用户是否可以连接到 SQL Server 服务器成为数据库用户。实际上，只要成功登录了 Windows 系统，就可以连接到 SQL Server 服务器，该用户也就成为了数据库用户。Windows 身份验证登录模式如图 12-2 所示。

注意：有时"服务器名称"列表框中没有自动添加当前服务器名称，用户可以在"服务器名称"列表框中选择"浏览更多…"选项，打开"查找服务器"窗口，如图 12-3 所示，依次展开"本地服务器"→"数据库引擎"，手动选择服务器名称。也能直接在"服务器名称"列表框中填写"(local)""127.0.0.1"或"."。

图 12-2　Windows 身份验证登录模式

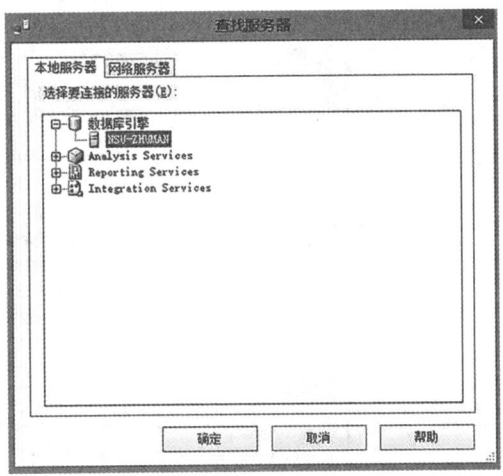

图 12-3　"查找服务器"窗口

微软推荐使用 Windows 身份验证模式。因为这种验证模式与 Windows 系统的安全体系捆绑在一起，可以为 SQL Server 提供更好的安全性能。但是，当不是 Windows 操作系统的用户也要登录和使用 SQL Server 服务器时，则需要提供另一种身份验证模式——混合身份验证模式。

2. 混合身份验证模式

所谓混合身份验证模式是指 SQL Server 2014 和 Windows 操作系统共同对用户身份进行验证的一种验证模式。

在混合身份验证模式下，SQL Server 既接受 Windows 用户也接受 SQL Server 用户。对于一个试图登录 SQL Server 的用户，SQL Server 首先将该用户的账号和密码与 SQL Server 2014 数据库中存储的账号和密码进行对比，若匹配则允许该用户登录到 SQL Server，从而建立与 SQL Server 的连接；若与 SQL Server 2014 数据库中所有的账号和密码都不匹配，则 SQL Server 通过 Windows 操作系统验证该用户是否为 Windows 用户，若是，则允许用户登录到 SQL Server，否则不能登录 SQL Server。

12.2.2 设置身份验证模式

应用时，可以根据实际应用情况设置服务器的身份验证模式。设置身份验证模式可以在安装 SQL Server 时进行，也可以在安装完成之后通过 SSMS 工具进行设置。

以下为在 SSMS 中设置身份验证模式的方法步骤。

（1）启动 SSMS，在对象资源管理器中右击树形目录的根节点，然后在弹出的菜单中选择"属性"命令，这时会弹出"服务器属性"对话框。在此对话框中可以设置服务器的各项属性。

（2）在"服务器属性"对话框左边的"选择页"中选择"安全性"选项，这时将切换到如图 12-4 所示的界面。

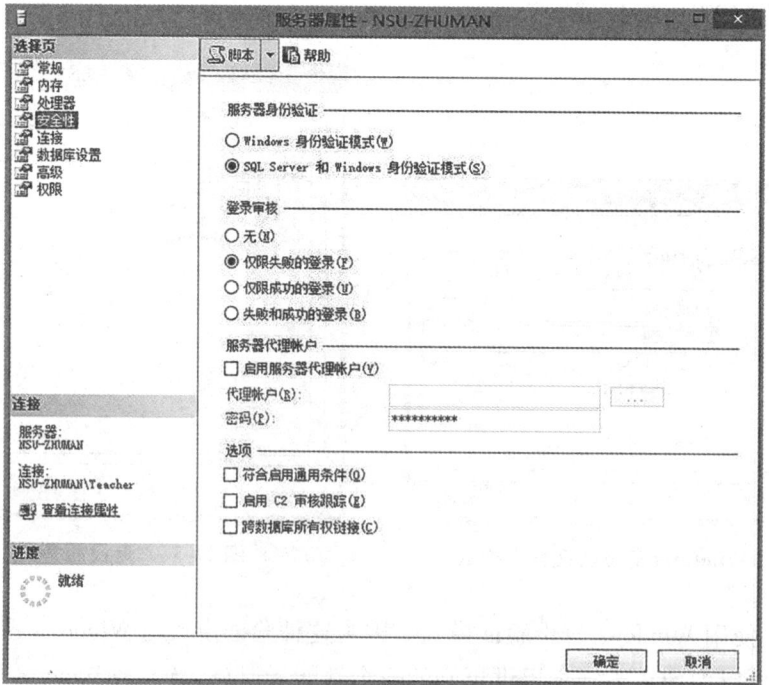

图 12-4 "服务器属性"对话框

（3）在如图 12-4 所示的界面中，在"服务器身份验证"下有两个选项："Windows 身份验证模式（W）"和"SQL Server 和 Windows 身份验证模式（S）"。若选择前一项，则表示将服务器设置为 Windows 身份验证模式；若选择后一项，则表示将服务器设置为混合身份验证模式。

（4）在选定一个验证模式后，单击"确定"按钮，这时会弹出一个提示框，提示用户在重新启动 SQL Server 后更改才生效，依此操作即可。

12.3 管理登录账号

在 Windows 身份验证模式下并不需要服务器的登录账号和密码，但在混合身份验证模式下则必须提供有效的登录账号和密码才能连接到服务器。服务器登录账号也称登录名，在本小节中将介绍 SQL Server 2014 服务器登录账号及其密码等的创建、修改和删除方法。

12.3.1 创建登录账号

方法 1：利用 SSMS 创建登录账号。

（1）启动 SSMS，在对象资源管理器中展开树形目录，在"安全性"节点下找到"登录名"节点并右击，在弹出的菜单中选择"新建登录名…"，这时会弹出"登录名-新建"对话框。该对话框左边的"选择页"中有五个选项，选择不同的选项可分别用于设置账号不同的属性。

（2）在选项页中选择"常规"选项（默认），这时在对话框的右半部可以设置以下项目。

① 登录名：即要创建的登录账号，本例中输入"MyLogin"。

② 身份验证模式：若选择"Windows 身份验证"，则需在"登录名"文本框中输入登录名必须是 Windows 系统中已经创建的账号。在此选择"SQL Server 身份验证"，这时密码框会变为有效状态，在密码框中设置相应的密码，如"1234567"。

③ 强制实施密码策略：表示要按照一定策略来检查设置的密码，确保密码的安全性；若没有选择该项，则表示设置的密码不受任何的约束，密码位数可以是任意的，包括设置空密码。另外，当选择了该项以后，"强制密码过期"复选框和"用户在下次登录时必须更改密码"复选框将变为有效状态，可以对它们进行设置。此处没有选择该项。

④ 强制密码过期：表示将使用密码过期策略来检查设置的密码。

用户在下次登录时必须更改密码：表示每次使用该账号登录时都必须更改密码。

⑤ 默认数据库：在"默认数据库"下拉列表框中选择相应的数据库作为账号的默认工作数据库，默认数据库是系统数据库 master，在此默认为 master。

经过以上设置后，结果如图 12-5 所示。

（3）在"选择页"中选择"服务器角色"选项，这时对话框右边将出现"服务器角色"列表框。该列表框中列出了所有的服务器角色，若选择了某一角色，则表示该账号属于这一角色，从而拥有该角色所具有的操作权限。角色实际上是某些操作服务器的权限的集合，关于

图 12-5 "常规"选项对话框

服务器角色的管理将在 12.5 节中介绍。

在此,本节选择了服务器角色 sysadmin,表示该账号拥有该角色所具有的一切权限。

(4) 在"选择页"中选择"用户映射"选项,这时可以在对话框的右半部设置以下两个项目。

① 设置账号对应的用户名:在"映射到此登录名的用户"列表框设置账号(登录名)对应的用户名。注意:账号即登录名,它与用户名完全是两个不同的概念。账号是用于连接服务器的,它拥有操作服务器的一些权限;用户名则是用户登录数据库的,它拥有操作数据库的某些权限。一个账号可以对应多个不同的用户名,但在默认情况下账号和用户名是相同的。

② 设置用户所属的数据库角色:在"数据库角色成员身份"列表框中列出了当前数据库用户可以选择的数据库角色。当一个用户选择了某一个角色,则该用户就拥有了这一角色的全部权限。数据库角色是对数据库操作的某些权限的集合。关于数据库角色的管理将在 12.5 节中介绍。

本例的设置结果如图 12-6 所示,表示账号 MyLogin 对应数据库 xkgl 的登录用户名为 MyLogin,该用户名具有角色 public 的一切权限。

(5) 在"选择页"中选择"安全对象"选项,这时在出现的界面中可以设置一些对象(如服务器、账号等)的权限。对此,本节采用默认值。

(6) 在"选择页"中选择最后一个选项——"状态"选项,这时在出现的界面中可以设置是否允许连接到数据库引擎以及是否启用账号等,本书采用默认值,如图 12-7 所示。

模块 12　SQL Server 2014 的安全性管理

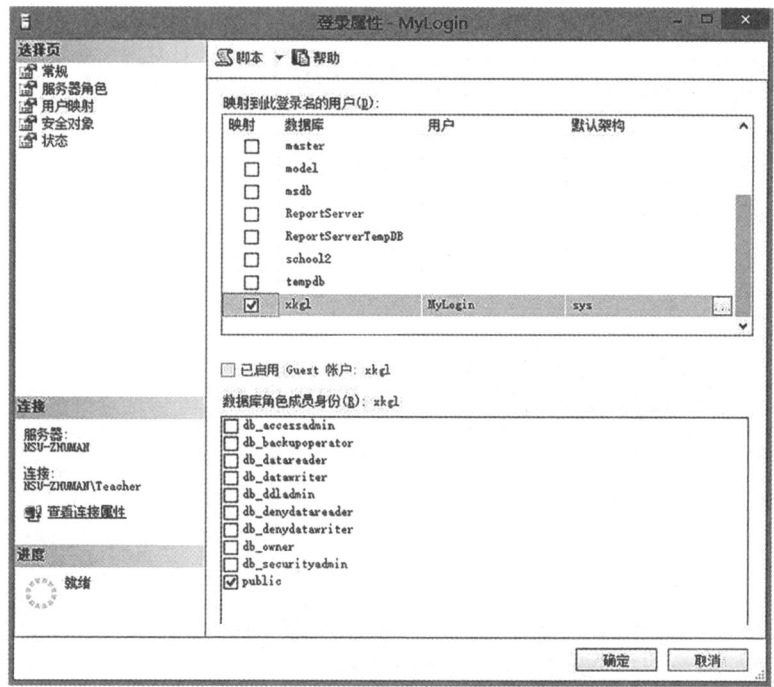

图 12-6　"用户映射"选项的设置

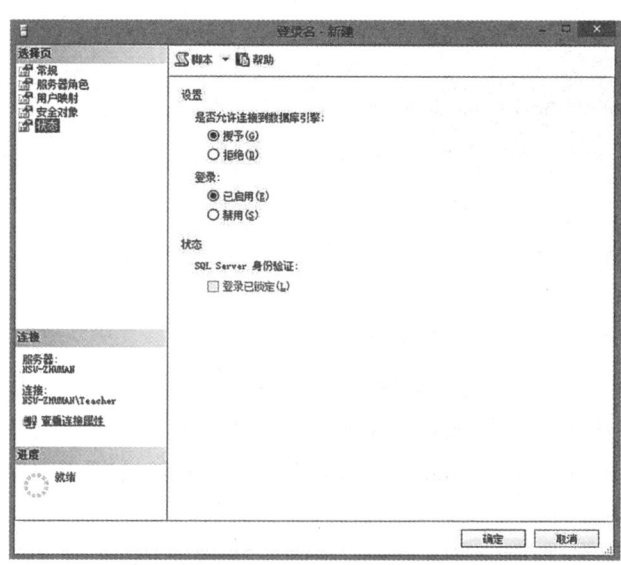

图 12-7　"状态"选项的设置

（7）经过上述设置过程后，单击"确定"按钮，就创建了名为"MyLogin"的账号（登录名）。

账号创建完后，可以先关闭 SSMS，然后重新启动，并用账号 MyLogin 测试是否能够成功连接服务器。

方法 2：利用 T-SQL 语句创建登录账号。

259

创建新的登录账号的 T-SQL 语句是 CREATE LOGIN,其简化语法格式如下:

```
CREATE LOGIN login_name { WITH <option_list1> | FROM <sources> }
<option_list1> ::=
    PASSWORD = { 'password' | hashed_password HASHED } [ MUST_CHANGE ]
    [ , <option_list2> [ ,... ] ]


<option_list2> ::=
    Sid = sid
    | DEFAULT_DATABASE = database
    | DEFAULT_LANGUAGE = language
    | CHECK_EXPIRATION = { ON | OFF }
    | CHECK_POLICY = { ON | OFF }
    | CREDENTIAL = credential_name

<sources> ::=
    WINDOWS [ WITH <windows_options>[ ,... ] ]
    | CERTIFICATE certname
    | ASYMMETRIC KEY asym_key_name

<windows_options> ::=
    DEFAULT_DATABASE = database
    | DEFAULT_LANGUAGE = language
```

【参数说明】

① login_name:指定创建的登录名。若从 Windows 域账号映射 login_name,则 login_name 必须用([ ])括起来。

② WINDOWS:将登录名映射到 Windows 账号。

③ PASSWORD ='password':仅适用于 SQL Server 的登录。指定正在创建的登录名的密码。若使用 MUST_CHANGE,则 SQL Server 将在首次使用新登录名时提示用户输入新密码。

④ DEFAULT_DATABASE = database:指定新建登录名的默认数据库。若未包含此项,则默认数据库设置为 master。

⑤ DEFAULT_LANGUAGE = language:指定新建登录名的默认语言。若未包含此项,则默认语言将设置为服务器的当前默认语言。即使以后服务器的默认语言发生更改,登录名的默认语言仍保持不变。

【例 12-1】 创建一个 SQL Server 身份验证的登录账号。登录名为 SQL_User,密码为 1234567。

命令如下:

```
LOGIN SQL_User WITH PASSWORD='1234567'
```

【例 12-2】 创建一个 Windows 身份验证的登录账号。从 Windows 域账号创建[ZM\Win_User2]登录账号。

```
CREATE LOGIN [NSU-ZHUMAN\Win_User2] FROM WINDOWS
```

注意:登录账号名字的代码格式为[<domainName>\<loginName>]即[域名\账号名],执行该代码前请确认当前电脑的域名和拥有的账号名,否则会报错"找不到 Windows NT 用户或组 'NSU-ZHUMAN\Win_User2'。请再次检查该名称。"

【例 12-3】 创建一个 SQL Server 身份验证的登录账号。登录名为 SQL_User3,密码为 nsu12345。要求该登录账号首次连接服务器时必须更改密码。

命令如下:

```
CREATE LOGIN SQL_User3 WITH PASSWORD='nsu12345' MUST_CHANGE
```

注意:代码执行时可能会报错"当 CHECK_EXPIRATION 设为 OFF(关)时,不能使用 MUST_CHANGE 选项",将代码修改为"CREATE LOGIN SQL_User3 WITH PASSWORD='nsu12345' MUST_CHANGE, CHECK_EXPIRATION = ON"即可通过修改 CHECK_EXPIRATION 的状态为 ON,进而完成登录用户的创建。

12.3.2 修改登录账号

修改账号是指修改账号的属性信息。方法是在对象资源管理中找到要修改的账号对应的节点,并右击该节点,然后在弹出的菜单中选择"属性"命令,这时将打开账号的属性对话框。在此对话框中可以修改账号许多属性信息,包括账号密码、默认数据库、隶属的服务器角色、映射到的用户及用户隶属的数据库角色等,但不能更改身份验证模式。

12.3.3 删除登录账号

SQL Server 的登录账号可以是多个数据库中的合法用户,因此在删除登录账号时,应该先将该登录账号在各个数据库中映射的数据库用户删除,然后再删除登录账号。否则会产生没有对应登录账号的孤立数据库用户。

方法 1:利用 SSMS 删除登录账号。

在对象资源管理中找到要修改的账号对应的节点,并右击该节点,然后在弹出的菜单中选择"删除"命令,这时将打开"删除对象"对话框,如果确认要删除则单击"确定"按钮即可。操作界面如图 12-8 所示。

方法 2:利用 T-SQL 语句删除登录账号。

删除登录账号的 T-SQL 语句为 DROP LOGIN,其语法格式如下:

```
DROP LOGIN login_name
```

其中,login_name 为要删除的登录账号的名字。

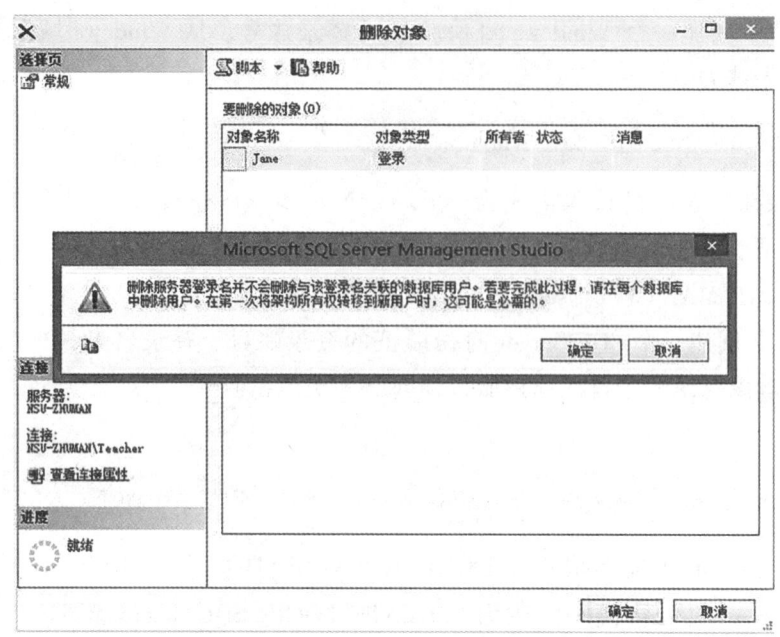

图 12-8 "删除登录账号"及"确认是否删除登录账号"窗口

注意：不能删除正在使用的登录账号,也不能删除拥有任何数据库和服务器级别对象的登录账号。

【例 12-4】 删除 SQL_user1 登录账号。

命令如下：

```
DROP LOGIN SQL_user1
```

12.4 管理数据库用户

用户是数据库安全性管理的一种策略。在通过账号连接到服务器以后,用户并不具有访问数据库的任何权限。只有具有对数据库操作的相应权限,能够连接到服务器的用户才具有访问数据库的能力。在 SQL Server 中,主要是通过数据库用户机制来完成这种访问控制。

那么,数据库用户与账号(登录名)又有什么关系呢？实际上,在前面介绍账号的创建方法时已经涉及过数据库用户,即映射到登录名的用户就是一种数据库用户。可以看出,数据库用户必须依赖于某一个账号,换句话说,在创建数据库用户前,必须先创建一个用于连接服务器的账号或者使用已有的账号,在创建数据库用户时必须指定一个已经存在的账号。

本节将介绍数据库用户的管理方法。

12.4.1 创建数据库用户

通过账号(登录名)只能连接到数据库服务器,并不能登录数据库。要登录数据库必须具有相应数据库用户名和密码,但这个用户名必须依托于一个已存在账号。实际上,在创建账号时可以为每个数据库建立一个默认的数据库用户,也可以在创建账号后再创建数据库的用户(如果没有创建默认数据库用户),并进行相应的管理操作。在默认情况下,新创建的数据库只有一个用户——dbo,它是数据库的拥有者,依赖于创建时所使用的账号。

方法 1:利用 SSMS 创建和管理数据库用户。

在对象资源管理器中展开指定数据库(如 xkgl)节点中的"安全性"节点,找到并右击此节点下的"用户"子节点,在弹出的菜单中选择"新建用户…"命令,这时将打开"数据库用户-新建"对话框。在此对话框中可以设置以下五个项目。

① 用户名:是指数据库用户的名称,该项必须设置。它可以是任意合法的标识符。

② 登录名:为数据库用户指定已经存在的账号,该项必须设置。

③ 默认架构:为数据库用户指定默认架构,该架构必须已经存在。

④ 拥有的架构:在"此用户拥有的架构"列表框中设置该用户拥有的架构,可以是一个或多个架构。

⑤ 成员身份:在"数据库角色成员身份"列表框中设置该用户拥有的角色。

图 12-9 列出了名为"MyUser"的数据库用户的设置情况,其中登录名为 MyLogin、默认架构为 sys。

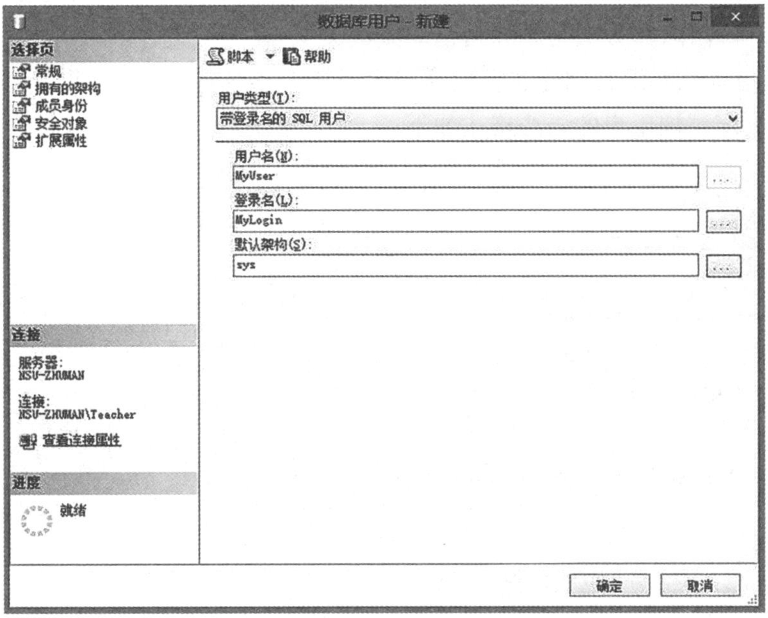

图 12-9 "数据库用户-新建"窗口

如果希望对用户进行"个别"的权限分配,可以通过下述方法来完成:在"选择页"中选择"安全对象"选项,打开"安全对象"对话框,通过"添加"按钮在"安全对象"列表框中添加相应的对象;然后依次选择每一个对象,在显示权限列表框中设置具体的权限。

图 12-10 表示数据库用户 MyUser 具有对数据库 xkgl"备份数据库"和"插入"权限,还具

有对其他对象授予"备份数据库"权限,但禁用"查看定义"权限。

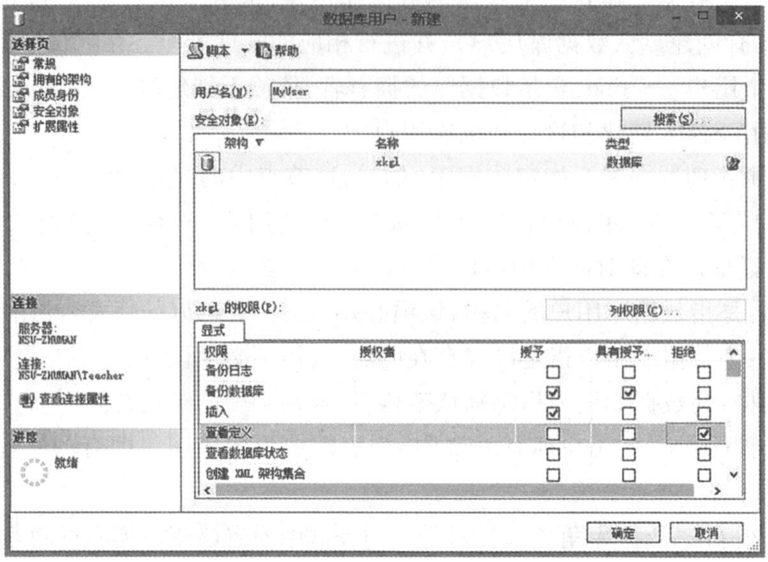

图 12-10 "安全对象"选项对话框

在 SSMS 中,对于数据库用户修改,只要打开其"属性"对话框,然后对相应项目进行设置即可;对于删除操作,其方法与删除角色的方法类似,在此不赘言。

方法 2:利用 T-SQL 语言创建和管理数据库用户。

为当前数据库添加用户的语法格式如下:

```
CREATE USER user_name [ { { FOR | FROM }
    {
        LOGIN login_name
        | CERTIFICATE cert_name
    | ASYMMETRIC KEY asym_key_name
        } | WITHOUT LOGIN
    ]
    [ WITH DEFAULT_SCHEMA = schema_name ]
```

【参数说明】

① user_name:指定数据库用户的名称。

② login_name:指定数据库用户所依赖的账号(登录名),该账号必须是服务器中有效的账号。

③ cert_name:指定要创建数据库用户的证书。

④ asym_key_name:指定要创建数据库用户的非对称密钥。

⑤ schema_name:指定数据库用户所使用的默认架构。

⑥ without login:若选择了该选项,则不将用户映射到现有账号。

【例 12-5】 先创建名为"MyLogin"、密码为"80#Uudvhp7Mcxo7Kjz"的账号,然后对当前数据库 xkgl 创建名为"MyUser"的用户,该用户依赖于账号 MyLogin,其默认架构为 sys。

命令如下:

```
CREATE LOGIN MyLogin WITH PASSWORD = '80#Uudvhp7Mcxo7Kjz'
USE xkgl
CREATE USER MyUser FOR LOGIN MyLogin WITH DEFAULT_SCHEMA = sys
GO
```

若不带 WITH DEFAULT 子句,则表示对创建的用户不设置默认架构。

12.4.2 修改数据库用户

数据库用户的修改主要是指重命名数据库用户或者更改它的默认架构,其包含的其他属性不变。其语法格式如下:

```
ALTER USER user_name WITH <set_item> [ ,...n ]
<set_item> ::=
    NAME = new_user_name
    | DEFAULT_SCHEMA = schema_name
```

【参数说明】

① user_name:要修改的数据库用户的名称。

② new_user_name:修改后的数据库用户的新名称,该名称不能与其他用户名重名。

③ schema_name:重新设定的新默认架构的名称。

【例 12-6】 将用户 MyUser 改名为 MyUser2。

命令如下:

```
USE xkgl
ALTER USER MyUser WITH NAME = MyUser2
GO
```

【例 12-7】 将用户 MyUser2 的默认架构改为 guest。

命令如下:

```
USE xkgl
ALTER USER MyUser2 WITH DEFAULT_SCHEMA = guest
GO
```

12.4.3 删除数据库用户

删除数据库用户的前提是该用户不拥有任何构架。若已拥有了架构,则先将其拥有的架构全部删除(不是逐个删除数据对象)。

例如,删除用户 MyUser 的 SQL 命令如下:

```
DROP USER MyUser;
```

注意:删除前要保证用户 MyUser 不拥有任何的构架,否则先删除架构再执行上述语句。

12.5 角色

创建数据库用户时除了指定账号以外,还需要对它进行授权操作,这样才能使其具有操作数据库的能力。授权操作将涉及架构和数据库角色运用问题。本节将介绍数据库架构和角色的管理方法,在 12.6 节中将对权限进行介绍。

12.5.1 架构

1. 架构

架构是若干数据对象的集合,这些对象名是唯一的,它们共同构成了单个的命名空间。例如,在一个架构中不允许存在同名的两个表,只有在位于不同架构中的两个表才能重名。从管理的角度看,架构是数据对象管理的逻辑单位。

在 SQL Server 2014 中,实现了架构与数据库用户的分离,即架构独立于创建它们的数据库用户而存在。这样做的好处体现在:

(1)多个用户可以通过角色成员身份或 Windows 组成员身份拥有一个架构。

(2)有效简化了删除数据库用户的操作。

(3)删除数据库用户时,不需要对该用户架构所包含的对象进行重命名。因此,在删除创建架构所含对象的用户后,不再需要修改和测试显式引用这些对象的应用程序。从而可以有效减少系统开发的总工作量。

(4)通过默认架构的共享,可以实现统一名称解析,并且可以将共享对象存储在为特定应用程序专门创建的架构中,而不是 dbo 架构中。

(5)可以用比 SQL Server 2000 中更大的力度管理架构和架构包含的对象的权限。

在 SQL Server 2014 中,架构分为两种类型:一种是系统内置的架构,称为系统架构;另一种是由用户定义的架构,称为用户自定义架构。

在创建数据库用户时,必须指定一个用户的默认架构,即每个用户都有一个默认架构。若不指定,则使用系统架构 dbo 作为用户的默认架构。服务器在解析对象名称时,第一个要搜索的架构就是用户的默认架构。

以下为在 SQL Server 2014 中创建架构的一般方法步骤,架构的删除方法亦可由此总结。

(1)启动 SSMS,在对象资源管理器中展开"数据库"节点,然后进一步展开该节点下指定的数据库节点，如数据库 xkgl，右击"安全性"节点下的"架构"节点，在弹出的菜单中选择"新建架构"命令，这时会打开"架构-新建"对话框。

（2）在此对话框的"选择页"中选择"常规"选项（默认选项），这时在对话框右边的界面中有两个项目需要设置。

① 架构名称：在"架构名称"文本框中输入一个有效标识符，作为架构的名称。

② 架构所有者：在"架构所有者"文本框中可以直接输入已有的数据库用户或数据库角色，或者通过单击"搜索"按钮，找到所需的数据库用户或数据库角色，然后添加到该文本框中。

（3）在"选择页"中选择"权限"选项，这时在对话框右边的界面中设置数据库用户或数据库角色对架构拥有什么样的操作权限，如插入权限、修改权限、更新权限等。

（4）"选择页"中的"扩展属性"选项用于添加扩展的"属性-值"对，一般不做设置。

（5）设置完毕后，单击"确定"按钮，相应的架构即被创建。

以上定义的是空的架构，它并没有包含任何数据对象。要使一个数据对象（如数据表等）纳入一个架构，则先定义架构，然后在定义数据对象时显式指定它隶属于该架构即可。若没有指定架构，则数据对象将被创建在默认架构 dbo 中。

2. 修改默认架构

当使用 SQL 语言来创建数据表时，可以为表指定一个架构，从而使该架构包含此数据表。但在 SSMS 创建数据表时，不能指定架构，只能在默认架构 dbo 中创建数据表。在 SSMS 中可以通过更改默认架构的方法在指定的架构中创建数据表。

在 SSMS 中修改默认架构的方法如下：首先在对象资源管理器中找到相应的服务器登录账号（如 MyLogin），并打开该账号的属性对话框，然后在"选择页"中选择"用户映射"选项，接着在对话框右边的界面中设置该账号对某个数据库的默认架构。

图 12-11 列举了账号 MyLogin 对数据库 xkgl 所设置默认架构 MySchema。这样，今后当使用账号 MyLogin 连接服务器并在数据库 xkgl 中创建数据

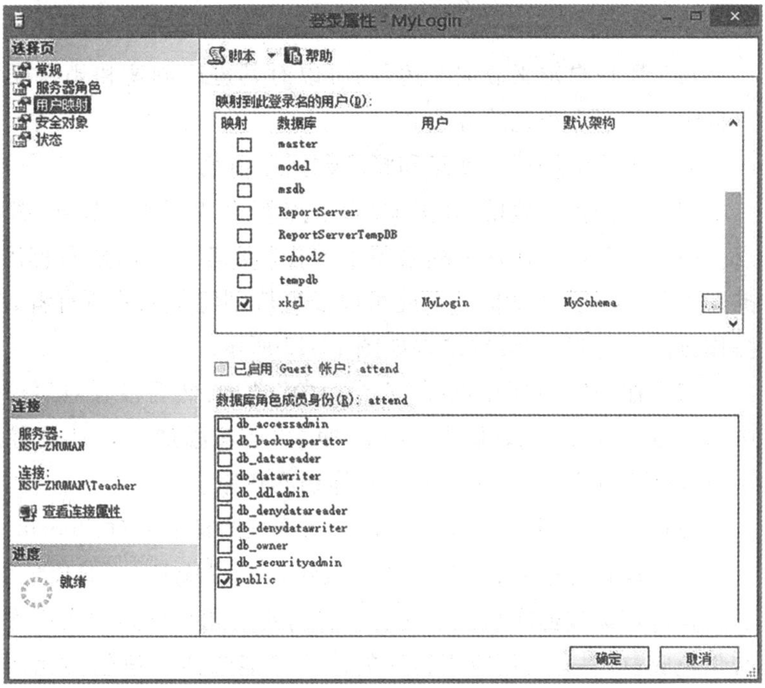

图 12-11 修改默认架构

库对象时,若没有显式指定架构,则表示在架构 MySchema 中创建数据库对象。

12.5.2 管理数据库角色

数据库角色是对数据库对象进行操作的权限的集合。它也可以分为系统数据库角色(常称为固定数据库角色)和用户自定义数据库角色。前者是系统内置的,后者是由用户创建而形成的。

表 12-1 列出了固定数据库角色的名称及其权限描述。

表 12-1　　　　　　　　　固定数据库角色的名称及其权限描述

角色名称	权限描述
db_accessadmin	包含对 Windows 登录账号、Windows 组和 SQL Server 登录账号进行添加或删除的权限
db_backupoperator	包含备份数据库的权限
db_datareader	包含读取所有用户表中的所有数据的权限
db_datawriter	包含对所有用户表进行数据添加、删除或更改的权限
db_ddladmin	包含在数据库中执行任何数据定义语言(DDL)的权限
db_denydatareader	禁止读取数据库内用户表中的任何数据
db_denydatawriter	禁止向数据库内任何用户表中写入数据或更改其中的数据
db_owner	包含执行数据库的所有配置和维护活动的权限
db_securityadmin	包含修改自定义角色成员资格和管理的权限
public	公共的数据库角色

对于用户自定义数据库角色,可以对其进行创建和删除操作。以下介绍创建和删除用户自定义数据库角色的方法。

方法 1:利用 SSMS 创建和删除数据库角色。

(1) 找到指定数据库(如 xkgl)节点下的"安全性"节点,然后找到该节点下的"角色"节点,并右击该节点,在弹出的菜单中选择"新建"→"新建数据库角色"命令,这时会打开"数据库角色-新建"对话框。在此可以设置待创建角色的所有者、拥有的架构以及角色成员,其操作方法是直观的,设置结果如图 12-12 所示。

(2) 在"选项页"中选择"安全对象"选项,然后设置对每一个具体对象的访问权限。其中:在"安全对象"列表框中,通过"搜索"按钮添加要对其设置访问权限的对象。在对象显示权限列表框中,设置对对象的具体访问权限。

设置结果如图 12-13 所示,表示该角色拥有全部对 Student 表的操作权限。

(3) 设置完毕后,单击"确定"按钮,名为"MyRole"的角色创建完毕。

在自定义数据库角色中还有一种特殊的角色就是应用程序角色。这种角色的特点是没有角色成员,只有运用应用程序的用户才能激活该角色,激活时需要角色的口令。因此,在创建该类型的角色时需要设置角色的密码,而其他操作方法基本类似。

图 12-12 "常规"选项对话框

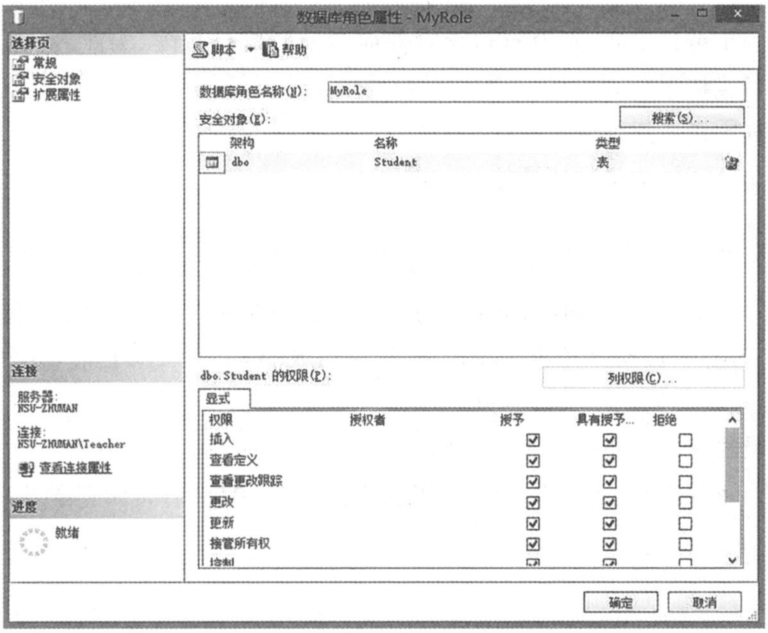

图 12-13 "安全对象"选项

修改角色需要先打开其属性对话框,然后在该对话框中对相应的项目进行重新设置即可。而删除一个角色,只要在对象资源管理器中选择待删除的角色图标,并单击【Delete】键,或者右击角色图标并在弹出的菜单中选择"删除"按钮,然后按照相应的提示进行操作即可。

注意:固定数据库角色不能被创建、修改和删除。

方法 2:利用 T-SQL 语句管理数据库角色。

实现数据库角色管理的 SQL 语法比较复杂,以下将按照由浅入深、由创建到删除的线索介绍如何使用 SQL 语句完成对用户自定义数据库角色的各种操作。

(1) 创建数据库角色

创建数据库角色的语法格式如下:

```
CREATE ROLE role_name [AUTHORIZATION owner_name]
role_name:待创建角色的名称;
```

AUTHORIZATION owner_name:将拥有新角色的数据库用户或用户名。若未指定,则执行 CREATE ROLE 的用户将拥有该角色。

注意:owner_name 可以是另外一个角色或一个用户等,但必须已经存在。

【例 12-8】 在数据库 xkgl 中创建名为"MyRole1"的角色,使其拥有者为角色 MyRole。

命令如下:

```
USE xkgl
CREATE ROLE MyRole1 AUTHORIZATION MyRole
GO
```

以上创建的角色是空的,它没有包含对任何对象的操作权限,为此,还必须为创建的角色添加角色成员或权限。

(2) 为数据库角色添加成员

为数据库角色添加成员的语法格式如下:

```
sp_addrolemember [ @rolename = ] 'role', [ @membername = ] 'security_account'
```

其中,role 为角色名,security_account 为要添加成员名称。一个数据库角色所拥有的成员可以是数据库用户、数据库角色、Windows 登录名或 Windows 组,但它们必须是已经存在数据库对象。

角色的成员将拥有角色所包含的全部权限。

【例 12-9】 在数据库 xkgl 中创建名为"MyRole2"的角色,并将用户 MyUser 设置为该角色的成员。

命令如下:

```
USE xkgl        -- 设置当前数据库
GO
CREATE ROLE MyRole2    -- 创建空角色
EXEC sp_addrolemember 'MyRole2' , 'MyUser'    -- 为角色添加成员——用户 MyUser
GO
```

(3) 删除数据库角色

删除角色可以使用 DROP ROLE 语句来完成。

【例 12-10】 删除数据库 xkgl 中的角色 MyRole1。

命令如下：

```
USE xkgl
GO
DROP ROLE MyRole1
```

12.6 数据对象的安全性管理

所谓数据对象主要是指数据表、索引、存储过程、视图、触发器等。SQL Server 为了让数据库中的用户能够进行合适的操作，提供了一套完整的权限管理机制。当登录账号成为数据库中的合法用户之后，对数据库中的用户数据和对象并不具有任何操作权限，因此，本节就需要为数据库中的用户授予数据库数据及对象的操作权限。

本节先介绍权限的分类，然后介绍如何对数据对象进行授权等安全性管理问题。

12.6.1 权限的种类

在 SQL Server 2014 中，权限可以分为三种类型，即数据对象权限、语句权限和隐含权限。

1. 数据对象权限

数据对象权限简称对象权限，是指用户对数据对象的操作权限。这些权限主要是指数据操作语言(DML)的语句权限，主要包括以下两种。

① SELECT、UPDATE、DELETE、INSERT：具有对表和视图数据进行查询、更新、删除和插入的权限，其中 UPDATE 和 SELECT 可以对表或视图的单个列进行授权。

② EXECUTE：具有执行存储过程的权限。

2. 语句权限

语句权限是指用户对某一语句的执行权限。这些语句主要是数据定义语言(DDL)的语句，主要包括以下六种。

① CREATE DATABASE：具有创建数据库的权限。

② CREATE TABLE：具有在数据库中创建数据表的权限。

③ CREATE VIEW：具有在数据库中创建视图的权限。

④ CREATE PROCEDURE：具有在数据库中创建存储过程的权限。

⑤ BACKUP DATABASE：具有备份数据库的权限。

⑥ BACKUP LOG：具有备份日志的权限。

3. 隐含权限

隐含权限是指 SQL Server 2014 内置的或在创建对象时自动生成的权限。它们主要包含在固定服务器角色和固定数据库角色中。在数据库和数据对象时,其拥有者所默认拥有的权限(自动生成)也是隐含权限。例如,数据表的拥有者自动拥有一切对该表进行操作的权限。

12.6.2 权限的管理

在对象权限、语句权限和隐含权限中,隐含权限是由系统预先定义好的,这类权限不需要也不能进行设置。因此,权限的设置实际上是指对对象权限和语句权限的设置。

1. 对象权限的管理

各种类型对象权限的授予和回收方法基本相同,对对象权限的管理可以通过 SSMS 工具实现,也可以通过 T-SQL 语句实现。以下主要以数据表为例来介绍这些操作方法。

方法 1:利用 SSMS 方法管理权限。

下面以在 xkgl 数据库中,授予 MyUser 用户 Student 表的 SELECT 和 DELETE 权限,同时授予了对 DELETE 权限的分配权,但禁用 UPDATE 权限,并授予 Course 表的 SELECT 权限为例。

在授予 MyUser 用户权限之前,我们先做个实验。在"连接到服务器"窗口,选择"身份验证"为"SQL Server 身份验证",在"登录名"文本框中输入"MyLogin"(MyLogin 映射为数据库 xkgl 的用户 MyUser),并输入之前设置的密码"1234567",然后单击"连接"按钮,如图 12-14 所示。

图 12-14 设置连接身份

在 SSMS 工具栏"可用数据连接"下拉列表中选择 xkgl 数据库,然后输入并执行命令如下:

```
SELECT * FROM Student
```

执行代码后,SSMS 运行界面如图 12-15 所示。

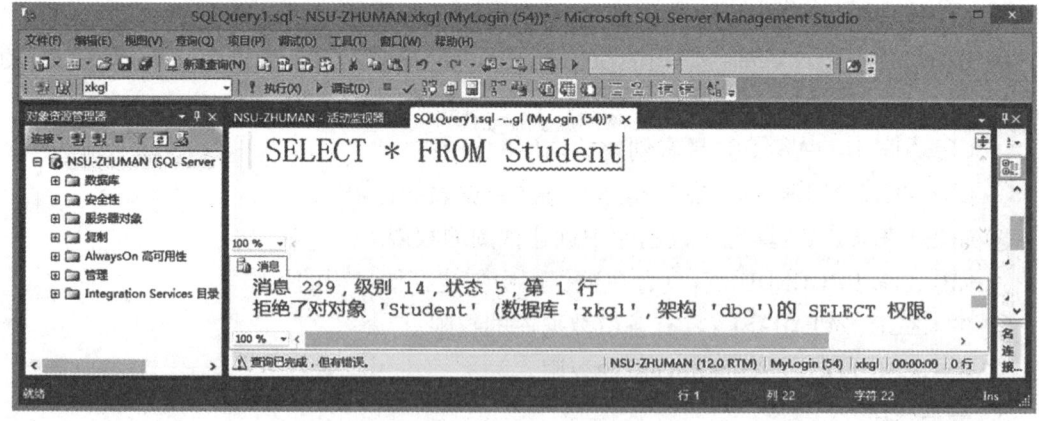

图 12-15 没有查询权限时执行查询语句出现的错误

这个实验表明,在授权之前数据库用户在数据库中对用户数据是没有查询权限的。

以下为在 SSMS 工具中对数据库用户授权的方法步骤。

(1) 在 SSMS 中,展开对象资源管理器中的树形目录,依次展开"数据库"→"xkgl"→"Student"→"安全性"→"用户",然后通过鼠标右击用户名"MyUser"的方法打开"属性"对话框。

(2) 在"属性"对话框的选择页中选择"安全对象"选项。在"数据库用户"选项对话框中,可以对数据库用户或数据库角色授予相应的对象权限,但不同的数据对象其可授予的权限也不尽相同。在此对话框中设置权限的方法是通过"搜索"按钮打开"添加对象"窗口,如图 12-16 所示,该窗口默认选中的是"特定对象"类。用户只需要单击图 12-16 中的"确定"按钮,即可打开"选择对象"窗口。

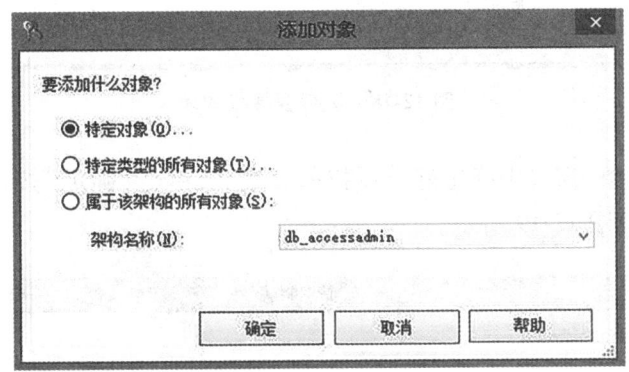

图 12-16 "添加对象"窗口

(3) 在"选择对象"窗口单击"对象类型"按钮,弹出如图 12-17 所示的"选择对象类型"窗口,在这个窗口选择要授予权限的对象类型。

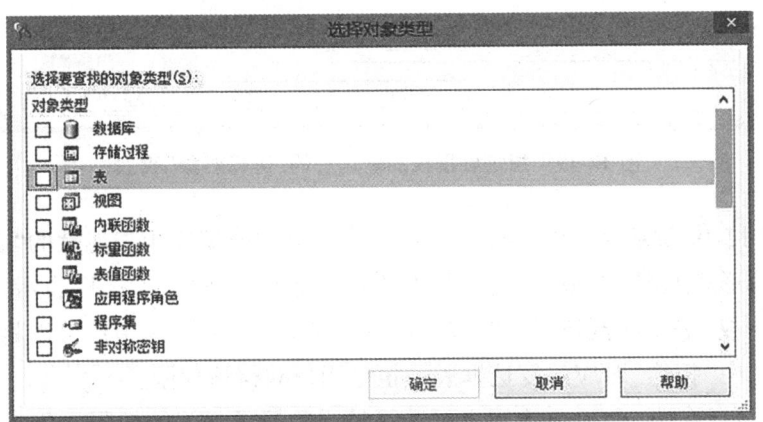

图 12-17 "选择对象类型"窗口

(4) 由于要给 MyUser 用户授权对 Student 表和 Course 表的权限,所以可以选择图 12-17 中"表"前边的复选框,然后回到"选择对象"窗口,单击"浏览"按钮,弹出"查找对象"窗口。在该窗口中列出了当前可以被授权的全部表。这里选中"Student"和"Course"前边的复选框，如图 12-18 所示。

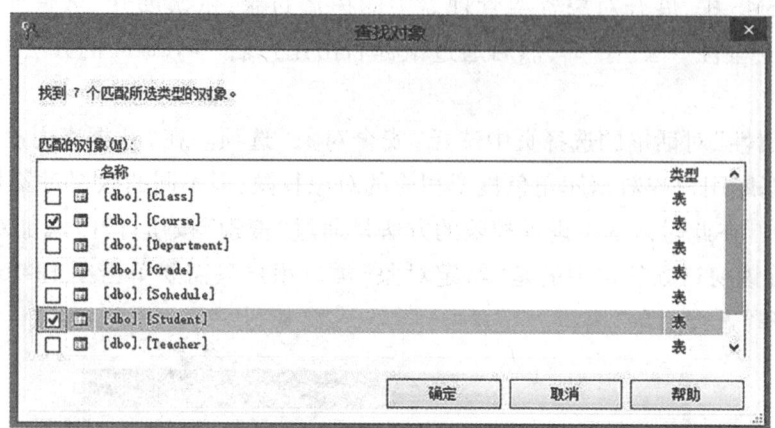

图 12-18　选择要授权的表

（5）在"查找对象"窗口中指定好要授权的表之后，单击"确定"按钮，回到"选择对象"窗口，此时，该窗口如图 12-19 所示。

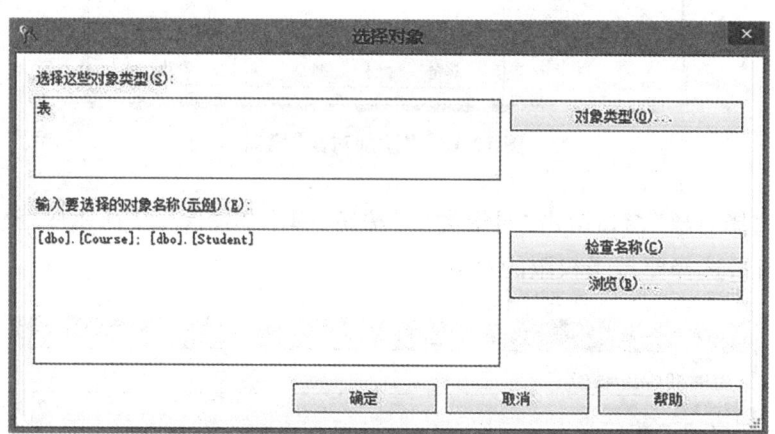

图 12-19　指定要授权的表之后的"选择对象"窗口

（6）在图 12-19 所示窗口中，单击"确定"按钮，回到数据库用户属性的"数据库用户"窗口，此时该窗口形式如图 12-20 所示。其中，选中"授予"对应的复选框表示授予该项权限；选中"具有授予权"表示在授权时同时授予该权限的转授权，即该用户可以将其获得的权限授予其他人；选中"拒绝"对应的复选框表示拒绝用户获得该权限。

（7）现在可以在图 12-20 的窗口上对选择的对象授予相关的权限。首先在"安全对象"列表框中选中"Course"，然后在下面的权限部分选中"选择"（即 SELECT）对应的"授予"复选框，表示授予对 Course 表的 SELECT 权限。然后在"安全对象"列表框中选中"Student"，并在下面的权限部分分别选中"选择"和"插入"对应的授予复选框。如图 12-20 所示为授予

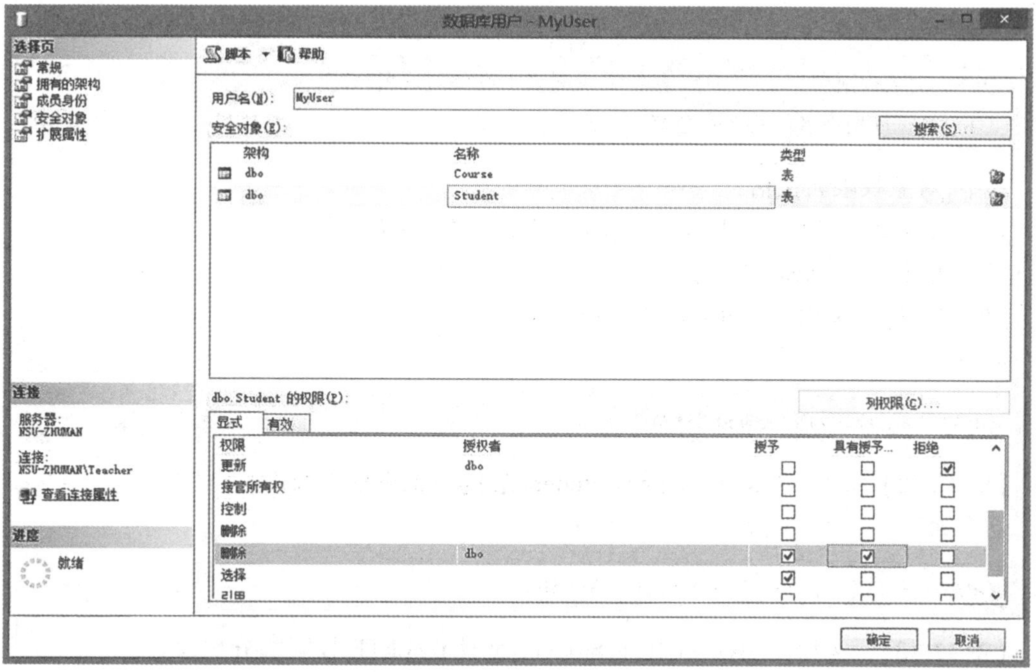

图 12-20　授权之后的"数据库用户-MyUser"窗口

Student 表的 SELECT 和 DELETE 权限,同时授予了对 DELETE 权限的分配权,但禁用 UPDATE 权限。

至此,完成了对数据库用户的授权。

此时,再次重复我们之前的实验,执行命令如下:

```
SELECT * FROM Student
```

这次会执行成功,系统将会返回所需要的结果。

方法 2:利用 T-SQL 语句管理权限。

在 T-SQL 语句中,对权限的管理主要有三个语句。

(1) 授权语句 GRANT:对用户、角色等授予某种权限。

语法格式如下:

```
GRANT 对象权限名 [ ,…] ON{表名 | 视图名 | 存储过程名}
 TO { 数据库用户名 | 用户角色名} [ ,…]
```

(2) 收权语句 REVOKE:对用户、角色等收回已授予的权限。

语法格式如下:

```
REVOKE 对象权限名 [ ,…] ON{表名 | 视图名 | 存储过程名}
 TO { 数据库用户名 | 用户角色名} [ ,…]
```

(3) 拒绝权限语句 DENY:禁止用户、角色等拥有某种权限。

语法格式如下:

```
DENY 对象权限名[ ,…] ON|表名|视图名|存储过程名|
TO | 数据库用户名|用户角色名|[ ,…]
```

其中,对象权限名包括:
对表和视图的 SELECT、UPDATE、DELETE 和 INSERT 权限;
对存储过程的 EXECUTE 权限。

【例 12-11】 为用户 MyUser 授予 Student 表的查询权限。
命令如下:

```
GRANT SELECT ON Student TO MyUser
```

【例 12-12】 为用户 MyUser 授予 Student 表的查询和插入权限。
命令如下:

```
GRANT SELECT , INSERT ON Student TO MyUser
```

【例 12-13】 为用户 MyUser 授予 Student 表对 DELETE 权限的分配权。
命令如下:

```
GRANT DELETE ON Student TO MyUser WITH GRANT OPTION
```

【例 12-14】 收回用户 MyUser 授予 Student 表的查询权限。
命令如下:

```
REVOKE SELECT ON Student FROM MyUser
```

【例 12-15】 拒绝用户 MyUser 具有 Student 表的更改权限。
命令如下:

```
DENY UPDATE ON Student TO MyUser
```

2. 语句权限的管理

同对象权限管理一样,对语句权限的管理也可以通过 SSMS 工具和 T-SQL 语句实现。
方法 1:利用 SSMS 工具实现。

以在 xkgl 数据库中,授予用户 MyUser 具有创建表的权限为例,说明在 SSMS 工具中授予用户语句权限的过程。

在授予 MyUser 用户权限之前,我们先用该用户建立一个新的数据库连接,然后输入并执行命令如下:

```
CREATE TABLE Teacher(   --创建教师表
Tid char(6),            --教师号
Tname varchar(10)       --教师名
)
```

执行该代码后,SSMS 的界面如图 12-21 所示,说明 MyUser 没有建表的权限。

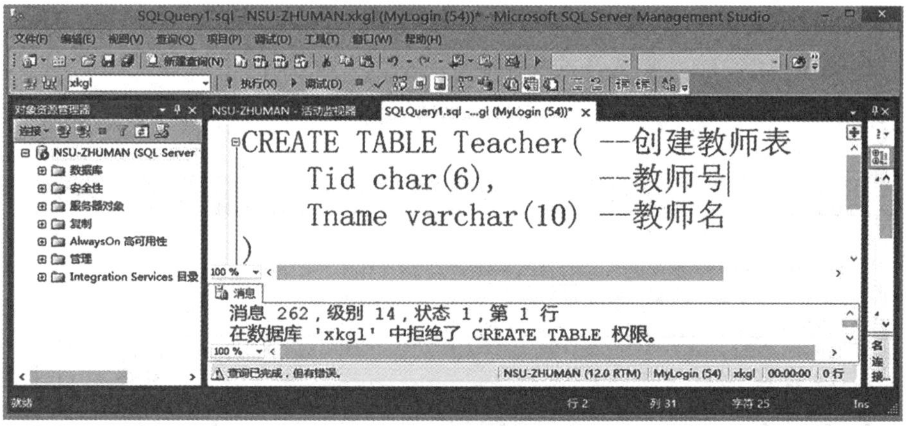

图 12-21　执行建表语句时出现的错误

以下为使用 SSMS 工具授予用户语句权限的步骤。

（1）在 SSMS 工具的"对象资源管理器"中,依次展开"数据库"→"［xkgl］"→"安全性"→"用户",在"MyUser"用户上右击,在弹出的菜单中选择"属性"命令,弹出用户属性窗口,在此窗口中单击左边"选择页"中的"安全对象"选项,在"安全对象"选项的窗口中单击"搜索"按钮。在弹出的"添加对象"窗口（图 12-16）中确保选中了"特定对象"选项,单击"确定"按钮,在弹出的"选择对象类型"窗口（图 12-17）中单击"对象类型"按钮,弹出"选择对象类型"窗口。

（2）在"选择对象类型"窗口中,选中"数据库"前的复选框,如图 12-22 所示。单击"确定"按钮,回到"选择对象类型"窗口,此时在窗口的"选择对象类型"列表框中已经列出了"数据库"。

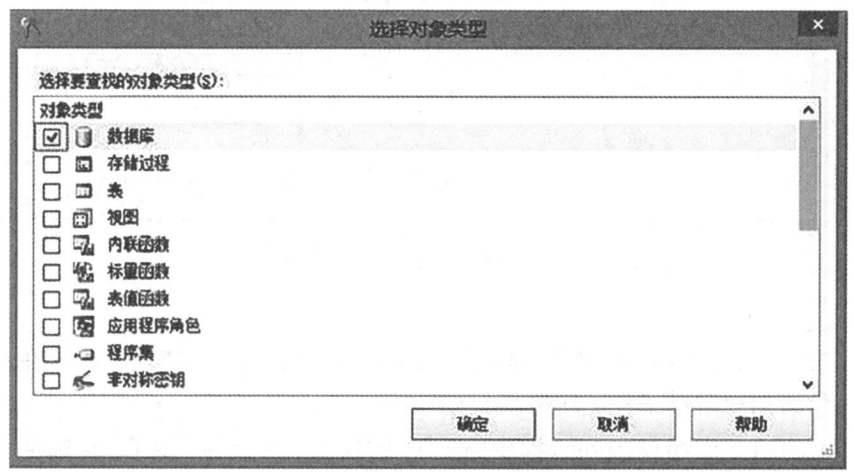

图 12-22　选中"数据库"复选框

（3）在"选择对象"窗口中，单击"浏览"按钮，弹出如图 12-23 所示的"查找对象"窗口，在此窗口中可以选择要授予的权限所在的数据库。由于我们要为 MyUser 授予对 xkgl 数据库的建表权，因此在此窗口中选中"xkgl"前的复选框，再单击"确定"按钮，回到"选择对象"窗口，此时在此窗口的"输入要选择的对象名称（示例）"列表框中已经列出了"[xkgl]"数据库，如图 12-24 所示。

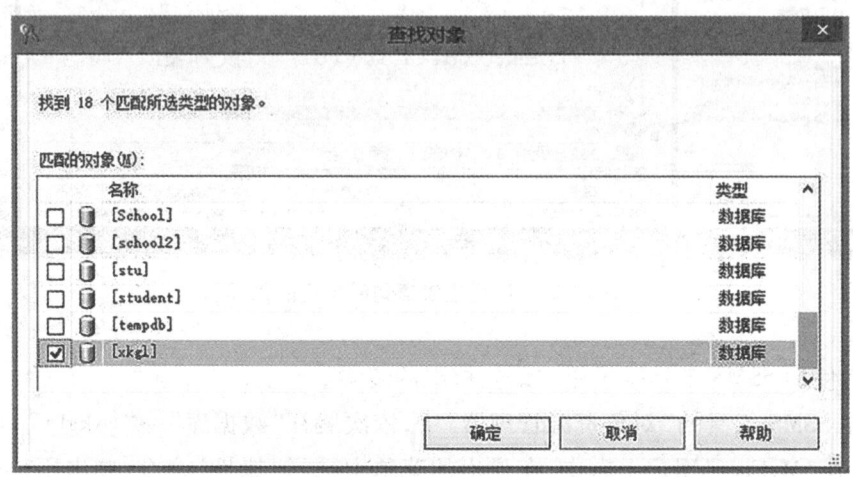

图 12-23　"查找对象"窗口（选中"[xkgl]"前的复选框）

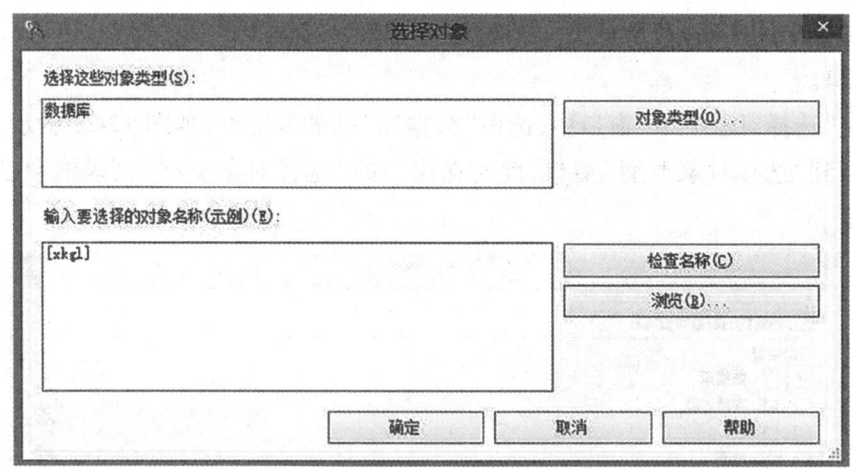

图 12-24　指定好授权对象后的情形

（4）在"选择对象"窗口中单击"确定"按钮，回到数据库用户属性窗口，在此窗口中可以选择合适的语句权限授予相关用户。

（5）在此窗口下面的权限列表框中，选中"创建表"对应的"授予"复选框，如图 12-25 所示。

（6）单击"确定"按钮，完成授权操作，关闭此窗口。

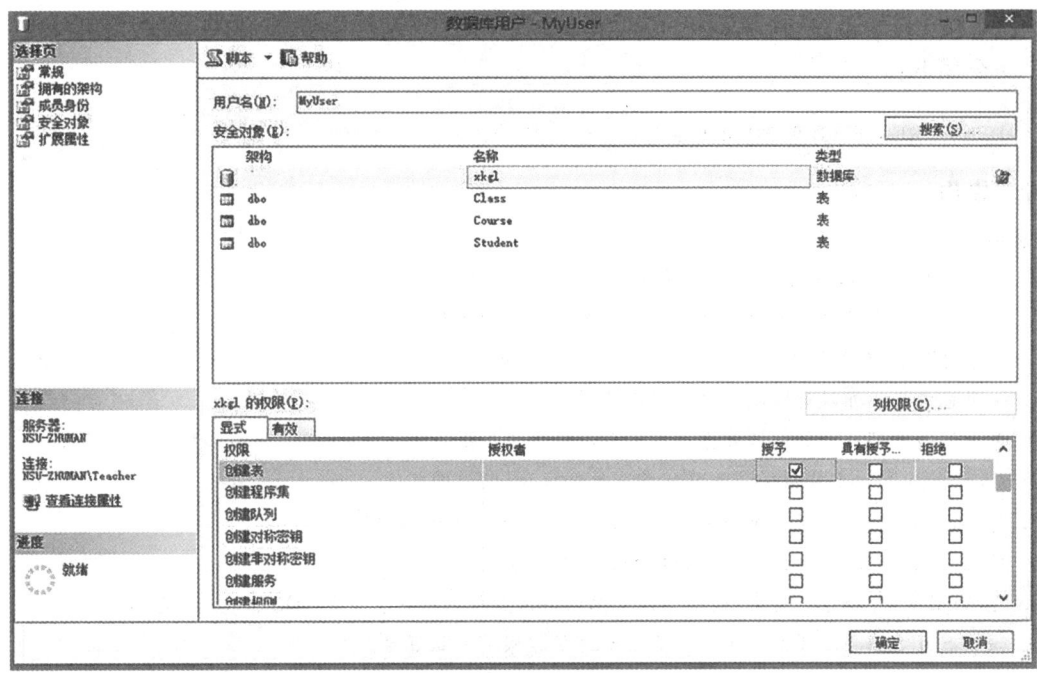

图 12-25　指定好授权对象后的窗口

方法 2：利用 T-SQL 语句实现。

同对象权限管理一样，语句权限的管理也有 GRANT、REVOKE 和 DENY 三种。

（1）授权语句（GRANT）

```
GRANT 语句权限名 [ ,…]TO ｛数据库用户名｜用户角色名｝[ ,…]
```

（2）收权语句（REVOKE）

```
REVOKE 语句权限名 [ ,…] FROM ｛数据库用户名｜用户角色名｝[ ,…]
```

（3）拒绝权限语句（DENY）

```
DENY 语句权限名 [ ,…]TO ｛数据库用户名｜用户角色名｝[ ,…]
```

其中的语句权限包括：CREATE TABLE、CREATE VIEW、CREATE PROCEDURE 等。

【例 12-16】　为用户 MyUser 授予创建表和视图的权限。
命令如下：

```
GRANT CREATE TABLE,CREATE VIEW TO MyUser
```

【例 12-17】　收回用户 MyUser 创建表的权限。
命令如下：

```
REVOKE CREATE TABLE FROM MyUser
```

【例12-18】 拒绝用户 MyUser 具有创建视图的权限。

命令如下：

```
DENY CREATE VIEW TO MyUser
```

思考与操作

一、选择题

1. 下列关于 SQL Server 数据库用户权限的说法，错误的是(　　)。
   A. 数据库用户自动具有该数据库中全部用户数据的查询权
   B. 通常情况下，数据库用户都来源于服务器的登录账号
   C. 一个登录账号可以对应多个数据库中的用户
   D. 数据库用户都自动具有该数据库中 public 角色的权限

2. 下列关于 SQL Server 数据库服务器登录账号的说法，错误的是(　　)。
   A. 登录账号的来源可以是 Windows 用户，也可以是非 Windows 用户
   B. 所有的 Windows 用户都自动是 SQL Server 的合法账号
   C. 在 Windows 身份验证模式下，不允许非 Windows 身份的用户登录到 SQL Server 服务器
   D. sa 是 SQL Server 提供的一个具有系统管理员权限的默认登录账号

3. 下列关于 SQL Server 2014 身份认证模式的说法，正确的是(　　)。
   A. 只能在安装过程中设置身份认证模式，安装完成之后不能再修改
   B. 只能在安装完成后设置身份认证模式，安装过程中不能设置
   C. 在安装过程中可以设置身份认证模式，安装完成之后还可以再对其进行修改
   D. 身份认证模式是系统规定好的，在安装过程中及安装完成后都不能进行修改

4. 下列 SQL Server 提供的系统角色中，具有数据库服务器上全部操作权限的角色是(　　)。
   A. db_owner　　　　B. dbcreator　　　　C. db_datewriter　　　　D. sysadmin

5. 下列角色中，具有数据库中全部用户表数据的插入、删除、修改权限且只具有这些权限的角色是(　　)。
   A. db_owner　　　　B. db_datareader　　　　C. db_datewriter　　　　D. public

6. 创建 SQL Server 登录账号的 SQL 语句是(　　)。
   A. CREATE LOGIN　　　　　　　　B. CREATE USER
   C. ADD LOGIN　　　　　　　　　　D. ADD USER

7. 下列 SQL 语句中，用于收回已授予用户权限的语句是(　　)。
   A. DROP　　　　B. DELETE　　　　C. REVOKE　　　　D. ALTER

8. 下列关于数据库中普通用户的说法，正确的是(　　)。
   A. 只能被授予对数据的查询权限
   B. 只能被授予对数据的插入、修改和删除权限
   C. 只能被授予对数据的操作权限
   D. 不能具有任何权限

9. 下列关于用户定义的角色的说法，错误的是(　　)。
   A. 用户定义角色可以是数据库级别的角色，也可以是服务器级别的角色
   B. 用户定义的角色只能是数据库级别的角色
   C. 定义用户定义角色的目的是简化对用户的权限管理

D. 用户角色可以是系统提供角色的成员

二、填空题

1. 数据库中的用户按操作权限的不同,通常分为_____、_____和_____。
2. 在 SQL Server 2014 中,系统提供的具有管理员权限的角色是_____。
3. 在 SQL Server 2014 中,系统提供的默认管理员账号是_____。
4. SQL Server 的身份验证模式有_____和_____两种。
5. SQL Server 的登录账号来源有_____和_____两种。
6. 在 SQL Server 2014 中,所有数据库用户都自动是_____的成员。
7. 在 SQL Server 2014 中,系统提供的具有创建数据库权限的服务器角色是_____。
8. 在 SQL Server 2014 中,创建用户定义角色的 SQL 语句是_____。
9. SQL Server 2014 将权限分为_____、_____和_____三种。
10. 在 SQL Server 2014 中,角色分为_____和_____两类。

三、简答题

1. SQL Server 2014 的安全验证过程是什么?
2. 数据库中的用户按其权限可分为哪几类,每一类的权限是什么?
3. 权限的管理包含哪些操作?
4. 角色的作用是什么?
5. 写出实现下列操作的 SQL 语句。
   (1) 授予用户 u_1 具有对 Course 表的插入和删除权限。
   (2) 收回用户 u_1 对 Course 表的删除权限。
   (3) 拒绝用户 u_1 获得对 Course 表中数据进行更改的权限。
   (4) 授予用户 u_1 具有创建表的权限。
   (5) 收回用户 u_1 创建表的权限。

四、上机练习

利用前面模块建立的 xkgl 数据库和其中的 Student、Course 表,并利用 SSMS 工具完成下列操作。

1. 建立 SQL Server 身份验证模式的登录账号:logl、log2 和 log3。
2. 用 logl 新建一个数据库引擎查询,这时在"可用数据库"下拉列表框中能否选中 xkgl 数据库? 为什么?
3. 将 logl、log2 和 log3 映射为 xkgl 数据库中的用户,用户名同登录名。
4. 在 logl 建立的数据库引擎查询中,在"可用数据库"下拉列表框中选中 xkgl 数据库,这次能否成功? 为什么?
5. 在 logl 建立的数据库引擎查询中,执行下述命令,能否成功? 为什么?

   Select * FROM Course

6. 授予 logl 具有表的查询权限,授予 log2 具有 Course 表的插入权限。
7. 用 log2 建立一个数据库引擎查询,然后执行下述命令,能否成功? 为什么?

   INSERT INTO Course VALUES
   ('Dp030003','网页设计','HTML5 与 CSS3 网页设计基础',60,3)

再执行下述语句,能否成功? 为什么?

```
SELECT * FROM Course
```

8. 在 log1 建立的数据库引擎查询中,再次执行下述命令:

```
SELECT * FROM Course
```

这次能否成功?为什么?

让 log1 执行下述命令,能否成功?为什么?

```
INSERT INTO Course VALUES
('Dp030004','WEB 程序设计','WEB 程序设计基础',90,4)
```

9. 在 xkgl 数据库中建立用户角色:Role1,并将 log1、log2 添加到此角色中。
10. 授予 Role1 具有 Course 表的插入、删除和查询权限。
11. 在 log1 建立的数据库引擎查询中,再次执行下述命令,能否成功?为什么?

```
INSERT INTO Course VALUES
('Dp030004','WEB 程序设计','WEB 程序设计基础',90,4)
```

12. 在 log2 建立的数据库引擎查询中,再次执行下述命令,能否成功?为什么?

```
SELECT * FROM Course
```

13. 用 log3 建立一个数据库引擎查询,并执行下述命令,能否成功?为什么?

```
SELECT * FROM Course
```

14. 将 log3 添加到 db_datareader 角色中,并在 log3 建立的数据库引擎查询中再次执行下述命令,能否成功?为什么?

```
SELECT * FROM Course
```

15. 在 log3 建立的数据库引擎查询中,执行下述命令,能否成功?为什么?

```
INSERT INTO Course VALUES
('Dp030005','大学英语','大学英语实用教程',90,4)
```

16. 在 xkgl 数据库中,授予 public 角色具有 Course 表的查询和插入权限。
17. 在 log3 建立的数据库引擎查询中,再次执行下述命令,能否成功?为什么?

```
INSERT INTO Course VALUES
('Dp030005','大学英语','大学英语实用教程',90,4)
```

模块 13 备份和恢复数据库

13.1 备份数据库

13.1.1 为什么要进行数据备份

数据库的安全性是相对的。下列情况可能导致数据库系统的数据丢失。

（1）机械损坏：包括由于质量或外力等原因导致的硬件故障，如硬盘损坏等。

（2）软件故障：软件产品本身的设计问题或者用户的不正确使用等，都有可能使得数据意外丢失。

（3）错误操作或恶意破坏：例如，用户错误地使用 DROP、DELETE、UPDATE 等命令，可能会把整个数据库或数据表彻底删除。

（4）计算机病毒：计算机病毒已经成为当前数据安全的一大隐患，有时候甚至会破坏计算机系统的硬件设备。这种破坏多是毁灭性的，因此对计算机病毒应引起足够的重视。

（5）自然灾害：地震、水灾、火灾等会造成大规模的硬件损坏。

（6）盗窃：存储数据的设备被盗，也会导致数据丢失。

因此，必须为数据库中的数据制作另外一个副本，保存到另外一个地方，而这种操作就是所谓的数据库备份。备份的目的是使得数据库在遭到破坏时能够恢复到破坏前的正确状态，避免或最大限度地减少数据丢失。

如何有效地对数据库进行备份，使得即使出现上述情况也可以将数据损失减少到最低程度。这就是数据库备份要讨论的内容。

备份看似简单，只要将数据库中的数据制作另外一个副本保存起来即可。但实际上，由于数据库中的数据是随时间变化的，所涉及的问题包括何时备份、备份哪些内容、备份多少、如何管理备份出来的数据等。SQL Server 2014 提供了多种功能强大备份方法，具有备份速度快、可靠性高等优点。

SQL Server 2014 数据库由数据文件和日志文件来支撑。但 SQL Server 2014 数据库备份并不是简单地复制数据文件和日志文件,而是经过内部的压缩和处理,做成另外一种文件保存起来。这都是由 SQL Server 2014 提供的工具来完成的。

13.1.2 备份内容及备份时间

1. 备份的内容

SQL Server 2014 数据库主要分为系统数据库和用户数据库。因此,对其备份也应该从系统数据库和用户数据库备份的角度考虑。由于系统数据库主要是保存数据库系统运行所需的一些信息和数据,其变化相对稳定;而用户数据库则是保存用户数据,是经常变化的。所以,对这两种数据库的备份要求是不一样的。

系统数据库包括 master、mode 和 smdb 数据库。

(1) master:该系统数据库保存了 SQL Server 2014 的系统级信息,包括所有数据库的信息,如账号、环境变量、系统配置信息等。一旦 master 数据库遭到破坏,系统将无法启动和运行。因此,最好能在每一次对系统进行修改后都能对 master 数据库进行一次备份。

(2) mode:该系统数据库保存了用户数据库模板和 tempdb 数据库模板信息,这些模板信息的改变将影响到用户数据库创建时的初始设置。

(3) smdb:该系统数据库保存了 SQL Server 2014 代理服务的所有信息,如作业、任务调度信息等。

显然,对系统数据库的备份是必要的。但一般不是定期进行备份,多是在更新后进行。

用户数据库是用户定义、用于存储用户数据的数据库。对用户来说,用户数据库是至关重要的,因为它保存了用户关心和需要的全部数据。数据库备份的核心就是备份用户数据库,其他备份是辅助的。但用户数据库中的数据量有时候是巨大的,完整备份可能需要付出高昂的代价。因此,通常将用户数据库中的数据根据其重要性分为关键数据和非关键数据。关键数据是对用户极为重要、且不能从其他渠道重新获取或创建的一类数据,这类数据务必要备份。非关键数据是指可以从相关渠道重新形成的一种数据,对这类数据可以视具体情况不予以备份。

2. 备份频率

数据库备份除了耗费操作时间和影响系统工作性能以外,还需要对备份出来的数据进行保存,并需要人员对其进行管理。如果频繁地对数据库进行备份,从投资成本上看有可能导致"得不偿失";如果备份频率过小,万一出现故障,就可能无法恢复到最佳的数据库状态,甚至达不到基本的要求。因此,适当的频率对数据库备份来说同样是重要的。

但是,对于备份频率目前还没有定量的分析理论,通常是凭经验进行估计。一般来说,若系统的事务处理比较频繁,如联机事务处理,则需要经常备份;相反,若处理的事务量比较小,如决策支持系统,则不需要经常备份。

另外，采用不同的备份方法，其备份频率往往也是不相同的。例如，如果采用完全数据库备份，由于代价高，其操作频率一般比较低；而日志备份由于操作快、需要存储空间小，因而其备份频率则相对较高。

例如，一个 DBA 可能定期一周地备份数据库，每天创建一个差异备份，每隔 10 分钟创建一次事务日志备份等。但最恰当的备份频率取决于一系列因素，如数据的重要性、数据库的大小和服务器的工作负荷等。

3. 关键备份时刻

除了定期备份以外，在一些关键时刻还需对数据库进行备份。对系统数据库而言，当对它进行了更新操作后，需要对它进行备份。有时候用户并不会觉察这些更新操作。例如，当执行 CREATE DATABASE、ALTER DATABASE 或 DROP DATABASE 命令时候，系统将自动更新 master 数据库。

对于用户数据库，当出现下列情况时应该考虑备份数据库：

（1）给数据库加载大量数据。
（2）创建或删除数据库。
（3）创建或删除索引。
（4）执行了不记日志的 T-SQL 命令。这些命令包括 BACKUP LOG WITH NO_LOG、WRITETEXT、UPDATETEXT、SELECT INTO、BCP 等。

13.2 SQL Server 支持的备份机制

数据库备份的操作过程分为两个步骤，第一步是创建逻辑备份设备，第二步是执行备份操作命令，将数据库中的数据备份到备份设备中。在备份的时候 SQL Server 2014 必须处于运行状态，同时不能执行创建、删除或搜索文件命令等。

13.2.1 备份设备

所谓逻辑备份设备，实际上是操作系统中的一个文件或磁带等，用户必须为该设备在 SQL Server 中起一个逻辑名称，称为（逻辑）备份设备名。备份设备名是 SQL Server 访问该备份设备的唯一途径。创建备份设备就是将一个操作系统文件或磁带等存储媒体映射到 SQL Server 中并为之起一个逻辑名称，使之成为 SQL Server 中一个逻辑对象的过程。

1. 使用 SSMS 创建备份设备

（1）在对象资源管理器中展开树形目录，在"服务器对象"节点下找到"备份设备"节点，并右击该节点，在弹出的菜单中选择"新建备份设备…"，这时会打开"备份设备"对话框。

（2）在"备份设备"对话框中，需要对两个项目进行设置。

① 设备名称:即逻辑备份设备在 SQL Server 中的逻辑名称。它可以是任意合法的标识符,但必须唯一。

② 文件:这是指操作系统文件等。它以".bak"为扩展名,在默认情况下其文件名与设备名称一样,存储路径为 C:\Program Files\Microsoft SQL Server\MSSQL 12.MSSQLSERVER\MSSQL\Backup\,也可以根据需要进行更改,包括更改存储路径。

图 13-1 表示了准备在操作系统目录 C:\Program Files\Microsoft SQL Server\MSSQL 12.MSSQLSERVER\MSSQL\Backup 下创建文件 MyBF.bak,并以此文件映射到 SQL Server 2014 中作为一个逻辑备份设备,其逻辑名称为 MyBF。

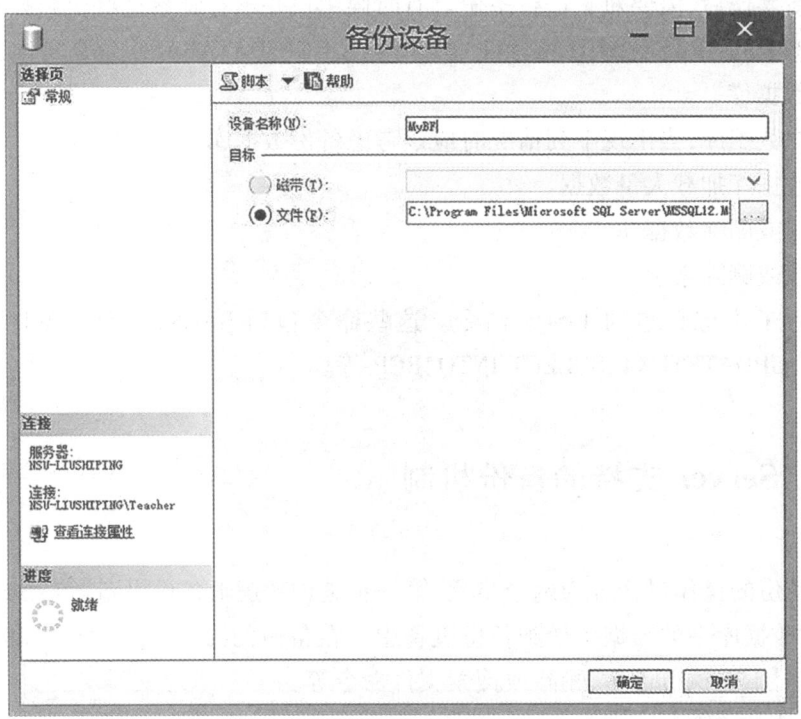

图 13-1 "备份设备"对话框

(3)设置完毕后,单击"确定"按钮,名为"MyBF"的备份设备创建操作完毕。

2. 使用系统存储过程创建逻辑备份设备

创建逻辑备份设备也可以使用系统存储过程 sp_addumpdevice 来完成。该过程的引用语法格式如下:

```
sp_addumpdevice [ @devtype = ] 'device_type' ,
    [ @logicalname = ] 'logical_name' ,
    [ @physicalname = ] 'physical_name'
```

【参数说明】

① device_type:指定设备的类型。该参数没有缺省值,其可能取值包括 disk(表示使用

磁盘文件作为备份设备)、pipe(命名管道)、tape(磁带)。

② logical_name：指定备份设备的逻辑名称。

③ physical_name：指定物理名称，可包含存储路径。

【例 13-1】 创建一个名为"MyBF1"的备份设备，使其对应的文件存储在目录 D：\Backup\下，名为"MyBFsys1.bak"。

该备份设备创建的 T-SQL 命令如下：

```
EXEC sp_addumpdevice 'disk', 'MyBF1', 'D:\Backup\MyBFsys1.bak';
```

该语句等价于下列语句：

```
EXEC sp_addumpdevice 'disk',
@logicalname = 'MyBF1',
@physicalname = 'D:\Backup\MyBFsys1.bak';
```

3. 删除备份设备

当现有的备份设备不再使用时，应将其删除。在 SSMS 中删除一个备份设备的操作方法与删除数据库对象的方法一样，只要在对象资源管理器中选择相应的图标，右击该图标并在弹出菜单中选择"删除"命令即可，或是选择该图标后按键盘上的【Delete】键，然后按照相应的提示操作即可。

也可以使用系统存储过程 sp_dropdevice 来删除一个已经存在的备份设备。例如，删除以上创建的备份设备 MyBF1，命令如下：

```
EXEC sp_dropdevice 'MyBF1'
```

13.2.2 恢复模式

每一个事务日志都记录了用户对数据库进行操作的一个过程。在理论上讲，"足够详细"的事务日志可以精确地将数据库恢复到历史上的指定的一个数据库状态。但在日志形成的过程中，存在这样一对矛盾："足够详细"的日志要求对数据库的每一个操作都要记录在日志中，这样势必增加了服务器的 I/O 写操作，加重服务器的负担，从而导致数据库的性能下降；另外，如果事务日志记录得比较"稀疏"，那么就可能存在一些历史态，使得通过事务日志无法准确恢复到某种数据库状态。但由于对这种日志文件的写操作频率比较低，因而使得数据库性能得到提高。

总之，"足够详细"的事务日志与提高数据库性能总会有矛盾。为了解决这种矛盾，SQL Server 2014 给出了三种恢复模式，用户可以根据实际需要将数据库设置为相应的模式。

1. 完整恢复模式

当数据库在完整恢复模式下工作时，用户对数据库的每一个操作都将被记录在事务日志中。这样，一旦数据库出现故障，我们就可以通过事务日志将数据库还原到指定的历史状态。

完整恢复模式主要应用于那些"绝对不能丢失数据"的数据库。例如，银行系统、电信系统中的数据库等，对这些数据库的任何操作记录都不能缺少，因为任何的数据丢失都会引起严重的后果。

显然，完整恢复模式是以牺牲数据库性能为代价来换取数据的安全性。因此，基于完整恢复模式的系统一般都要求有较高的硬件配置。

2. 大容量日志恢复模式

完整恢复模式固然可以充分保证数据库的安全性，但需要付出的代价却很高，而有时候这种高代价的付出却是不必要的。例如，对于大容量的数据输入，如果每插入一条记录都写一次日志文件，那么对于一次输入上万条记录的批量数据输入所需要的时间将是十分可观的，而且日志文件也将急剧膨大，从而降低数据库性能、耗费系统资源。

实际上，对于大容量的数据输入(对修改、删除情况也一样)，没有必要插入一条数据就写一次日志记录，可以简化日志记录，减少对日志文件的写操作次数，以提高数据库性能。SQL Server 2014 为此提供了另外的一种恢复模式——大容量日志恢复模式。在这种模式下 SQL Server 简化了日志记录，减少了 I/O 操作次数，使得用户可以快速完成数据库操作。

但在大容量日志恢复模式下，SQL Server 所做的日志记录是"不完全"的。这样，在数据库出现故障时并不能保证能够恢复到所需的状态。因此，应根据具体情况当在大容量日志恢复模式下操作完后，要立即切换到完整恢复模式。

3. 简单恢复模式

有些数据库主要注重于执行效率，而对安全性要求不高，甚至允许丢失少量的数据。如果在这种情况下还使之处于完整恢复模式下工作，这显然是不明智的。这时应将数据库设置为另外一种模式——简单恢复模式。

在简单恢复模式下，数据库也会在日志中记录下每一次的操作，但 SQL Server 2014 会通过检查点进程自动截断日志中不活动的部分，且每执行一次检查点都将不活动的部分删除。可见，这样的事务日志是"欠缺"的，因此无法由此类日志还原到历史上指定的数据库状态。其唯一优点就是执行效率高。

所有用户创建的数据库都是从模板数据库 model 继承而来的，而该数据库是在简单恢复模式下工作，所以简单恢复模式是所有用户数据库的默认恢复模式。在实际开发中，用户可以根据需要对此进行相应的更改和设置。

注意：在简单恢复模式下不允许对数据库进行事务日志备份，除非将恢复模式切换到大容量日志恢复模式或者完整恢复模式。

13.2.3 备份类型及策略

在不同的恢复模式下，所允许的备份类型有所不同。总体而言，备份类型主要包括完全数据库备份、差异数据库备份、事务日志备份以及数据文件或文件组备份。

（1）完全数据库备份：简称完全备份，它是指对整个数据库进行备份，包括所有的数据文件和足够信息量的事务日志文件。完全备份代表了备份时刻的整个数据库。当数据库出现故障时可以利用这种完全备份恢复到备份时刻的数据库状态，但备份后到出现故障的这一段内所进行的修改将被丢失。

完全备份的优点是操作简单（可一次操作完成），备份了数据库的所有信息，可以使用一个完全备份来恢复整个数据库；其缺点是操作耗时长，可能需要很大的存储空间，同时也影响系统的性能。

（2）差异数据库备份：简称差异备份，又称增量备份，是指对自上次完全备份以来发生过变化的数据库中的数据进行备份。可以看出，对差异备份的恢复操作不能单独完成，在其前面必须有一次完全备份作为参考点（称为基础备份），因此差异备份必须与其基础备份进行结合才能将数据库恢复到差异备份时刻的数据库状态。此外，由于差异备份的内容与完全备份的内容一样，都是数据库中的数据，因此它所需要的备份时间和存储空间仍然比较大。当然，由于差异备份只记录自基础备份以来发生变化的数据（而不是所有数据），所以它较完全备份在各方面的性能都显著的提高，这是它的优点。

（3）事务日志备份：简称日志备份，它记录了自上次日志备份到本次日志备份之间的所有数据库操作（日志记录）。由于日志备份记录的内容是一个时间段内的数据库操作，而不是数据库中的数据，因此在备份时所处理的数据量小得多，因而所需要的备份时间和存储空间也就相对小得多。但它也不能单独完成对数据库的恢复，而必须与一次完全备份相结合。实际上，"完全备份+日志备份"是常采用的一种数据库备份方法。

日志备份又分为纯日志备份、大量日志备份和尾日志备份。纯日志备份仅包含某一个时间段内的日志记录；大量日志备份则主要用于记录大批量的批处理操作；尾日志备份主要包含数据库发生故障后到执行尾日志备份时的数据库操作，以防止故障后相关修改工作的丢失。在 SQL Server 2014 中，一般要求先进行尾日志备份，然后才能进行恢复当前数据库。

（4）数据文件或文件组备份：这是指对指定的数据文件或文件组进行备份。它一般与日志备份结合使用。利用文件或文件组备份，可以对受到损坏的数据文件或文件组进行恢复，而不必恢复数据库的其他部分，从而提高恢复的效率。对于数据文件或文件组在物理上分散的数据库系统，多用这种备份。

13.2.4 实现备份

在创建了备份设备以后，就可以根据需要将数据库中的数据备份到备份设备中。这种操作实际上是将数据存放到另外一个文件中。备份操作可以在 SSMS 中完成，也可以使用 T-SQL 语句来实现。

1. 在 SSMS 中备份数据库

（1）在对象资源管理中展开树形目录，找到并右击目标数据库（要备份的数据库）节点，在弹出的菜单中选择"任务"|"备份…"命令，这时将打开"数据库备份"对话框，并默

认打开选择页中"常规"选项对应的界面,如图13-2所示。在此界面中,需要对以下项目进行设置。

图13-2 "常规"选项

① 数据库:指定要备份的数据库,即目标数据库。

② 备份类型:SQL Server 2014 提供三种备份类型:完整、大容量日志和差异。这三种备份类型的区别和联系在前面已有介绍。在此,根据实际需要选择相应的备份类型。

③ 名称:即对本次备份集取的名称,一般是自动生成。一个备份设备上可能有多个备份集,对备份集的访问可以通过备份集的名称,也可以通过备份集 ID 来实现。

④ 说明:即对本次备份进行简要描述,可选填。

⑤ "备份到"方框:通过"添加"按钮选择已经创建的备份设备并添加到"备份到"方框中,表示准备将数据备份到备份设备指定的文件或磁带中。

(2) 在选择页中选择"介质选项"选项,打开如图13-3所示的界面。在该界面中各项目的设置方法和含义已标明得比较清楚,故不再逐一介绍。

(3) 当上述各项正确设置以后,单击"确定"按钮,数据库开始进行备份过程。备份过程的长短跟数据库中保存的数据量有关,即数据量越大的数据库一般需要的时间就越长,数据量越小的数据库需要的时间就越短。如果一切顺利,最终会弹出如图13-4所示的备份完成提示信息对话框。

模块 13　备份和恢复数据库

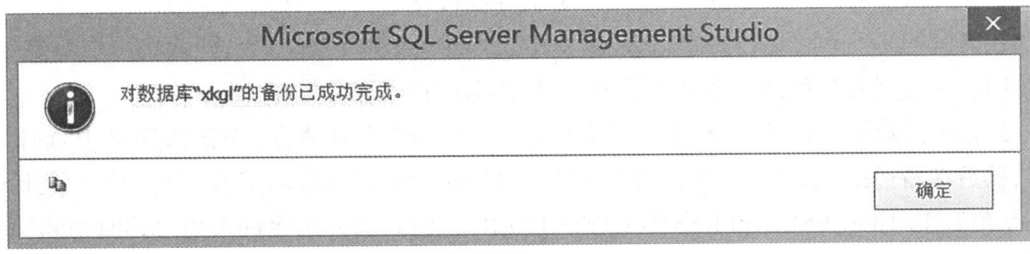

图 13-3　"介质选项"选项

图 13-4　备份完成提示信息对话框

2. 使用 T-SQL 语句备份数据库

备份整个数据库的 BACKUP DATABASE 语句的语法格式如下：

```
BACKUP DATABASE    {database_name}
[TO       <backup_device>]
```

【参数说明】

① database_name：需要备份的数据库名称。

② backup_device：备份的路径。

【例 13-2】　对 xkgl 数据库进行一次完整备份，并备份到 student 备份设备上（假设此设

291

备已创建好)。

> BACKUP DATABASE xkgl TO student

【例 13-3】 对 xkgl 数据库进行一次差异备份,并备份到 student 备份设备上。

> BACKUP DATABASE xkgl TO student with differential

【例 13-4】 对 xkgl 数据库进行一次完整备份,并备份到 student 备份设备上。

> BACKUP DATABASE xkgl TO student init

13.3 恢复数据库

当数据库发生故障的时候,管理员就应该对数据库进行恢复。故障有多种类型,恢复也相应地有多种方法。本节将介绍如何使用已有的备份来恢复数据库。

13.3.1 恢复数据库的基本原则

1. 执行恢复命令前的准备工作

执行恢复操作的基本前提是 DBMS 要能够运行(只是其中的数据没有得到修复而已)。此前可能还需要对计算机系统硬件、操作系统等进行修复(如果受到损伤的话)。

在确保 SQL Server 运行正常后,还需要停止 SQL Server 对外服务,即禁止用户对数据库的访问。这是因为在数据库恢复过程中,不允许用户对其进行操作。

禁止访问数据库的方法为打开对应数据库的"属性"对话框,并在选择页中选择"选项",然后在右边的"状态"栏下设置"访问控制"项。该项可选的值有三种:MULTI_USER(默认值)、SINGLE_USER 和 RESTRICTED_USER,它们分别表示允许多用户同时访问、允许单用户访问和禁止一般用户访问(具有 db_owner、dbcreator 或 sysadmin 角色的成员才能访问)。显然,为了禁止用户访问,只需将"访问控制"项设置为 RESTRICTED_USER 即可。

注意:在数据库恢复完毕后,应将"访问控制"项重新设置为 MULTI_USER。

2. 恢复操作的基本原则

在恢复数据库的时候,恢复操作不是任意的,而是要遵循一定原则。这些原则体现在以下三点。

(1) 首先要进行一次完全数据库备份的恢复。这是因为这种备份记录了所有的数据库信息,而差异备份只记录了变化了的数据信息,不全面;日志备份只包含自上次备份以来对数据进行操作的日志信息。因此,单独使用差异备份或日志备份等都是无法恢复数据库的,它们必须在恢复某一个完全数据库备份的基础上进行。

一次完全数据库备份的恢复只能将数据库还原到对应的备份点,而不是任意指定的故障点或时间点。

如图 13-5 所示,在时间 t_1、t_2 和 t_3 上分别有三次完全数据库备份。如果对完全数据库备份 2 进行恢复,结果只能恢复到时间 t_2 时的数据库状态,而不能恢复到时间 t_1 或 t_3 时的数据库状态。对于其他的完全数据库备份也有类似的情况。

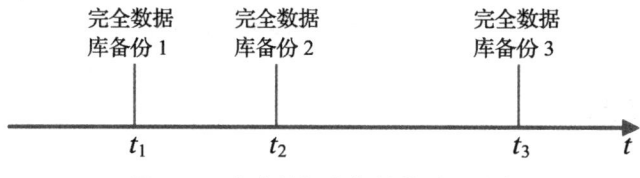

图 13-5 完全数据库备份的时间分布

(2)在完全数据库备份恢复之后,恢复最近的差异数据库备份(如果已经进行了备份的话)。因为差异备份记录了自完全数据库备份以来对数据库所做的修改,且最近一次的差异备份包含了其前面差异备份所记录的信息。因此,只需恢复最近一次差异备份即可,而不用恢复其前面的差异备份。

在图 13-6 所示的完全数据库备份和差异数据库备份中,如果要恢复时间 t_4 时的数据库状态,那么应该在恢复完全数据库备份 1 后进一步恢复差异数据库备份 3(因为差异数据库备份 3 离 t_4 最近),简记为"完全数据库备份 1+差异数据库备份 3";如果要恢复时间 t_5 时的数据库状态,那么应该采用"完全数据库备份 1+差异数据库备份 4"。

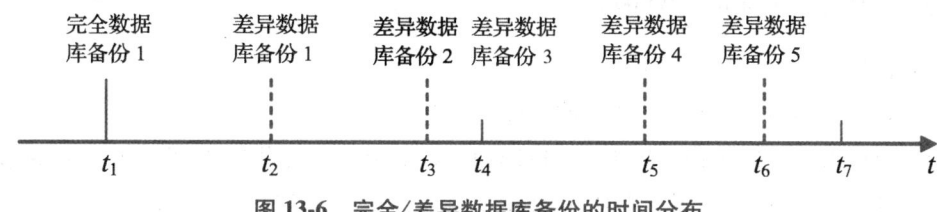

图 13-6 完全/差异数据库备份的时间分布

(3)在完全数据库备份或差异数据库备份恢复之后,按先后顺序依次对日志备份进行恢复。每一次的日志备份都记录了自上次日志备份以来对数据库所进行的操作,它与完全和差异数据库备份无关。显然,后一次的日志备份并没有包含其前面日志备份所记录的信息,所以应该按照备份的先后顺序对所有日志备份进行恢复。

在图 13-7 所示的完全数据库备份和日志备份中,日志备份 2 包含了从时间 t_2 到时间 t_3 的事务日志记录,日志备份 3 则包含了从时间 t_3 到时间 t_5 的事务日志记录,跨越了在时间 t_4 创建完全数据库备份的时间。

如果要恢复到时间 t_3 时的数据库状态,那么应该采用"完全数据库备份 1+日志备份 1+日志备份 2",而不能采用"完全数据库备份 1+日志备份 2+日志备份 1";如果要恢复到时间 t_5 时的数据库状态,那么可以采用"完全数据库备份 1+日志备份 1+日志备份 2+日志备份 3",也可以采用"完全数据库备份 2+日志备份 3"。

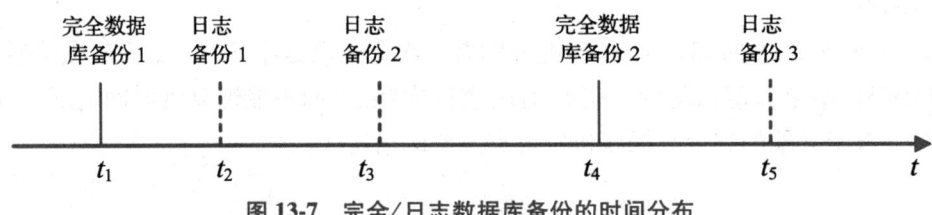

图 13-7 完全/日志数据库备份的时间分布

13.3.2 实现还原

1. 用 T-SQL 语句还原数据库

数据库的恢复操作是由 RESTORE DATABASE 语句来完成的。该语句主要分为以下两种类型。

（1）完全数据库备份恢复

这是指利用以前已经完成了的完全数据库备份（而不能是其他的备份）来进行的一种数据库恢复。完全数据库备份恢复使用的 RESTORE DATABASE 语句（称为完全恢复语句）的简化语法格式如下：

```
RESTORE DATABASE database_name    FROM    备份设备名
[ WITH   FILE =文件号
  { RECOVERY | NORECOVERY }
```

【参数说明】

① database_name：指定要恢复的数据库的名称。

② RECOVERY | NORECOVERY：RECOVERY 指示还原操作回滚任何未提交的事务（默认值），NORECOVERY 指示还原操作不回滚任何未提交的事务。

（2）事务日志备份恢复

这是指利用已有的事务日志备份来进行的一种数据库恢复。该恢复使用 RESTORE DATABASE 语句（称为事务日志恢复语句）的语法格式如下：

```
RESTORE   LOG DATABASE   database_name    FROM    备份设备名
[ WITH    FILE =文件号
  { RECOVERY | NORECOVERY }
```

【例 13-5】 已经完整备份的数据库 xkgl 进行恢复。

命令如下：

```
RESTORE   DATABASE xkgl FROM student
```

2. 使用 SSMS 图形化实现还原

对数据库的备份和恢复操作可以使用 T-SQL 语句来完成，也可以在 SSMS 中实现。前者的操作过程快,但需要熟悉掌握相应的 T-SQL 语法;后者的操作过程比较慢,但很直观,适合于初学者。以下将介绍如何使用 SSMS 来实现对数据库的备份和恢复。

以数据库还原 xkgl 为例,说明图形化方法还原数据库的方法步骤。

(1)在对象资源管理中展开树形目录,找到并右击目标数据库 xkgl 节点,在弹出的菜单中选择"任务"→"还原"→"数据库…"命令,这时将打开"还原数据库"对话框,并默认打开选择页中"常规"选项对应的界面。弹出如图 13-8 所示的窗口。

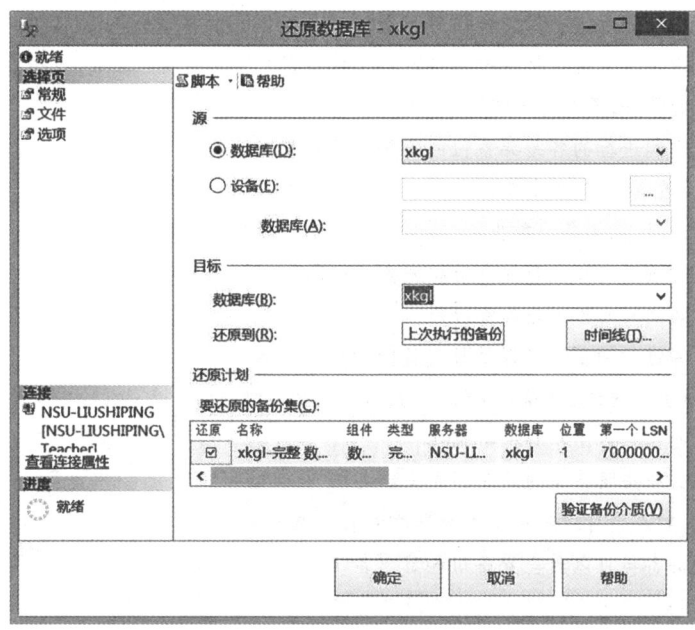

图 13-8　还原数据库窗口

(2)在图 13-8 所示窗口,选择用于还原的备份集,单击"确定"按钮,即可将 xkgl 数据库恢复到最初的备份状态。

思考与操作

一、选择题

1. 备份数据的主要目的是防止数据丢失。下列情况有可能造成数据丢失的是(　　)。
   A. 备份数据的磁盘出现故障　　　　　　B. 存储数据的服务器出现故障
   C. 因用户的不正常操作而更改了数据　　D. 数据库文件被移动
2. 下列关于数据库备份的说法,正确的是(　　)。
   A. 对系统数据库和用户数据库都应采用定期备份的策略
   B. 对系统数据库和用户数据库都应采用修改后即备份的策略
   C. 对系统数据库应采用修改后即备份的策略,对用户数据库应采用定期备份的策略
   D. 对系统数据库应采用定期备份的策略,对用户数据库应采用修改后即备份的策略
3. 下列关于 SQL Server 备份设备的说法,正确的是(　　)。
   A. 备份设备可以是磁盘上的一个文件

B. 备份设备是一个逻辑设备,它只能建立在磁盘上

C. 备份设备是一台物理存在的有特定要求的设备

D. 一个备份设备只能用于一个数据库的一次备份

4. 在简单恢复模式下,可以进行的备份是(　　)。

 A. 仅完全备份   B. 仅事务日志备份

 C. 仅完全备份和差异备份   D. 完全备份、差异备份和日志备份

5. 下列关于差异备份的说法,正确的是(　　)。

 A. 差异备份备份的是从上次备份到当前时间数据库的变化的内容

 B. 差异备份备份的是从上次完整备份到当前时间数据库的变化的内容

 C. 差异备份仅备份数据,不备份日志

 D. 两次完整备份之间进行的各差异备份的备份时间都是一样的

6. 下列关于日志备份的说法,错误的是(　　)。

 A. 日志备份仅备份日志,不备份数据

 B. 日志备份的执行效率通常比差异备份和完全备份高

 C. 日志备份的时间间隔通常比差异备份短

 D. 第一次对数据库进行的备份可以是日志备份

7. 下列关于恢复数据库的说法,正确的是(　　)。

 A. 在恢复数据库时不允许用户访问数据库

 B. 恢复数据库时必须按照备份的顺序还原全部备份

 C. 恢复数据库时,对是否有用户在使用数据库没有要求

 D. 首先进行恢复的备份可以是差异备份和日志备份

8. 设有如下备份操作:

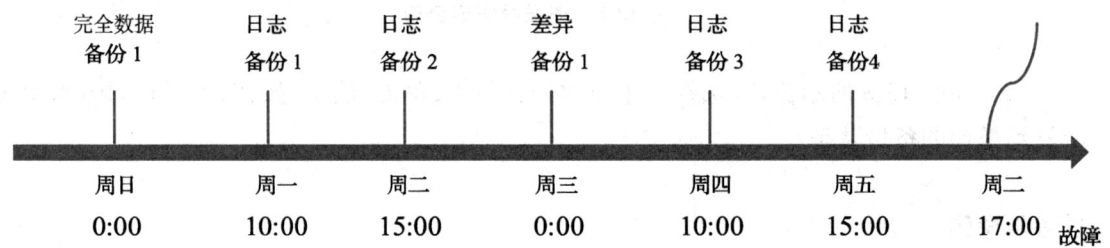

 现从备份中对数据库进行恢复,正确的恢复顺序为(　　)。

 A. 完全备份1,日志备份1,日志备份2,差异备份1,日志备份3,日志备份4

 B. 完全备份1,差异备份1,日志备份3,日志备份4

 C. 完全备份1,差异备份1

 D. 完全备份1,日志备份4

二、填空题

1. SQL Server 2014 支持的三种恢复模式是_____、_____和_____。

2. 对于数据备份,SQL Server 2014 支持的三种备份方式是_____、_____和_____。

3. 第一次对数据库进行的备份必须是_____。

4. SQL Server 2014 中,创建备份的系统储存过程是_____。

5. SQL Server 2014 中,当恢复模式为简单模式时,不能进行_____备份。
6. SQL Server 2014 中,还原数据库的 SQL 语句是_____。
7. 通常情况下,完全备份、差异备份和日志备份中,备份时间最长的是_____。
8. SQL Server 2014 中,在进行数据备份时_____(允许/不允许)用户操作数据库。

三、简答题
1. 在确定用户数据库的备份周期时,应考虑哪些因素?
2. 在创建备份设备时需要指定备份设备的大小吗?备份设备的大小由什么决定?
3. 日志备份对数据库恢复模式有什么要求?
4. 差异备份备份的是哪段时间的哪些内容?
5. 日志备份备份的是哪段时间的哪些内容?
6. 恢复数据库时,对恢复的顺序有什么要求?
7. 写出对 students 数据库分别进行一次完全备份、差异备份和日志备份的 T-SQL 语句,设这些备份均备份到 backup2 设备上,完全备份时要求覆盖 backup2 设备上的已有内容。
8. 写出利用第 7 题进行的完全备份,恢复 students 数据库的 T-SQL 语句。

四、上机练习
1. 按照顺序完成如下操作:
   (1) 创建永久备份设备:backup1,backup2。
   (2) 将 students 数据库完全备份到 backup1 上。
   (3) 在 Student 表中插入一行新的记录,然后将 students 数据库差异备份到 backup2 上。
   (4) 再将新插入的记录删除。
   (5) 利用所做的备份恢复 students 数据库。
   步骤(5)完成后,在 Student 表中有新插入的记录吗?为什么?
2. 按照顺序完成如下操作:
   (1) 将 students 数据库的恢复模式设置为"完全"。
   (2) 对 students 数据库进行一次完全备份,以覆盖的方式备份到 backup1 上。
   (3) 删除 SC 表。
   (4) 对 students 数据库进行一次日志备份,并以追加方式备份到 backup1 上。
   (5) 利用所做的备份恢复 students 数据库。
   (6) 再次恢复 students 数据库,这次利用所做的完全备份进行恢复。
   步骤(5)完成后,SC 表是否恢复?步骤(6)完成后 SC 表是否恢复?为什么?
3. 按照顺序完成如下操作:
   (1) 对 students 数据库进行一次完全备份,以覆盖的方式备份到 backup2 上。
   (2) 删除 SC 表。
   (3) 对 students 数据库进行一次差异备份,以追加的方式备份到 backup2 上。
   (4) 删除 students 数据库。
   (5) 利用 backup2 设备对 students 数据库进行的备份恢复 students 数据库。
   (6) 再次删除 students 数据库。
   (7) 利用所做的备份恢复 students 数据库。
   步骤(5)完成后,SC 表是否恢复?步骤(7)完成后,SC 表是否恢复?为什么?

参考文献

[1] Russell J. T. Dyer. MYSQL 核心技术手册(第 2 版)[M]. 北京:机械工业出版社,2009.
[2] 李刚. 网络数据库技术 PHP+MySQL[M]. 北京:北京大学出版社,2012.
[3] 张枭. 新一代 PHP+MySQL+Dreamweaver 网站建设典型案例[M]. 北京:清华大学出版社,2006.
[4] 唐汉明. 深入浅出 MySQL. 第 2 版[M]. 北京:人民邮电出版社,2014.
[5] 李波. MySQL 从入门到精通[M]. 北京:清华大学出版社,2015.
[6] 邓卫红. 以工作过程为导向的"MySQL 数据库应用"课程设计与实施[J]. 科技资讯,2016,14(14):3.
[7] 郭金锋. PHP & MySQL Web 网络编程[M]. 北京:人民邮电出版社,2001.